油气储运工程师技术岗位资质认证丛书

通信工程师

中国石油天然气股份有限公司管道分公司　编

石油工业出版社

内 容 提 要

本书系统介绍了油气储运通信工程师所应掌握的专业基础知识、管理内容及相关知识，并分三个层级给出相应的测试试题。其中，第一部分专业基础知识重点介绍了通信系统基础知识、通信系统设备知识和通信仪器仪表工作原理及使用方法等知识；第二部分技术管理及相关知识重点介绍了通信系统日常管理、应急与安全管理、基础资料管理等管理内容；第三部分为试题集，是评估相关从业人员岗位胜任能力的标准。

本书适用于油气储运通信工程师技术岗位和相关管理岗位人员阅读，可作为业务指导及资质认证培训、考核用书。

图书在版编目(CIP)数据

通信工程师/中国石油天然气股份有限公司管道分公司编. —北京：石油工业出版社，2017.9

(油气储运工程师技术岗位资质认证丛书)

ISBN 978-7-5183-1970-1

Ⅰ.①通…　Ⅱ.①中…　Ⅲ.①石油与天然气储运-通信系统-技术培训-教材　Ⅳ.①TE978

中国版本图书馆 CIP 数据核字(2017)第 159997 号

出版发行：石油工业出版社
(北京安定门外安华里 2 区 1 号　100011)
网　址：www.petropub.com
编辑部：(010)64523583　图书营销中心：(010)64523633
经　销：全国新华书店
印　刷：北京中石油彩色印刷有限责任公司

2018 年 1 月第 1 版　2018 年 1 月第 1 次印刷
787×1092 毫米　开本：1/16　印张：15.5
字数：390 千字

定价：70.00 元
(如出现印装质量问题，我社图书营销中心负责调换)

《油气储运工程师技术岗位资质认证丛书》
编 委 会

办公室

《通信工程师》编写组

主　编：吴　琼

副主编：郭霄杰

成　员：魏义昕

《通信工程师》审核组

大纲审核

主　审：王大勇　南立团　董红军　刘志刚

副主审：冯　禄　吴志宏

成　员：刘平林　孙　韬　杨建勇　尤庆宇　孟令新

内容审核

主　审：冯　禄

成　员：李官政　刘平林　赵敏琴　杨建勇　孙　韬　尤庆宇
吴凯旋

体例审核

孙　鸿　吴志宏　杨雪梅　张宏涛　孟令新　吴凯旋

前　言

《油气储运工程师技术岗位资质认证丛书》是针对油气储运工程师技术岗位资质培训的系列丛书。本丛书按照专业领域及岗位设置划分编写了《工艺工程师》《设备(机械)工程师》《电气工程师》《管道工程师》《维抢修工程师》《能源工程师》《仪表自动化工程师》《计量工程师》《通信工程师》和《安全工程师》10个分册。对各岗位工作任务进行梳理，以此为依据，本着“干什么、学什么，缺什么、补什么”的原则，按照统一、科学、规范、适用、可操作的要求进行编写。作者均为生产管理、专业技术等方面的骨干力量。

每分册内容分为三部分，第一部分为专业基础知识，第二部分为管理内容，第三部分为试题集。其中专业基础知识、管理内容不分层级，试题集按照难易度和复杂程度分初、中、高三个资质层级，基本涵盖了现有工程师岗位人员所必须的知识点和技能点，内容上力求做到理论和实际有机结合。

《通信工程师》分册由中国石油管道公司生产处编写，其中，吴琼、郭霄杰和魏义昕编写通信系统基础知识、通信系统设备知识及相关试题；魏义昕和郭霄杰编写通信仪器仪表工作原理、通信仪器仪表使用方法及相关试题；吴琼编写通信技术管理部分及相关试题。郭霄杰统稿，最后由审核组审定。

在编写过程中，编写人员克服了时间紧、任务重等困难，占用大量业余时间，编者所在的单位和部门给予了大力的支持，在此一并表示感谢。因作者水平有限，内容难免存在不足之处，恳请广大读者批评指正，以便修订完善。

编者

目 录

通信工程师工作任务和工作标准清单 ……………………………………（1）

第一部分 通信专业基础知识

第一章 通信系统基础知识 ……………………………………（5）
第一节 光通信系统 ……………………………………（5）
第二节 卫星通信系统 ……………………………………（8）
第三节 语音通信系统 ……………………………………（13）
第二章 通信系统设备知识 ……………………………………（16）
第一节 光通信设备知识 ……………………………………（16）
第二节 卫星通信设备知识 ……………………………………（42）
第三节 语音通信设备知识 ……………………………………（60）
第三章 通信仪器仪表工作原理 ……………………………………（72）
第一节 光纤熔接机 ……………………………………（72）
第二节 光时域反射仪 ……………………………………（73）
第三节 光源、光功率计 ……………………………………（75）
第四节 光衰减器 ……………………………………（77）
第五节 频谱分析仪 ……………………………………（78）
第四章 通信仪器仪表使用方法 ……………………………………（80）
第一节 光纤熔接机的使用方法 ……………………………………（80）
第二节 光时域反射仪(OTDR)的使用方法……………………………………（85）
第三节 光源和光功率计的使用方法 ……………………………………（91）
第四节 光衰减器的使用方法 ……………………………………（93）
第五节 频谱分析仪的使用方法 ……………………………………（94）

第二部分 通信技术管理及相关知识

第五章 通信系统的日常管理 ……………………………………（96）
第一节 通信系统设备日常巡护管理 ……………………………………（96）
第二节 通信系统年检管理 ……………………………………（103）
第三节 通信系统设备维护检修管理 ……………………………………（107）
第四节 光缆线路维护管理 ……………………………………（108）
第五节 通信系统故障处理 ……………………………………（116）

第六章　通信专业应急与安全管理 …… (119)
第一节　光缆抢修管理 …… (119)
第二节　通信系统维护安全管理 …… (122)
第七章　通信基础管理 …… (124)
第一节　通信系统台账管理 …… (124)
第二节　通信技术资料管理 …… (124)
第三节　外租线路与设备管理 …… (126)
第四节　备品备件管理 …… (126)
第五节　仪器仪表管理 …… (127)
第六节　通信机房管理 …… (128)
附录 A　站场、阀室巡检记录 …… (130)
附录 B　OTN 及 SDH 光通信设备常用板卡的型号和技术参数 …… (132)
附录 C　通信设备故障分析与处理 …… (134)

第三部分　通信工程师资质认证试题集

初级资质理论认证 …… (145)
初级资质理论认证要素细目表 …… (145)
初级资质理论认证试题 …… (146)
初级资质理论认证试题答案 …… (157)
初级资质工作任务认证 …… (162)
初级资质工作任务认证要素细目表 …… (162)
初级资质工作任务认证试题 …… (163)
中级资质理论认证 …… (180)
中级资质理论认证要素细目表 …… (180)
中级资质理论认证试题 …… (181)
中级资质理论认证试题答案 …… (194)
中级资质工作任务认证 …… (199)
中级资质工作任务认证要素细目表 …… (199)
中级资质工作任务认证试题 …… (199)
高级资质理论认证 …… (211)
高级资质理论认证要素细目表 …… (211)
高级资质理论认证试题 …… (212)
高级资质理论认证试题答案 …… (223)
高级资质工作任务认证 …… (228)
高级资质工作任务认证要素细目表 …… (228)
高级资质工作任务认证试题 …… (228)
参考文献 …… (237)

通信工程师工作任务和工作标准清单

序号	工作任务	工作步骤、目标结果、行为标准					
		输油、气站			维抢修单位		
		初级	中级	高级	初级	中级	高级
业务模块一：通信系统的日常管理							
1	通信系统设备日常巡护管理	(1)对站场的通信设备进行日常巡检，每周对站场所管辖阀室通信设备进行一次巡检； (2)监督通信系统巡检工作质量，签字确认《站场、阀室巡检记录》； (3)处理和报告巡护过程中发现的通信系统故障，并填写相关记录			根据《通信专业管理程序》所规定巡检内容及巡检频次，进行所辖站场、阀室的通信系统巡检工作，并填写《站场、阀室巡检记录》	(1)完成通信系统相关测试工作； (2)处理通信系统故障，并填写相关记录	
2	通信系统年检管理	(1)参与年检方案的编制； (2)配合年检工作的实施； (3)参与通信系统故障处理	(1)指导和参加通信系统年检工作的实施； (2)参与年检报告的编制； (3)配合和参加年检发现的问题处理		(1)参与年检方案及年检报告的编制； (2)按照通信系统年检方案，进行年检作业，并填写测试记录； (3)处理年检过程中发现的问题	(1)组织编制年检方案及年检报告； (2)审核年检测试记录； (3)制订年检过程中发现问题的技术处理方案并组织实施	(1)指导编制年检方案及年检报告； (2)分析年检测试数据并提出技术建议
3	通信系统设备维检修管理	(1)向分公司通信主管提出必要的通信作业计划需求； (2)完成维检修工作事后的资料收集及归档； (3)将维检修工作后的结果上报给分公司通信主管	配合维修队完成通信设备维检修工作	完成通信设备更新改造及大修理工作	(1)组织通信设备维检修作业； (2)反馈通信设备维检修工作中的问题； (3)汇报通信设备维检修工作结果	(1)指导通信设备维检修工作； (2)通信设备维护检修过程中，对现场人员及设备进行现场调拨管理	

续表

序号	工作任务	工作步骤、目标结果、行为标准					
		输油、气站			维抢修单位		
		初级	中级	高级	初级	中级	高级
4	光缆线路维护管理	(1)收集所辖通信光缆线路隐患情况和光缆走向、技术指标； (2)向分公司通信主管提出必要的通信光缆作业计划需求； (3)完成光缆线路隐患整改作业事后的资料收集及归档； (4)汇报光缆线路隐患整改作业的结果	(1)指导维修队进行光缆技术性维护工作； (2)处理光缆维护过程中发现的线路故障	配合完成光缆线路作业	(1)汇报通信光缆线路隐患情况和光缆走向、技术指标； (2)反馈通信线路隐患整改过程中的问题	(1)组织通信光缆技术性维护工作； (2)处理光缆维护过程中发现的光缆线路故障； (3)组织通信线路隐患整改作业	(1)指导维修队进行光缆技术性维护工作； (2)指导通信线路隐患整改工作
5	通信系统突发故障处理	(1)发现所管辖站场、阀室通信系统的故障，并初步判断故障性质、段落； (2)当确认故障为光缆线路故障时，应迅速判明故障段落，及时通知维修队或通信代维单位进行处理； (3)记录通信系统故障现象、性质、段落、时间、影响范围、处理过程、结果、处理人等信息； (4)反馈并分析通信故障处理结果及原因	(1)指导维修队处理现场能够处理的通信系统故障； (2)上报现场不能处理的通信系统故障； (3)配合完成通信故障处理工作	分析并判断通信设备突发故障是否能够进行现场处理	汇报通信系统突发故障	(1)当确认故障为光缆线路故障时，应迅速判明故障段落，及时组织维修队进行处理； (2)非光缆故障时，对发现的通信系统故障进行分析，判断是否能够现场进行处理； (3)对现场能够处理的通信系统故障，组织维修队进行处理	指导完成通信系统突发故障处理作业
业务模块二：通信专业应急与安全管理							
1	光缆抢修管理	(1)通知维修队或通信代维单位进行光缆抢修前准备工作； (2)通知巡线工在故障中继段进行巡查； (3)配合网管及巡线工完成故障点的确认工作	(1)配合维修队通信工程师判断故障抢修难易程度，上报分公司通信主管； (2)确认故障原因并上报分公司通信主管； (3)故障处理完毕后上报网管确认电路运行情况，并将故障处理情况报上级业务主管部门	指导完成光缆抢修作业	(1)准备光缆故障抢修物资，进行抢修前准备工作； (2)汇报故障处理结果	(1)在故障点最近站场或RTU阀室进行光缆中继段测试； (2)配合站场工程师完成故障点的确认工作； (3)判断故障抢修难易程度； (4)根据故障实际情况，提出修复方案，经主管部门批准后，进行光缆线路修复工作； (5)组织完成光缆抢修作业	指导光缆抢修作业

续表

序号	工作任务	工作步骤、目标结果、行为标准					
		输油、气站			维抢修单位		
		初级	中级	高级	初级	中级	高级
2	通信系统维护安全管理	(1)对所辖站场和阀室通信系统安全进行管理； (2)对所辖光缆线路安全进行管理			(1)对所辖站场和阀室通信系统安全进行管理； (2)对所辖光缆线路安全进行管理		
业务模块三：通信基础管理							
1	通信系统台账管理				(1)建立光通信设备台账； (2)建立光缆线路台账(在备用纤使用情况、技术指标、隐患)； (3)建立光通信设备的端口业务台账； (4)建立卫星通信设备台账； (5)建立语音交换设备台账； (6)建立工业电视设备台账		
2	通信技术资料管理	(1)收集通信竣工资料、设计图纸； (2)收集通信系统技术说明书、操作手册； (3)建立通信系统技术档案、资料和原始记录			(1)收集通信竣工资料、设计图纸； (2)收集通信系统技术说明书、操作手册； (3)建立通信系统技术档案、资料和原始记录		
3	外租线路、设备管理	(1)做好外租线路、设备资料的整理和更新； (2)检查外租线路的运行状态； (3)故障修复后，做好外租线路、设备故障处理记录	(1)发现问题或接到故障通知后，进行协调处理； (2)配合检修人员和网管进行故障恢复				

续表

序号	工作任务	工作步骤、目标结果、行为标准					
		输油、气站			维抢修单位		
		初级	中级	高级	初级	中级	高级
4	备品备件管理				(1)按期盘查备品备件库房，做好相关记录； (2)根据所需备件型号，按需上报采购计划； (3)根据备品备件管理要求，按期检查备品备件存放情况； (4)根据相关检测规范，指导备品备件到库检测		
5	仪器仪表管理	(1)对常用仪器仪表进行日常维护； (2)了解并设置常用仪器仪表主要参数			(1)对常用仪器仪表进行日常维护； (2)了解并设置常用仪器仪表主要参数		
6	通信机房管理	(1)掌握通信机房及其配套设备设计规范； (2)定期对通信机房进行巡检	完成通信机房整改工作				

第一部分　通信专业基础知识

第一章　通信系统基础知识

第一节　光通信系统

一、光通信系统名词术语

1. 光通信系统

光通信系统是以光为载波，利用纯度极高的玻璃拉制成极细的光导纤维作为传输媒介，通过光电变换，用光来传输信息的通信系统。

2. SDH

SDH(Synchronous Digital Hierarchy，同步数字体系)是一种将复接、线路传输及交换功能融为一体，并由统一网管系统操作的综合信息传送网络。

3. MSTP

MSTP(Multi-Service Transfer Platform，基于SDH的多业务传送平台)是指基于SDH平台同时实现TDM、ATM、以太网等业务的接入、处理和传送，提供统一网管的多业务传送平台。

4. OTN

OTN(Optical Transport Network，光传送网)是以波分复用技术为基础，在光层组织网络的传送网，是下一代的骨干传送网。

5. WDM

WDM(Wavelength Division Multiplexing，波分复用)是将两种或多种不同波长的光载波信号(携带各种信息)在发送端经复用器(亦称合波器，Multiplexer)汇合在一起，并耦合到光线路的同一根光纤中进行传输的技术；在接收端，经解复用器(亦称分波器或称去复用器，Demultiplexer)将各种波长的光载波分离，然后由光接收机作进一步处理以恢复原信号。这种在同一根光纤中同时传输两个或多个不同波长光信号的技术，称为波分复用。

6. 误码秒

在1s时间周期有一个或多个比特差错，称为误码秒。

7. 严重误码秒

当1s包含不少于30%的误码，或者至少出现一个严重扰动期(SDP)时认为该秒为严重误码秒。

8. 误块秒

在 1s 时间周期有一个或多个误块，称为误块秒。

9. 严重误块秒

在 1s 中含有不小于 30%的误块，或至少有一个缺陷(严重扰动期 SDP)时认为该秒为严重误块秒。

10. 支路板

支路板可以承载 PDH、以太网、ATM 等业务，用于提供各种速率信号的接口，实现多种业务的接入和处理功能。

11. 线路板

即 SDH 单元，接入并处理高速信号(STM-1/STM-4/STM-16/STM-64 的 SDH 信号)，为设备提供了各种速率的光/电接口以及相应的信号处理功能。

12. 交叉板

交叉板用来实现业务基于 VC4，VC3 和 VC12 级别的路由选择，对信号不进行处理。

13. 时钟单元

时钟单元是系统的定时单元，主要作用是为系统中各个功能单元提供定时信号。时钟单元可以通过外部时钟接口接入外部时以钟源作为系统的定时信号源，同时可以将处理后的时钟进行输出，向系统外部其他需要进行定时的设备提供时钟源；时钟单元还可以跟踪系统中的 SDH 单元或 PDH 单元引入的时钟，作为系统的其他功能单元的定时时钟。

14. 辅助板

为系统提供公务电话、串行数据的相关接口，并为系统提供电源接入和处理、光路放大等功能。

15. 主控板

主控单元的主要功能是实现对系统的控制和通信，主控单元收集系统各个功能单元产生的各种告警和性能数据，并通过网管接口上报给操作终端，同时接收网管下发的各种配置命令。

16. E1 业务处理板

E1(2048kbit/s)映射和复用及解映射和解复用的处理板。

17. ADM

ADM(Add Drop Multiplexer，分插复用器)利用时隙交换实现宽带管理，即允许两个 STM-N 信号之间的不同 VC 实现互连，并且具有无需分接和终结整体信号，即可将各种 G.703 规定的接口信号(PDH)或 STM-N 信号(SDH)接入 STM-M(M>N)内作任何支路。

18. TM

TM(Termination Multiplexer，终端复用器)是把多路低速信号复用成一路高速信号，或者反过来把一路高速信号分解成多路低速信号的设备[1]。

19. DXC

DXC(Digtital Cross Connect，数字交叉连接设备)是一种具有一个或多个 PDH 或 SDH 信号端口，并至少可以对任何端口之间接口速率信号进行可控连接和再连接的设备。

20. REG

REG(Regenerator，再生器)是传输线路上的再生、中继设备，用于克服光通路中对信号损伤的累积，如色散引起的波形畸变。

21. MSP

MSP(Multiplexer Section Protection，复用段保护)是SDH光纤通信的一种保护方法，保护的业务量是以复用段为基础的，倒换与否按每一节点间复用段信号的优劣而定。当复用段出现故障时，整个节点间的复用段业务信号都转向保护段。

22. SNCP子网保护

指对某一子网连接预先安排专用的保护路由，一旦子网发生故障，专用保护路由便取代子网承担在整个网络中的传送任务。

23. OFA

OFA(Optical Fiber Amplifier，光纤放大器)是指运用于光纤通信线路中，实现信号放大的一种新型全光放大器。根据它在光纤线路中的位置和作用，一般分为中继放大、前置放大和功率放大3种。

24. 光功率衰减器

光功率衰减器是用于对光功率进行衰减的器件，它主要用于光纤系统的指标测量、短距离通信系统的信号衰减以及系统试验等场合。

25. ODF

ODF(Optical Distribution Frame，光纤配线架)用于光纤通信系统中局端主干光缆的成端和分配，可方便地实现光纤线路的连接、分配和调度。

26. DDF

DDF(Digital Distribution Frame，数字配线架)是数字复用设备之间，数字复用设备与程控交换设备或数据业务设备等其他专业设备之间的配线连接设备。

27. PDH

采用准同步数字系列(PDH——Plesiochronous Digital Hierarchy)的系统，是在数字通信网的每个节点上都分别设置高精度的时钟，这些时钟的信号都具有统一的标准速率。尽管每个时钟的精度都很高，但总还是有一些微小的差别。为了保证通信的质量，要求这些时钟的差别不能超过规定的范围。因此，这种同步方式严格来说不是真正的同步，所以叫做“准同步”[2]。

二、光通信系统技术参数

1. 光功率

光功率是光在单位时间内所做的功。光功率单位常用毫瓦(mW)和分贝毫瓦(dBm)表示，其中两者的关系为：1mW=0dBm，而小于1mW的分贝毫瓦为负值。

2. 接收灵敏度

R点(光板IN口)处为达到1×10^{-10}的BER值所能接收到的最低平均接收光功率。

3. 接收过载功率

R点处为达到1×10^{-10}的BER值所需要的平均接收光功率的最大值。

4. 误码率

错误接收的码元数在传送总码元数中所占的比例。

三、缩略语

ADM	Add Drop Multiplexer	分插复用器
ALMC	Alarm Cut	告警切除
BA	Booster(power) Amplifier	光功率放大器
BER	Bit Error Rate	误码率
DDF	Digital Distribution Frame	数字配线架
DXC	Digital Cross Connect	数字交叉连接设备
ECC	Embedded Control Channel	嵌入式控制信道
LOF	Loss of Frame	帧丢失
LOP	Loss of Pointer	指针丢失
LOS	Loss of Signal	光信号丢失
MSP	Multiplexer Section Protection	复用段保护
MSTP	Multi-Service Transfer Platform	基于 SDH 的多业务传送平台
ODF	Optical Distribution Frame	光纤配线架
OLA	Optical Line Amplifier	光放大设备
OTDR	Optical Time Domain Reflectmeter	光时域反射器
OTN	Optical Transport Network	光传送网
PDH	Plesiochronous Digital Hierarchy	准同步数字体系
REG	Regeneration	光电中继设备
SDH	Synchronous Digital Hierarchy	同步数字体系
SNCP	Sub-Network Channel Protection	子网通道保护
TM	Termination Multiplexer	终端复用设备
WDM	Wavelength Division Multiplexing	波分复用

第二节　卫星通信系统

一、卫星通信系统名词术语

1. 卫星通信

卫星通信指无线电通信站之间利用人造卫星作中继站进行的通信。

2. VSAT

VSAT 是一种天线口径很小的卫星通信地球站，又称微型地球站或小型地球站。

3. 卫星天线

一个金属抛物面，负责将卫星传来的微弱信号反射到位于焦点处的馈源，同时把发送设备产生的大功率微波信号向卫星辐射。

4. ODU 室外单元

安装在卫星天线发射面焦点处或附近，由馈源、双工器(双向三端滤波器)、接收设备 LNB(低噪声放大下变频器)、发送设备 BUC(上变频功率放大器)组成，具有发送信号的上变频、接收信号的下变频功能，保证信号能够同时正常接收和发送。

5. IDU 室内单元

通常安装在靠近 ODU 的通信机柜内，由调制解调器和基带处理单元组成，提供 VSAT 与用户的接口、VSAT 与卫星的链接、地面通信规程协议与卫星线路通信规程协议之间的变换等。

6. RCST 返回信道卫星终端

室内单元在 LINKSTAR 系统里通常被称为返回信道卫星终端(RCST)。

7. 双工器

双工器是异频双工电台，中继台的主要配件，其作用是将发射和接收讯号相隔离，保证接收和发射都能同时正常工作。它是由两组不同频率的带阻滤波器组成，避免本机发射信号传输到接收机。

8. 馈源

在抛物面天线的焦点处设置一个汇聚卫星信号的喇叭，称为馈源，意思是馈送能量的源，要求将汇聚到焦点的能量全部收集起来。

9. IFL

IFL(Interfacility Link，中频电缆)是 VSAT 小站 ODU 和 IDU 之间的连接电缆，或者大型地球站射频机房与天线之间的波导和电缆连接。

10. 卫星电话

基于卫星通信系统的通话器。

11. 星蚀

在每年农历的春分和秋分前后，当地球处于卫星与太阳之间时，地球把阳光遮挡，此时卫星的太阳能电池不能正常工作，星载电池只能维持卫星自转而不能支持转发器正常工作，这种现象造成的通信中断称为星蚀[3]。

12. 日凌

每年农历春分和秋分前后，地球、卫星和太阳在同一直线上。当卫星在地球与太阳之间时，地球上的小站在接收卫星信号的同时，受到太阳辐射的影响，使通信中断，此现象称为日凌。

13. 方位角

北半球，卫星天线以正北方为 0°，正南方为 180°，顺时针增加，至卫星天线指向在海平面的投影所形成的角度即为方位角。

14. 俯仰角

卫星天线和海平面的夹角即为俯仰角(卫星天线指向海平面上方，俯仰角为正；天线指向海平面下方，俯仰角为负)。

15. 极化角

卫星传送的电磁波的极化在到达接收地时发生改变，变化的角度即为极化角。

16. 雨衰

Ku 和 Ka 等高波段卫星通信因强降雨而产生的载波功率下降现象。

17. 极化

电磁波在传播时，传播的方向和电场、磁场相互垂直，电波的电场方向即称之为电波的极化。极化按电磁波电场矢量端点轨迹分为线极化和圆极化，卫星通信系统的极化一般为线极化。线极化又分为水平极化和垂直极化，电磁波电场垂直于地面称为垂直极化，平行于地面称为水平极化。

18. 融冰装置

融冰装置为安装于卫星天线主反射面背面，用于融化附着在卫星天线主反射面表面的冰雪。

二、卫星通信系统技术参数

1. 电压驻波比

电磁波从甲介质传导到乙介质，由于介质不同，波的能量会有一部分被反射，这种被反射的波与入射波叠加后形成的波称为驻波，电压驻波比一般是指驻波的电压峰值与电压谷值之比，其理想值为 1∶1，卫星天线的电压驻波比一般要求低于 1.25∶1。

2. 极化隔离度

极化隔离度是指收(发)信号传输到发(收)接口的信号衰减强度。

一般用交叉极化鉴别度 *XPD* 来衡量极化的纯度。

$$XPD = 10\lg(\text{主极化分量的功率}/\text{交叉极化分量的功率})\,\text{dB}$$

3. 等效全向辐射功率 EIRP

等效全向辐射功率用于表征地球站或通信卫星发射系统的信号发生能力，即定向天线在最大辐射方向实际所辐射的功率。

地球站(或卫星转发器)发射波束的功率大小以 P_{EIR} 来衡量，即

$$P_{\text{EIR}} = P_{\text{H}} - L + G_{\text{T}} \tag{1-2-1}$$

式中 P_{H}——发射机的输出功率，dBw；

L——从发射机(功放输出端口)到天线馈源口之间的损耗，dB；

G_{T}——为地球站天线的发射增益，dB。

4. 天线增益

在输入功率相等的条件下，实际天线与各向均匀辐射的理想点源天线，在空间同一点处所产生的信号功率密度之比。

增益是对信号进行放大或者衰减的动作，增益值为正值，对信号进行放大，信号电压变高(信号电平变高)；增益值为负值，对信号进行衰减，信号电压变低(信号电平变低)；增益值为零，对信号电压不做放大衰减。

增益的计算公式：

$$G = \eta(\pi D/\lambda)2 = \eta(\pi Df/C)2 \tag{1-2-2}$$

式中 G——天线增益；

η——天线线效率(一般为 50%~70%)；

D——天线的直径；

λ——工作波长；

f——工作频率；

C——光速。

通常天线增益以分贝(dBi)表示，有：

$$G = 10\lg\eta(\pi D/\lambda)2$$

5. 电平

电平是信号强度，电平值越高，信号越强，信号电压越高；电平值越低，信号越弱，信号电压越低。

6. 绝对电平

通信系统中，考察点上的信号功率(或电压)与确定的参考功率(或电压)比值的常用对数值。

根据采用的参考功率(或电压)不同，单位也不同。但参考功率一经选定，绝对电平值便与一定的功率值(或电压值)相对应。

(1) 采用单位 dBm 表示以 1mW 为信号的参考功率的绝对电平。

$$D_m = 10\lg P_m \tag{1-2-3}$$

式中　D_m——以 1mW 为参考功率的绝对功率电平值，dBm；

P_m——以 mW 为单位的信号功率值。

举例：①P_m 是 2mW，则 $D_m = 3$dBm；

②P_m 是 10mW，则 $D_m = 10$dBm。

(2) 采用单位 dBw 表示以 1W 为参考功率。

$$D_w = \lg P_w \tag{1-2-4}$$

式中　D_w——以 1W 为参考功率的绝对功率电平值，dBW；

P_w——以 W 为单位的信号功率值。

举例：①设功率为 2W，绝对功率电平是 3dBW；

②设功率为 10W，绝对功率电平是 10dBW；

③设功率为 100W，绝对功率电平是 20dBW。

7. 相对电平

通信系统中，被测点的信号功率 P_A 与参考点的信号功率 P_0 比值的常用对数值。又称为该点相对于参考点的相对功率电平。其表示式为：

$$D_r = 10\lg P_A / P_0 \tag{1-2-5}$$

式中　D_r——相对电平，dBr。

被测点对参考点的相对功率电平为该两点的绝对电平之差：

$$D_r = D_{m.A} - D_{m.0} \tag{1-2-6}$$

式中　D_r——被测点与参考点之间的相对电平值；

$D_{m.A}$——被测点的绝对电平；

$D_{m.0}$——参考点的绝对电平。

相对电平与绝对电平的区别：

前者不能表示被测点确切的信号功率。而只表示从参考点到被测点所具有的增益(如果是正电平)或损耗(如果是负电平)。

8. 本振频率

本振频率即 LC 振荡器频率，一般是 BUC 和 LNB 设备的固定参数，由 BUC 和 LNB 的本振电路产生。频率稳定度在 25℃时应在正负 1MHz(这是典型参数)以内，要求本振频率稳定是非常重要的，否则会产生本振频率漂移造成无法收视的后果，因此在本振电路中加有锁相环电路，从而保证了极高的稳定度。由卫星天线接收下来的高频卫星信号经低噪声放大器放大送入混频器，同时本振电路产生的高频本振信号也送入混频器。两个不同频率的信号送入混频器后，由于混频器是个非线性器件，使天线送来的信号与本振送来的信号在混频器内进行混频，从而产生出一系列不同频率的中频信号(本振信号幅度选取原则是以混频后输出的中频信号失真最少为准)，这些信号的频率都应降低至卫星接收机系统中的第一中频范围内[4]。

当本振频率高于信号频率时(本振频率比信号频率高一个中频)，称为高本振，而当本振频率低于信号频率时(本振频率比信号频率低一个中频)就称为低本振。由于本振频率不容易作得很高，因此Ku波段高频头多采用低本振，而C波段的高频头多采用高本振。

9. 卫星频段

卫星固定通信业务使用C频段、Ku频段和Ka频段，其频率的划分如下：

(1) C频段(4/6GHz)。

上行：5925~6425MHz带宽500MHz。

下行：3700~4200MHz带宽500MHz。

(2) Ku频段(12/14GHz)。

上行：14~14.5GHz带宽500MHz。

下行：12.5~12.75GHz带宽500MHz。

(3) Ka频段(20/30GHz)。

上行：29.5~30GHz带宽500MHz。

下行：19.7~20.2GHz带宽500MHz。

10. 天线噪声温度

进入天线的噪声主要有两种：银河系的宇宙噪声和来自大地与大气的热噪声。

C波段主要是大地与大气的热噪声。

同一天线尺寸，仰角越低，天线热噪声越大(因为信号穿过大气层的厚度越大，大气噪声越强)。

一般天线的仰角要大于10°。

同一仰角时，天线越大，天线噪声温度越低。

11. 卫星信道频率带宽

$$B=R_b \div N \div K \times 1.5 \tag{1-2-7}$$

式中 B——频率带宽；

R_b——信息比特速率；

N——调制系数，BPSK：$N=1$；QPSK：$N=2$；8PSK：$N=3$；

K——纠错码率，1/2FEC：$K=1/2$；3/4FEC：$K=3/4$；7/8FEC：$K=7/8$。

三、缩略语

BUC	Block Up Converter	上变频功率放大器
EIRP	Effective Isotropic Radiated Power	有效全向辐射功率
IDU	Indoor Unit	室内单元
IFL	Intermediate Frequence Line	中频电缆

IP	Internet Protocol	网际协议
LNB	Low Noise Block Downconverter	低噪声放大下变频器
MAC	Media Access Control	介质访问控制
ODU	Outdoor Unit	室外单元
OMT	Orth-Mode Transducer	直接式收发转换器；双工器
FFT	Fast Fourier Transformation	快速傅立叶变换
RCST	Return Channel Satellite Terminal	返回信道卫星终端
VSAT	Very Small Aperture Terminal	甚小口径天线卫星地球站
NCC	Network Management Center	网络管理中心

第三节　语音通信系统

一、语音通信系统名词术语

1. 语音交换

利用程控或软交换设备进行语音通信的通信方式。

2. 语音交换设备(程控交换机、IP-PBX、软交换)

是语音交换系统中的硬件设备，包括交换机、服务器、中继网关、板卡等。

3. 服务器

语音交换体系中提供各类增强业务或者专用媒体资源功能的独立设备，负责增强业务逻辑的执行、业务数据和用户数据的访问、业务的计费和管理等，或者提供基本和增强业务中的媒体处理功能，包括业务音提供、会议、交互式应答、通知、高级语音业务等。

4. IP 语音业务

在 IP 网上传送的语音业务。

5. 网关

一种网络设备，可以实时地在不同的网络或协议之间进行数据转换。

6. 中继网关

在电路交换网和 IP 分组网络之间的网关，用来终结大量的数字电路，可实现不同网络协议之间的转换。

7. 中继

在两个交换系统之间的通信信道，如 T1/E1 线路。

8. 综合接入设备

属于用户接入层设备，用来将用户的数据、语音及视频等业务接入到分组网中。

9. 中继板

负责与专用企业网络中继线的 T1 或 E1 连接，或与公网中继线的 E1 或 T1 连接。

10. 用户接口板

用于为用户提供多种类型的业务接入，如：数字通信协议(DCP)接入、LAN 接入、模拟话机用户接入等。

11. 呼叫转移(Call Forwarding)

将某个被叫的来电转移到另一个别名或外线号码，呼叫转移和呼叫拒绝都是入局路由的一部分。

12. 国家代码(Country Code)

拨打国际长途电话时加拨的国际长途拨号代码。如中国为86，美国为1。

13. 软电话(Softphone)

一种应用软件，可以在普通的目标工作站上运行软件电话，而无需使用专门的话机设备。

14. BRI 信令

由2个B通道(每个B通道的带宽为64kbit/s)和一个D通道(带宽16kbit/s)组成，简称2B+D。

15. PRI 信令

又称ISDN(30B+D)信令、DSS1信令、PRA信令。在北美和日本，ISDN PRI提供23B+D信道，总速率达1.544Mbit/s，其中D信道速率为64kbit/s。在欧洲、澳大利亚等国家，ISDN PRI为30B+D，总速率达2.048Mbit/s。我国采用30B+D方式。

16. SIP 信令

是一个应用层的信令控制协议。用于创建、修改和释放一个或多个参与者的会话。这些会话可以是Internet多媒体会议、IP电话或多媒体分发。会话的参与者可以通过组播(multicast)、网状单播(unicast)或两者的混合体进行通信。

17. SS7 信令

由ITU-T定义的一组电信协议，主要用于为电话公司提供局间信令。采用公共信道信令技术(CCS——Common-Channel Signaling)，即为信令服务提供独立的分组交换网络。

18. NTP 协议

使各类通信设备时间同步化的一种协议，可以使通信设备对其服务器或时钟源(如石英钟，GPS)做同步化，并可以提供高精准度的时间校正。

19. 别名

所谓别名，即：另一个内部话机拨打了这个号码以后便可以联系到用户。别名可以是一个号码、某个范围内的一组号码，也可以是一个前缀(例如，拨打以某些数字开头的号码就可以联系到售后支持部)。

在传统的电话中使用的是分机，而不是别名。与分机不同的是，别名与用户相联系，而不是与某部话机或插座相连。

二、语音通信系统技术参数

用户并发数量：在同一时刻与服务器进行了交互的在线用户数量。

三、缩略语

ARS	Austomatic Route Selection	自动路由选择
ACD	Automatic Call Distribution	自动呼叫分配
ASA	Avaya Site Administration	Avaya 网站管理

BRI	Basic Rate Interface	基本速率接口
CM	Communication Manager	呼叫控制系统
CTI	Computer Telephony Integration	计算机电话集成
IAD	Integrated Access Device	综合接入设备
IP	Internet Protocol	网际互联协议
ITU-T	International Telecommunication Union-Telecommunication Sector	国际电信联盟电信标准化组织
IVR	Interactive Voice Response	交互式语音应答
NTP	Network Time Protocol	网络时间协议
PRI	Primary Rate Interface	集群速率接口
SIP	Session Initiation Protocol	会话起始协议
SS7	Signaling System Number 7	7 号信令系统
TG	Trunk Gateway	中继网关

第二章　通信系统设备知识

第一节　光通信设备知识

一、华为设备

1. 华为 METRO1000 设备(以铁大线 2#阀室为例)

1）设备面板

图 2-1-1 所示为华为 METRO1000 设备面板。

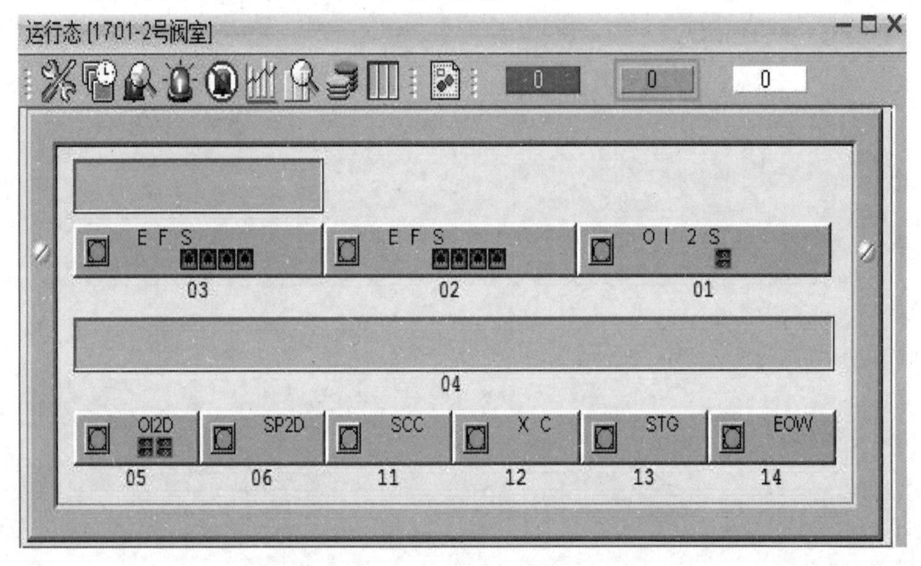

图 2-1-1　华为 METRO1000 设备面板

2）单板介绍

（1）EFS 单板：以太网处理接口板，4 个 PORT 口，完成 10Mbit/s/100Mbit/s/1000Mbit/s 以太网业务的接入，支持二层汇聚功能。同类型单板包括 EFSC 单板，12 个 PORT 口。可插放槽位：EFS 单板可以插在 IU1，IU2 和 IU3 槽位，EFSC 单板可以插在 IU4 槽位(IUX 代表第 0X 号槽位)。

EFS 单板如图 2-1-2 所示，两个指示灯，RUN 指示运行状态，ALM 灯指示告警状态，端口号标注在端口上方。

（2）OI2S/OI2D 单板：1/2 路 STM-1(155M)光接口板，实现 STM-1 光信号的接收和发送，完成 STM-1 信号的光电转换、开销字节的提取和插入处理以及线路上各告警信号的产生。可插放槽位：OI2S/OI2D 可插放在 IU1，IU2 和 IU3，OI2D 还可以集成在 SCB 上(以 2#

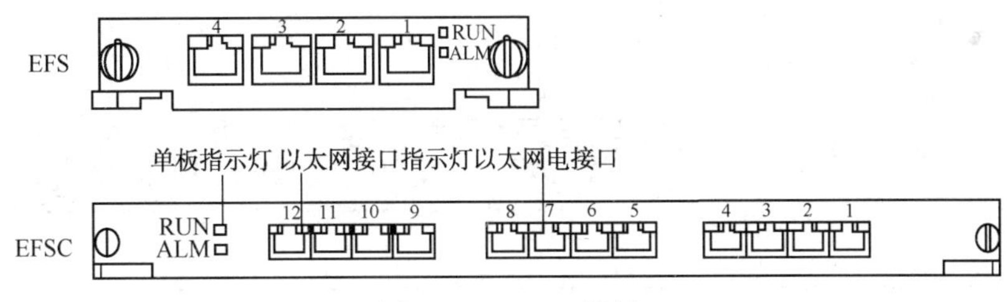

图 2-1-2　EFS 单板

阀室为例，OI2D 为集成在主控板 SCB 单板上）。

OI2S/OI2D 单板如图 2-1-3 所示，一个或两个指示灯，为 LOS 灯，指示光口收光状态（收光正常，灯灭）。箭头由半圆向外的为光口 OUT 口，箭头指向半圆内的为光口 IN 口。

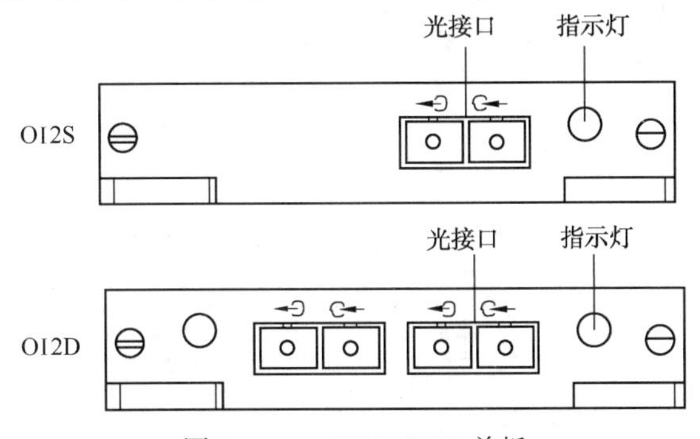

图 2-1-3　OI2S/OI2D 单板

（3）SCB 单板：系统控制板，集成了主控 SCC、交叉 XC、时钟 STG、公务 EOW、STM-1/STM-4 线路（OI2D/OI4D）和 E1 支路单元（标红的单板选配，依 SCB 具体型号不同加减配，现网在用的普遍不集成 E1 支路单元）。可插放槽位：SCB 只能插在 SCB 槽位。网管面板图上显示的 5，6，11，12，13 和 14 逻辑板位在物理板上均集成在 SCB 一块单板上。

SCB 单板如图 2-1-4 所示。

2. 华为 2500+设备（以 803-济南分输站为例）

1）设备面板

华为 2500+设备面板如图 2-1-5 所示。

2）单板介绍

（1）PD1 单板：32 路 E1 支路处理板。类似单板：PQ1 单板是 63 路 E1 支路处理板。此类单板都需要配合 E75B/E75S 支路出线板使用（出线板槽位在设备背面，网管不显示），可插放槽位：IU1—IU4，IU9—IU12 和 IU16 板位。

（2）SL1/SD1/SL4/SD4 单板：SL1 板是 1 路 STM-1 光接口板，SD1 板是 2 路 STM-1 光接口板，SL4 板是 1 路 STM-4 光接口板，SD4 板是 2 路 STM-4 光接口板。类似单板：SQ1 板是 4 路 STM-1 光接口板，S16 板是单路 STM-16 光接口板。可插放槽位：SD4/S16 板可以插在 IU4，IU5，IU6，IU9，IU10 和 IU11 板位，SL1/SD1/SL4 板可以插在 IU1-6，9-14 板位。SL1 单板介绍如图 2-1-6 所示。

（3）XCS 单板：交叉连接与时钟处理板。类似单板：EXCS 板是增强型交叉连接与时钟处理板，XCL 板是低速系统同步及交叉连接板。可插放槽位：IU7 和 IU8，XCS 板采用主备

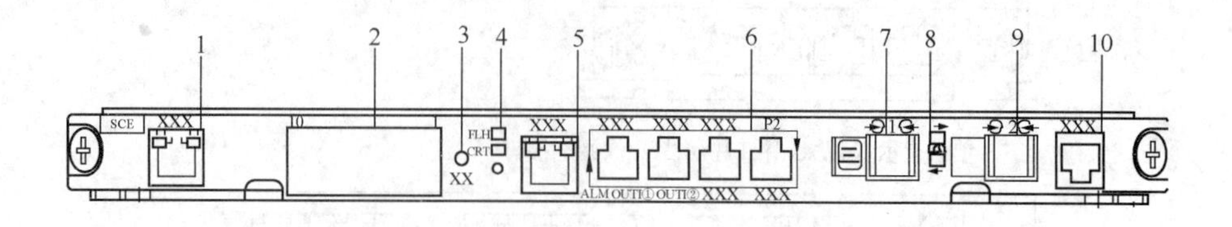

标号	丝　　印	说　　明
1	SYNC 1/2	2 路外时钟输入输出接口，120Ω。可用作透明传输 DCC
2	16×1	16 路 E1 接口，2mmHM 连接器，75Ω/120Ω
3	RST	复位按钮。按下此按钮，SCB 单板软复位
4	RUN/CRT	设备状态指示灯
5	ETHERNET	网管接口，RJ-45 型连接器，速率 10Mbit/s/100Mbit/s
6	COM2，ALMOUT1，MODEM(F)	1 路透明数据口，第 1 路开关量输出口，本地 modem 接口和远程网管接口。RJ-45 型连接器
	COM3，OUT2	1 路透明数据口，第 2 路开关量输出口。RJ-45 型连接器
	COM4(F3)，IN 1/2	1 路透明数据口，第 1 和第 2 路开关量输入口。RJ-45 型连接器
	F2，IN 3/4	1 路透明数据口，第 3 和第 4 路开关量输入口。RJ-45 型连接器
7	1	第 1 路光接口，支持 STM-1 或 STM-4
8	LOS	光接口指示灯
9	2	第 2 路光接口，支持 STM-1 或 STM-4
10	PHONE	二线制公务电话接口，RJ-11 型连接器

图 2-1-4　SCB 单板

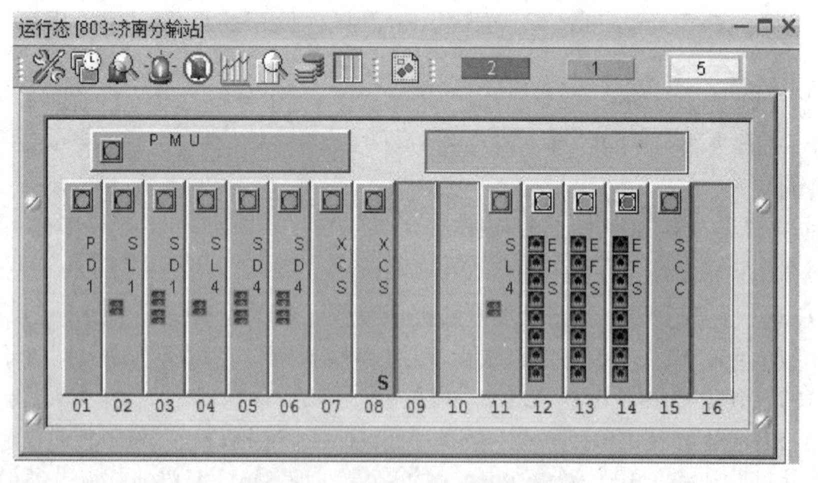

图 2-1-5　华为 2500+设备面板

保护时，一般以 7 板位 XCS 板为主用板，8 板位 XCS 板为备用板，当 7 板位 XCS 发生故障时自动倒换到备用板，为非恢复式倒换(表 2-1-1)。

面板图	说明		
SL1 RUN ALM IN OUT	ALM—红色告警指示灯状态描述		
	状态	含义	常见告警
	红色灯常亮，绿灯熄灭	内存自检出错	—
	每隔1s闪烁3次	有紧急告警发生	R_LOS，R_LOF，MS_AIS
	每隔1s闪烁2次	有主要告警发生	TF，AU_LOP，HP_TIM
	每隔1s闪烁1次	有次要告警发生	HP_RDI，B2_EXC，MS_RDI
	RUN—绿色运行灯状态描述		
	状态	含义	
	每1s闪烁5次	单板未开工	
	每2s闪烁1次	正常运行(开工)	
	告警、运行灯同时闪烁，每4s闪烁1次	单板和主控板通信中断(如主控板被拔出、单板邮箱出错等)	

图 2-1-6　SL1 单板介绍

表 2-1-1　3 种板(EXCS/XCS/XCL)的比较

项　　目	EXCS	XCS	XCL
接入容量	96 个 VC-4	96 个 VC-4	32 个 VC-4
高阶交叉容量	96%96 VC-4	128%128 VC-4	48%48 VC-4
低阶交叉等效容量	96%96 VC-4	32%32 VC-4	16%16 VC-4
适用场合	配置为 STM-16 系统	配置为 STM-16 系统	配置为 STM-1/STM-4 系统
选用原则	低阶交叉应用需求超过 32%32 的场合 大接入容量	低阶交叉应用需求超过 16%16 的场合 大接入容量	低阶交叉应用需求不超过 16%16 的场合中、小接入容量
性能价格比	对于 STM-1/STM-4 系统性价比低	对于 STM-1/STM-4 系统性价比低	对于 STM-1/STM-4 系统性价比高
输入/输出外部时钟类型的配置方式	软件配置	软件配置	软件配置

（4）EFS 单板：快速以太网 VC-12/VC-3 交换处理板，完成 8 路 10Mbit/s/100Mbit/s 以太网业务的接入，实现以太网业务的透传、汇聚、二层交换及 EOS(Ethernet Over SDH)功能。类似单板：EFT 单板是 8 路百兆级以太网透传处理板(不支持汇聚和二层交换)。可插放槽位：IU1—IU4，IU9—IU12。EFS 单板介绍如图 2-1-7 所示。

（5）SCC 单板：系统控制与通信板，SCC 板插在 OptiX 2500+$_{(Metro3000)}$ 子架插板区的 SCC 板位。SCC 单板介绍如图 2-1-8 所示。

面板图	说明		
EFT RUN ALM	ALM—红色告警指示灯状态描述		
	状态	含义	常见告警
	红灯常亮，绿灯熄灭	内存自检出错	—
	每隔1s闪烁3次	有紧急告警发生	ILLSQ，ETH_LOS，VC_AIS
	每隔1s闪烁2次	有主要告警发生	TEMP_ALARM
	每隔1s闪烁1次	有次要告警发生	LOOP_ALM，HP_TIM，HP_RDI
	RUN—绿色运行灯状态描述		
	状态	含义	
	每1s闪烁5次	单板未开工	
	每2s闪烁1次	正常运行(开工)	
	告警、运行灯同时闪烁，每4s闪烁1次	单板和主控板通信中断(如主控板被拔出、单板邮箱出错等)	

图 2-1-7　EFS 单板介绍

外观图	说明		
SCC RUM ALM ETN RST ALC	ALM—红色告警指示灯状态描述		
	状态	含义	常见告警
	红灯常亮，绿灯熄灭	内存自检出错	—
	每隔1s闪烁3次	有紧急告警发生	MSP_INFO_LOSS
	每隔1s闪烁2次	有主要告警发生	APS_INDI，APS_FAIL
	每隔1s闪烁1次	有次要告警发生	K2_M，K1-K2-M
	红灯和绿灯同时闪烁，每1s约闪烁2次	正在运行底层软件或在加载软件	
	RUN—绿色运行灯状态描述		
	状态	含义	
	每2s闪烁1次	正常运行（开工）	
	每4s闪烁1次	数据库保护模式	
	每1s闪烁5次	程序启动/加载	
	每1s闪烁约2次	擦除主机软件	
	每1s闪烁1次	未加载主机软件	
	ETN-以太网连接指示灯状态描述		
	状态	含义	
	常亮	以太网连接正常	
	闪烁	正在传输数据	
	常灭	以太网未连接或连接不正常	
	开关使用		
	复位开关RST	按下RST开关，SCC板软件复位	
	告警切除开关ALC	拨动ALC开关，可切除当前声音告警	
	拉手条尺寸		
	24mm (宽)×340mm (高)		

图 2-1-8　SCC 单板介绍

3. 华为 10G 设备(以 409-泰安分输站为例)

1) 设备面板

华为 10G 设备正面面板如图 2-1-9 所示。

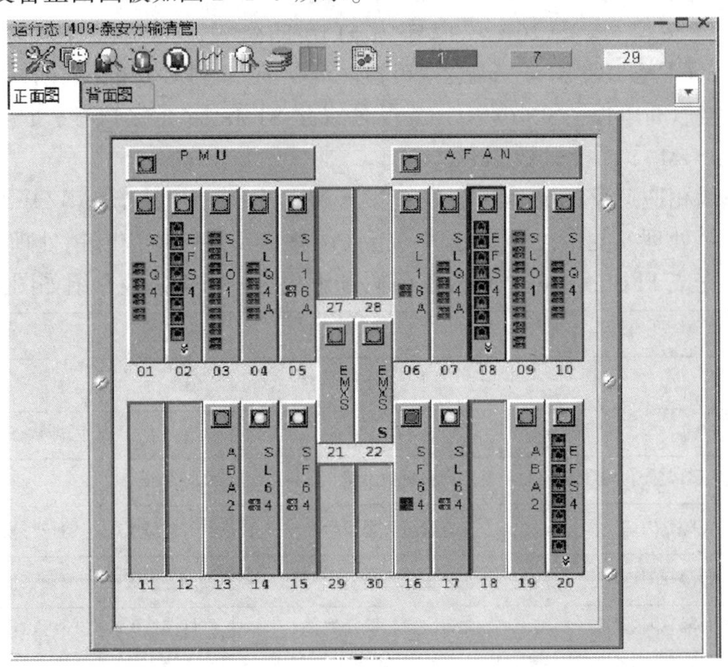

(a) 正面

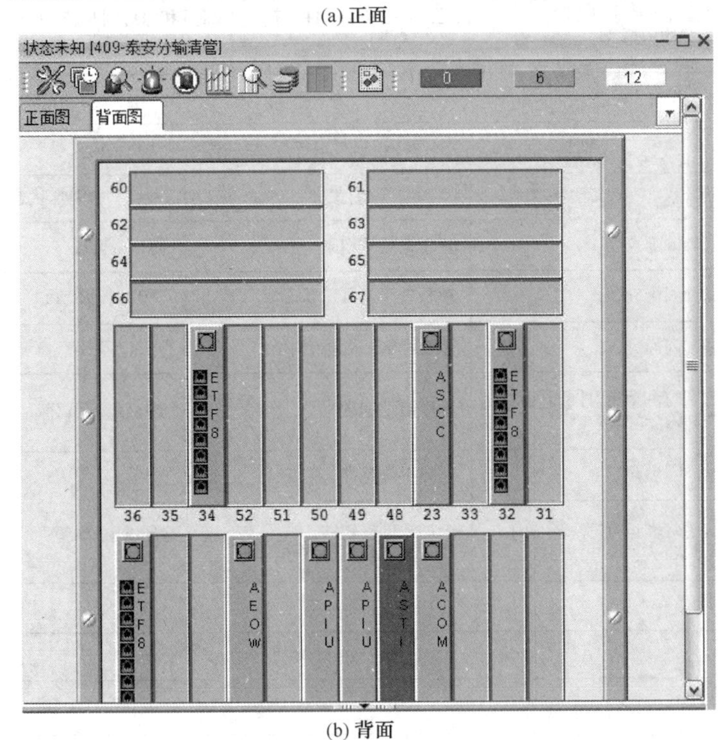

(b) 背面

图 2-1-9　华为 10G 设备面板图

2）单板介绍

（1）SLQ4/SLQ4A/SL16A/SL64/SF64 单板：SLQ4/SLQ4A 是 4 路 STM－4 光接口板。SLQ4A 可以作为 SLQ4 的备板，但是反过来，SLQ4 不能作为 SLQ4A 的备板。SL16/SL16A 是 1 路 STM－16 光接口板。SL16A 可以作为 SL16 的备板，但是反过来，SL16 不能作为 SL16A 的备板。SL64 是 1 路 STM－64 光接口板。SF64 是带 FEC 功能(前向纠错)的 1 路 STM－64 光接口板。类似的单板：SD16/SD16A 板是双路 STM－16 光接口板，16 路 STM－1 光接口板 SLH1，8 路 STM－1 光接口板 SLO1。

光接口板完成相应速率的光信号收发转换，包括光/电、电/光、串/并以及并/串转换，并完成再生段开销处理、复用段开销处理、指针调整以及高阶通道开销处理等功能(带 FEC 功能的单板还需完成 FEC 保护模式信号的编码和解码)。SF64 单板介绍如图 2-1-10 所示。

外观图	说明
 SF64 RUN ALM IN OUT	见下表

ALM-红色告警指示灯状态描述		
状态	含义	闪烁状态参数
红灯常亮，绿灯熄灭	内存自检出错	红灯常亮
每隔1s闪烁3次	有紧急告警发生	红灯连续0.3s 亮0.3s 灭3次，再灭1s
每隔1s闪烁2次	有主要告警发生	红灯连续0.3s 亮0.3s 灭2次，再灭1s
每隔1s闪烁1次	有次要告警发生	红灯连续0.3s 亮0.3s 灭1次，再灭1s
红灯和绿灯同时闪烁，每1s约闪烁2次	正在运行底层软件或在加载软件	红灯和绿灯同时进行0.3s 的亮灭

RUN-绿色运行灯状态描述		
状态	含义	闪烁状态参数
每2s闪烁1次	正常运行(开工)	亮1s，灭1s
每1s闪烁5次	单板处于未开工状态	亮0.1s，灭0.1s
每4s闪烁1次	单板和SCC板通信中断	亮2s，灭2s
告警灯和运行灯同时闪烁，每1s闪烁5次	程序启动加载	亮0.1s，灭0.1s
每1s闪烁2次	擦除单板软件	亮0.3s，灭0.3s
告警灯和运行灯每隔1s闪烁1次	未加载单板软件，或等待加载单板软件	亮0.5s，灭0.5s

光接口说明
SC/PC

图 2-1-10　SF64 单板介绍

（2）EFS4 单板：4 路交换式 10Mbit/s/100Mbit/s 快速以太网处理板，实现 10Mbit/s/

100Mbit/s 快速以太网业务(FE)的接入和汇集，实现快速以太网业务的上下；也可以与华为 MSTP 系列产品对接，实现 FE 业务的汇集。业务的接入可以是完全透明传送，也可以进行业务的收敛，实现 FE 到 FE 的汇集。此类单板需与 ETF8 出线板配合使用。具体介绍如图 2-1-11所示。

外观图	说明		
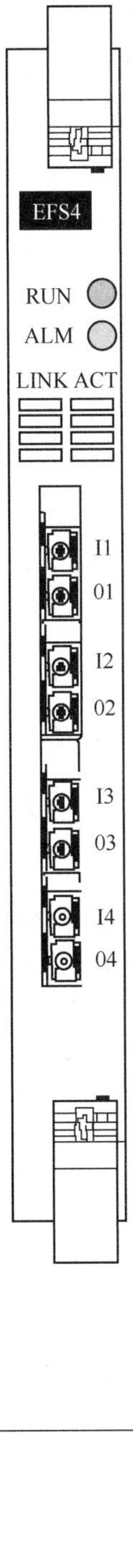 EFS4 RUN ALM LINK ACT I1 01 I2 02 I3 03 I4 04	ALM—红色告警指示灯状态描述		
	状态	含义	闪烁状态参数
	红灯常亮，绿灯熄灭	内存自检出错	红灯常亮
	每隔1s闪烁3次	有紧急告警发生	红灯连续0.3s亮0.3s灭3次，再灭1s
	每隔1s闪烁2次	有主要告警发生	红灯连续0.3s亮0.3s灭2次，再灭1s
	每隔1s闪烁1次	有次要告警发生	红灯连续0.3s亮0.3s灭1次，再灭1s
	红灯和绿灯同时闪烁，每1s约闪烁2次	正在运行底层软件或在加载软件	红灯和绿灯同时进行0.3s的亮灭
	RUN—绿色运行灯状态描述		
	状态	含义	闪烁状态参数
	每2s闪烁1次	正常运行（开工）	亮1s，灭1s
	每1s闪烁5次	电路板处于未开工状态	亮0.1s，灭0.1s
	每4s闪烁1次	电路板和SCC板通信中断	亮2s，灭2s
	告警灯和运行灯同时闪烁，每1s闪烁5次	程序启动/加载	亮0.1s，灭0.1s
	每1s闪烁2次	擦除单板软件	亮0.3s，灭0.3s
	告警灯和运行灯每隔1s闪烁1次	未加载电路板软件，或等待加载电路板软件	亮0.5s，灭0.5s
	LINK—绿色以太网链路指示状态灯描述		
	状态	含义	
	亮	FE端口和对端设备连接上，链路建立	
	灭	FE端口和对端设备没有连接上，链路不通	
	ACT—橙色以太网链路指示状态灯描述		
	状态	含义	
	闪烁	FE端口和对端设备有数据收发	
	灭	FE端口和对端设备没有数据收发	
	光接口：LC/PC型，4对，上光口（IN）为输入，下关口（OUT）为输出		
	拉手条尺寸：322mm（高）×35.6mm（宽）		

图 2-1-11　EFS4 单板介绍

(3) ABA2 单板：ABA2 板为两路光功率放大板，主要作用为提高设备的光发送功率，延长传输距离。类似单板：光功率及前置放大板 ABPA。ABA2 单板介绍如图 2-1-12 所示。

外观图	ALM—红色告警指示灯状态描述		
	状态	含义	闪烁状态参数
ABA2 RUN ALM IN1 OUT1 IN2 OUT2	红灯常亮，绿灯熄灭	内存自检出错	红色灯常亮
	每隔1s闪烁3次	有紧急告警发生	红灯连续0.3s亮0.3s灭3次，再灭1s
	每隔1s闪烁2次	有主要告警发生	红灯连续0.3s亮0.3s灭2次，再灭1s
	每隔1s闪烁1次	有次要告警发生	红灯连续0.3s亮0.3s灭1次，再灭1s
	红灯和绿灯同时闪烁，每1s约闪烁2次	正在运行底层软件或在加载软件	红灯和绿灯同时进行0.3s的亮灭
	RUN—绿色运行灯状态描述		
	状态	含义	闪烁状态参数
	每2s闪烁1次	正常运行(开工)	亮1s，灭1s
	每1s闪烁5次	单板处于未开工状态	亮0.1s，灭0.1s
	每4s闪烁1次	单板和SCC板通信中断	亮2s，灭2s
	告警灯和运行灯同时闪烁、每1s闪烁5次	程序启动加载	亮0.1s，灭0.1s
	每1s闪烁2次	擦除单板软件	亮0.3s，灭0.3s
	告警灯和运行灯每隔1s闪烁1次	未加载单板软件，或等待加载单板软件	亮0.5s，灭0.5s

图 2-1-12　ABA2 单板介绍

(4) EMXS 单板：增强型混合交叉连接与时钟处理板，实现高低阶业务调度和系统定时两大功能(表 2-1-2)。类似单板：AMXS 板是高低阶合一交叉连接与时钟处理板，交叉连接与时钟处理板 EXCS(无低阶交叉)。

表 2-1-2　EMXS 单板与类似单板的比较

技术指标 \ 单板名称	EMXS	AMXS	EXCS
高阶交叉连接能力	120G(768×768 VC-4)		
低阶交叉能力	20G(8064×8064 VC-12 或 384×384 VC-3)	5G(2016×2016 VC-12 或 96×96 VC-3)	0
功耗(W)	56	60	50
质量(kg)	1.92	1.7	1.8

续表

单板名称 技术指标	EMXS	AMXS	EXCS
拉手条丝印	EMXS	AMXS	EXCS
单板尺寸(高×宽×深) (mm×mm×mm)	366. 7×2. 5×280		
拉手条宽度(mm)	35. 6		
可安装板位	XCS1，XCS2		

(5) ASCC 单板：系统控制及通信板，又称主控板。完成对同步设备的管理及通信功能，同时提供设备与网络管理系统的接口。具体介绍如图 2-1-13 所示。

外观图	说明
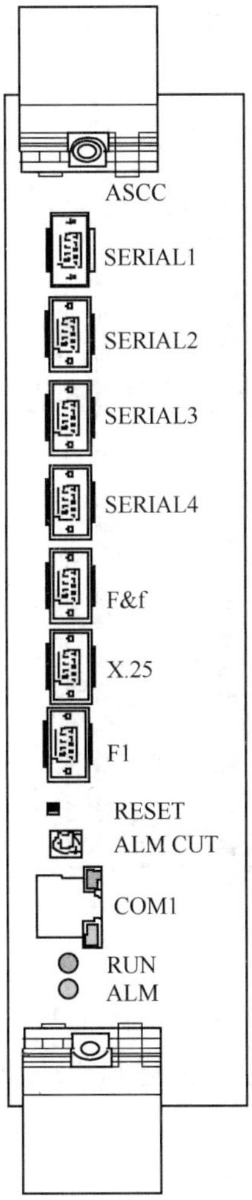 ASCC SERIAL1 SERIAL2 SERIAL3 SERIAL4 F&f X.25 F1 RESET ALM CUT COM1 RUN ALM	外部接口

接口	描述
SERIAL1—SERIAL4	DB9型串行接口，可配置成RS-232/RS-422接口，提供给用户使用
F&f	DB9型本地维护调试串口，具有RS-232C接口特性
X.25	DB9型远程维护接口，具有RS-232接口特性
F1	DB9型64kbit/s同向数据接口
COM1	RJ45型以太网口，用于主控板和网管终端之间的以太网口连接

RESET按钮功能描述
按下RESET按钮，复位ASCC板

ALM CUT开关功能描述
开关拨下使能声音告警，拨上关闭声音告警。有声音告警时，拨动ALM CUT开关，则切除当前声音告警

ALM—红色告警指示灯状态描述

状态	含义	闪烁状态参数
红灯常亮，绿灯熄灭	内存自检出错	红灯常亮
每隔1s闪烁3次	有紧急告警发生	红灯连续0.3s亮、0.3s灭3次，再灭1s
每隔1s闪烁2次	有主要告警发生	红灯连续0.3秒亮、0.3s灭2次，再灭1s
每隔1s闪烁1次	有次要告警发生	红灯连续0.3秒亮、0.3s灭1次，再灭1s
红色灯常灭	网元无告警发生	红灯常灭

RUN—绿色运行灯状态描述

状态	含义	闪烁状态参数
每2s闪烁1次	正常运行(ASCC板开工)	亮1s，灭1s
每1s闪烁5次	正在加载主机软件	亮0.1s，灭0.1s
每1s闪烁1次	等待加载主机软件	亮0.5s，灭0.5s

拉手条尺寸	
322mm(高)×35.6mm(宽)	

图 2-1-13　ASCC 单板介绍

(6) AEOW/ACOM/ASTI 单板：公务电话板 AEOW，主要完成开销字节 E1 和 E2 及其他数据字节的提取、插入及处理。设备通信板 ACOM。主要提供 ASCC 板与各单板间的通信通路。同步定时接口板 ASTI，提供两个外时钟接入口 IN1 和 IN2，两个时钟输出口 OUT1 和 OUT2，对外时钟信号进行防雷保护，保证系统的可靠性。以上单板都属于辅助类单板，不参与具体数据的传输。

4. 华为 OSN7500 设备(以 1325-铁岭为例)

1）设备面板

图 2-1-14 所示为华为 OSN7500 设备面板。

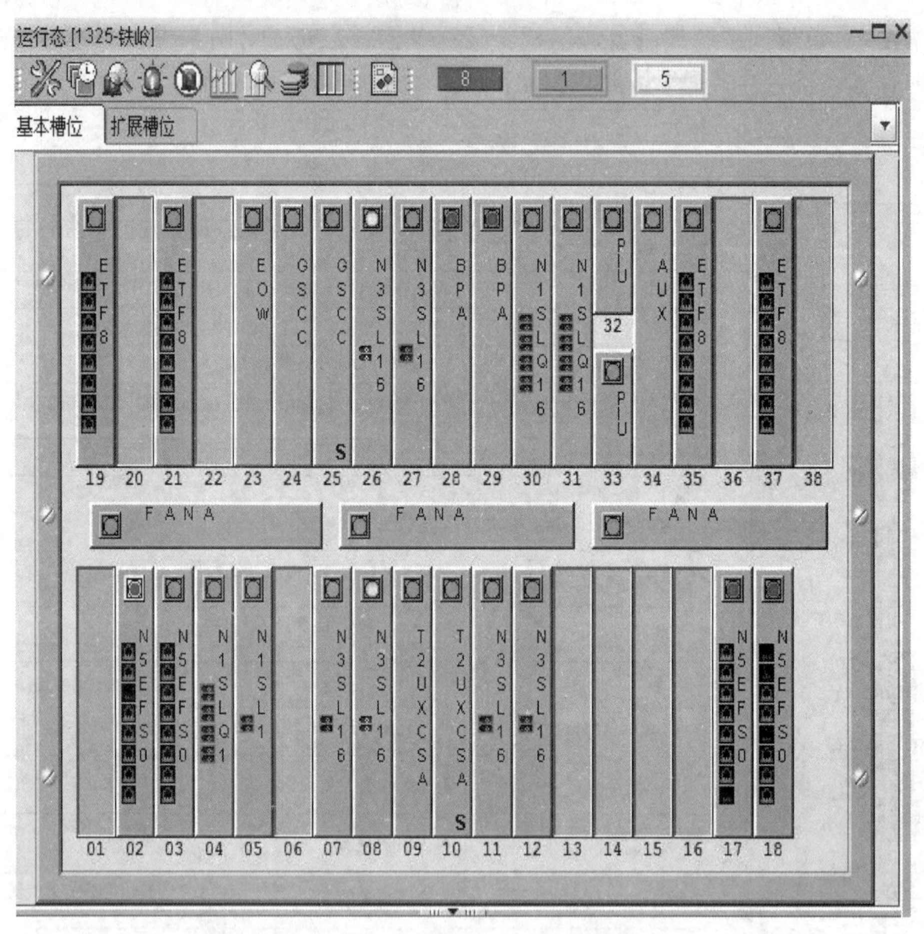

图 2-1-14　华为 OSN7500 设备面板图

2）单板介绍

(1) EFS0 单板：8 路 FE 以太网交换处理板，处理 8 路 FE 业务，支持二层交换、MPLS、组播等功能和特性。单板需要配合出线板使用：配合 ETF8 实现 8 路电口 FE 信号接入，配合 EFF8 实现 8 路光口 FE 信号接入。

EFS0 面板外观图如图 2-1-15 所示。

单板面板上的指示灯有：单板硬件状态灯(STAT)—红绿双色指示灯，业务激活状态灯(ACT)—绿色指示灯，单板软件状态灯(PROG)—红绿双色指示灯，业务告警指示灯(SRV)—红、绿、黄三色指示灯。

ETF8 的面板图如图 2-1-16 所示。

ETF8 单板面板上共有 8 个电接口。

（2）SL1/SLQ1/SL16/SLQ16 单板：SL1（1 路 STM-1 光接口板），SLQ1（4 路 STM-1 光接口板），SL16（1 路 STM-16 光接口板），SLQ16（4 路 STM-16 光接口板）。类似单板：SL4（1 路 STM-4 光接口板），SLD4（2 路 STM-4 光接口板），SL64（1 路 STM-64 光接口板），SLD64（2 路 STM-64 光接口板）。

SLQ16 单板的面板图如图 2-1-17 所示。

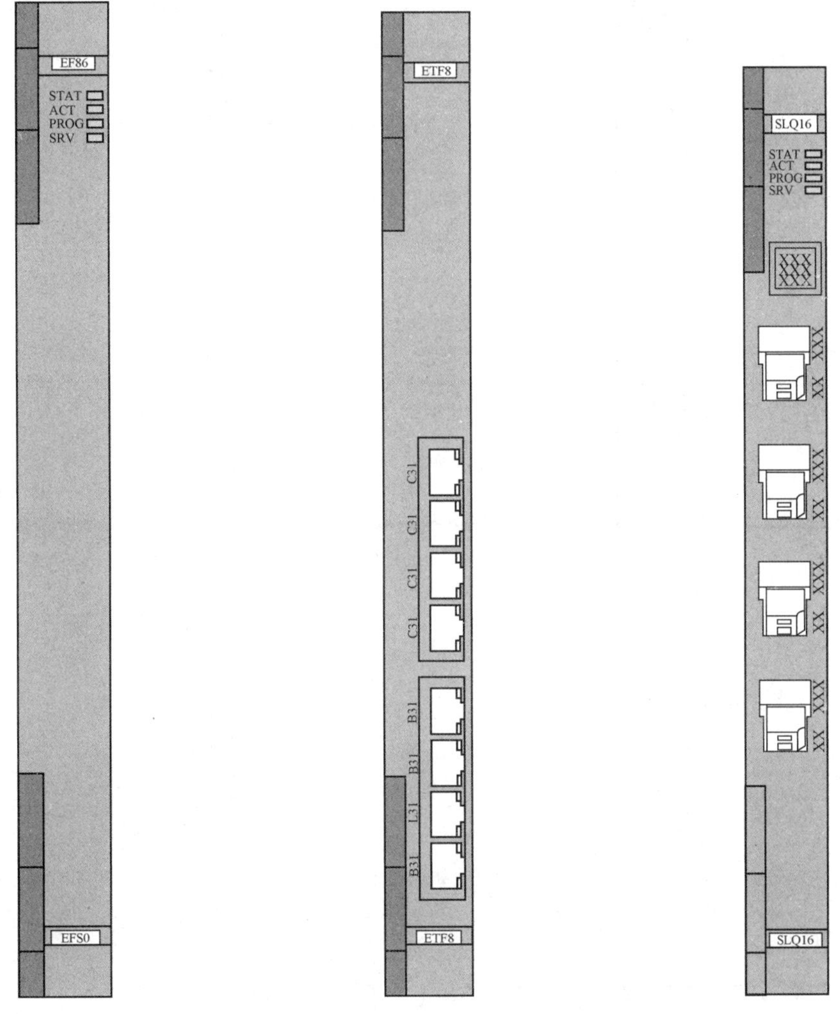

图 2-1-15　EFS0 面板外观图　　图 2-1-16　ETF8 面板图　　图 2-1-17　SLQ16 单板面板图

（3）UXCSA 单板：UXCSA（超强型交叉时钟板），完成业务调度、时钟输入输出等功能和特性。类似单板：GXCSA（普通型交叉时钟板），EXCSA（增强型交叉时钟板），SXCSA（超级交叉时钟板），IXCSA（无限交叉时钟板），不同类型交叉时钟板交叉能力不同，可插放槽位均在子架的 slot 9 和 slot 10。单板上无接口，外时钟接口由 AUX 和 EOW 辅助类单板提供。

（4）BPA 单板：BPA（1 路功率放大和 1 路前置放大板），提高设备的光发送功率，延长传输距离。类似单板：BA2（2 路光功率放大板）。可插放槽位：slot 1-slot 8、slot 11-slot 18、 slot 26-slot 31。

BPA 面板外观图如图 2-1-18 所示。

GSCC 单板：GSCC(智能系统控制板)，支持主控、公务、通信和系统电源监控等功能和特性。GSCC 单板可以插在子架的 slot 24 和 slot 25。

N3GSCC/N4GSCC 面板外观图如图 2-1-19 所示。GSCC 单板开关说明见表 2-1-3。

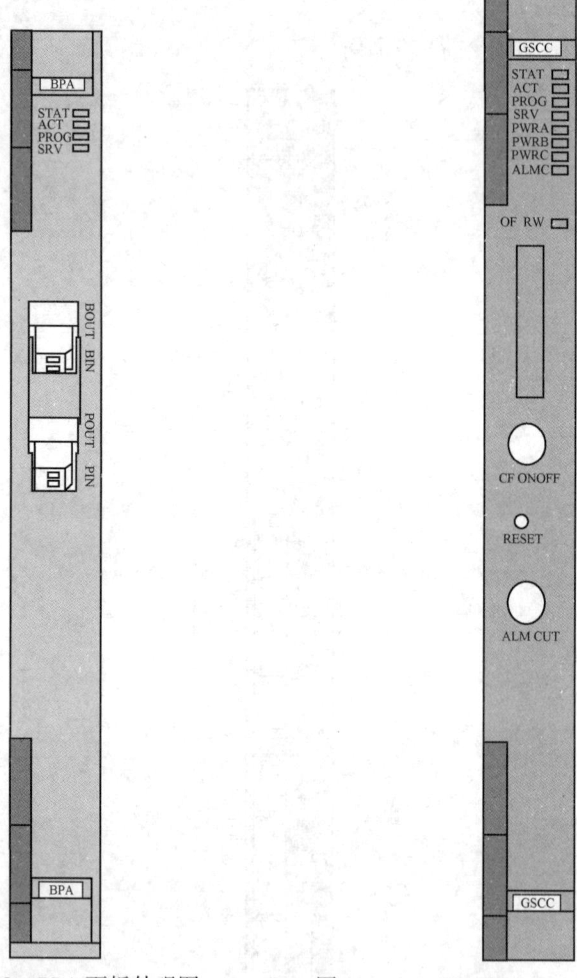

图 2-1-18　BPA 面板外观图　　图 2-1-19　N3GSCC/N4GSCC 面板外观图

表 2-1-3　GSCC 单板开关说明

开关名称	开关类型	用　途
RESET	软复位开关	按下即软复位主控单元
ALM CUT	告警切除开关	短按下开关即可切除当前告警声。长按开关 3s 可永久切除告警声，再次长按则取消告警切除功能
CF ON/OFF	CF 卡插拔开关	更改 CF 卡的状态。 ①CF 卡处于可读写或正在读写状态时，长按开关 5s，指示灯变为红色，CF 卡变为禁止读写状态，此时可以拔出 CF 卡。 ②CF 卡处于禁止读写状态时，长按开关 5s，指示灯变为绿色，CF 卡恢复为可读写状态

(5) EOW/AUX/PIU 单板：EOW(公务电话处理板)，主要完成开销字节 E1 和 E2 及其他数据字节的提取、插入及处理。①AUX(系统辅助接口板)。AUX 单板为系统提供各种管理接口和辅助接口，并为子架各单板提供+3.3V 电源的集中备份等功能和特性。②PIU(电源接口板)，支持电源接入、防雷和滤波等功能和特性。EOW/AUX/PIU 单板说明见表 2-1-4。

表 2-1-4 EOW/AUX/PIU 单板说明

类别	功能和特性	描 述
EOW	管理接口	①提供 Modem 接入的 RS-232DCE 远程维护接口 OAM，该接口支持 X.25 协议； ②提供 3 路以太网网管接口，其中 2 路分别连接主备主控板，另 1 路连接网管； ③提供滤波和防护电路
	辅助接口	提供 4 路广播数据口 Serial 1~4
	时钟接口	1 入 1 出 75Ω 同轴线 BITS 时钟接口和 1 入 1 出 120Ω 双绞线 BITS 时钟接口
	公务接口	提供 1 路公务电话，2 路出子网连接电话，4 路广播数据口
	调试接口	提供 1 路 10Mbit/s/100Mbit/s 兼容调试以太网口，用于子架的调试
	内部通信	提供板间通信功能
	开销处理	完成 E1 和 E2 及 Serial 1~4 字节的处理
	电源备份和检测	提供工作电源，电源模块还给 AUX 提供备用 3.3V 电源
	注：调试 COM 口仅供内部调试，不能作为正常的设备监控使用，否则可能导致板间以太网通信异常	
AUX	管理接口	提供管理串口 F&f
	辅助接口	①提供 4 路广播数据口 Serial 1~4 ②提供 1 路 64kbit/s 的同向数据通道 F1 接口
	时钟接口	提供 2 路接口阻抗为 120Ω 或 75Ω 的 BITS 时钟接口
	开关量接口	①提供 16 路输入、4 路输出的开关量告警接口； ②提供 4 路输出的开关量告警级联接口
	机柜告警灯	①提供 4 路机柜告警灯输出接口； ②提供 4 路机柜告警灯输入级联接口
	电源备份和检测	①提供子架各单板+3.3V 电源的集中备份功能(各单板二次电源 1:*N* 保护)[①]； ②对 3.3V 备份电压进行过压(3.8V)和欠压(3.1V)检测
	声音告警	支持声音告警和告警切除功能
	网口连接状态检测	支持网口连接状态检测
PIU	防雷功能	提供防雷功能，实现单板防雷失效告警信息上报
	滤波功能	提供对电源端口的滤波，并对单板进行结构屏蔽，增强了系统的电磁兼容性
	供电接口	提供 2 路外置单元(如：COA 等)供电接口，每路为 50W
	告警监测	提供单板在位告警信息的上报
	电源备份	提供 1+1 热备份，任意 1 块 PIU 板可以满足单独为整个子架供电的需要

①*N* 表示对 *N* 块其他单板(包括所有业务单板和主控板)进行+3.3V 电源掉电保护；1:*N* 表示一块 AUX 单板对应 *N* 块设备单板，*N* 的取值取决于业务单板和一控板的总量。

5. 华为 OSN3500 设备(以 2004-法库热泵站为例)

1) 设备面板

图 2-1-20 所示为华为 OSN3500 设备面板。

2) 单板介绍

OSN 系列设备单板大部分通用，故与 OSN7500 重复单板不做重复描述。

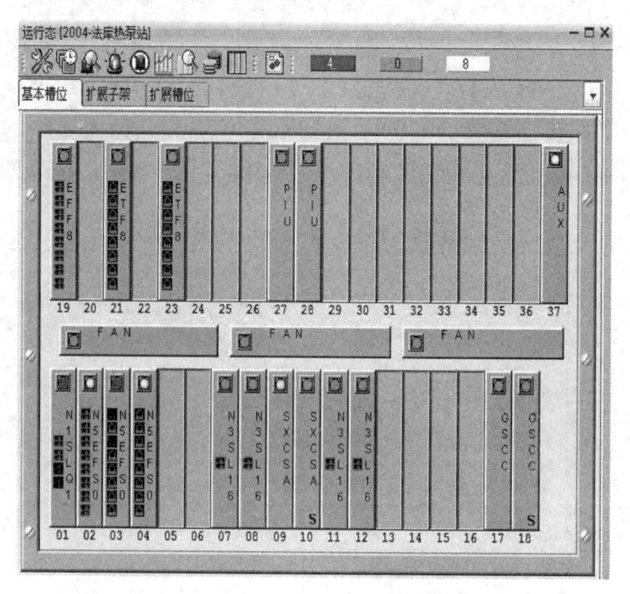

图 2-1-20　华为 OSN3500 设备面板

（1）SXCSA 单板：超级交叉时钟板，支持业务调度、时钟输入输出等功能和特性。类似单板：GXCSA（普通型交叉时钟板），EXCSA（增强型交叉时钟板），UXCSA/UXCSB（超强型交叉时钟板），SXCSA/SXCSB（超级交叉时钟板），IXCSA/B（无限交叉时钟板），XCE（扩展子架交叉时钟板）。单板名称末位为 B 的单板类型支持扩展子架，扩展子架配置 XCE 交叉时钟板。单板名称末位为 A 的单板功能、面板图与 OSN7500 设备相同，下面介绍 B 类单板和 XCE 单板。

SXCSB 面板外观图如图 2-1-21 所示。

XCE 面板外观图如图 2-1-22 所示。

XCSB 和 XCE 单板的面板上有扩展子架电缆连接接口“EXA”和“EXB”，互为备份。通过这两个电缆连接接口，可以将 XCSB 所在的主子架和 XCE 所在的扩展子架连接起来。主子架和扩展子架的连接关系如图 2-1-23 所示。

（2）GSCC 单板：智能系统控制板，支持主控、公务、通信和系统电源监控等功能和特性。N1GSCC 为 OSN3500 设备用，N2GSCC 为 OSN7500 设备用，N3GSCC/N4GSCC 为 OSN3500/OSN7500 设备通用。

N3GSCC/N4GSCC 面板介绍如图 2-1-24 所示。

6. 华为 OSN2500 设备（以 1273-长长吉长春分输站为例）

1）设备面板

图 2-1-25 所示为华为 OSN2500 设备面板。

2）单板介绍

业务类单板与 OSN7500/OSN3500 通用，以下介绍 OSN2500 设备独有单板。

（1）CXL4 单板：主控/交叉/线路 STM-4 合一板，支持 SDH 信号处理、通信控制、业务调度、时钟输入输出等功能和特性。类似单板：CXL1（主控/交叉/线路 STM-1 合一板），CXL16（主控/交叉/线路 STM-16 合一板）。可插放槽位：slot 9，slot 10；网管上逻辑显示 9，10，80-83；物理板位上 9 板位集成 9，80 和 82 的逻辑板；10 板位集成 10，81 和 83 的逻辑板。

CXL16 面板外观图如图 2-1-26 所示。

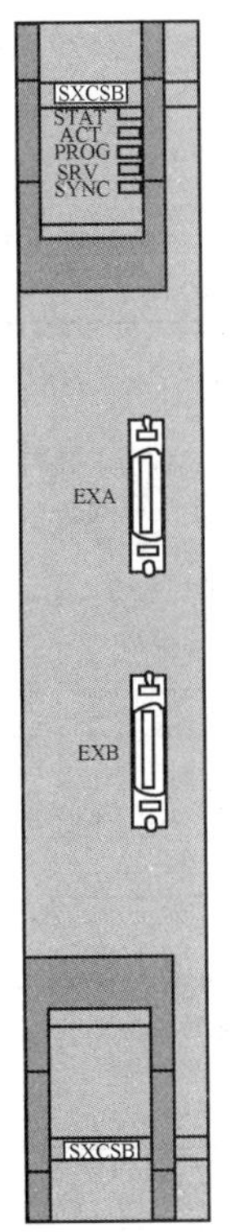

图 2-1-21　SXCSB 面板外观图

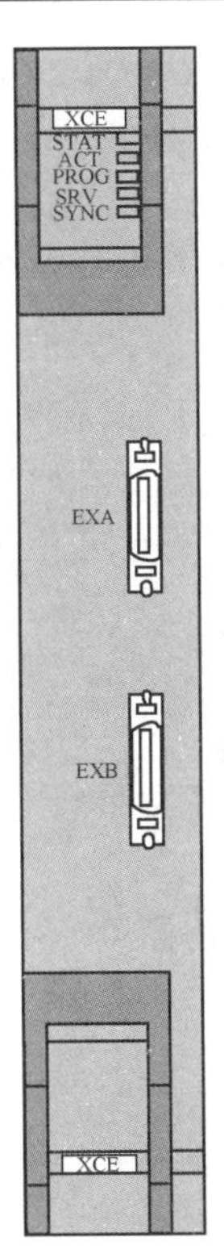

图 2-1-22　XCE 面板外观图

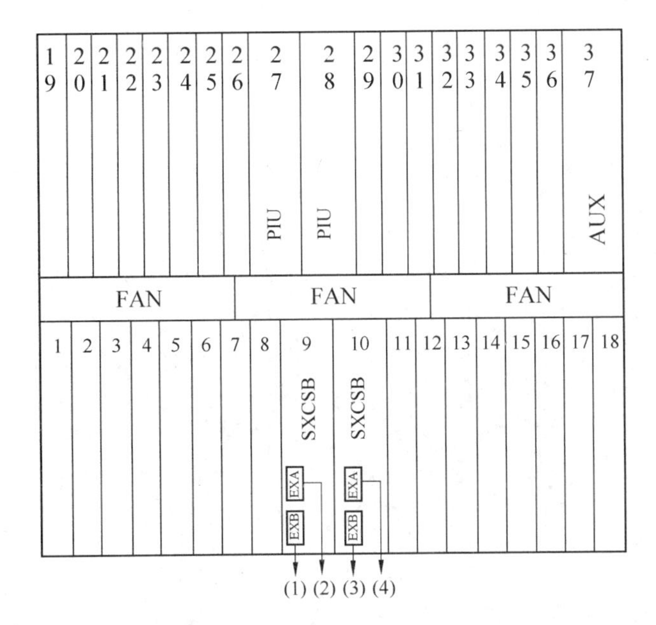

- 主子架的 SXCSB(slot 9)的"EXB"接口连接到 XCE 板(slot 60)的"EXA"
- 主子架的 SXCSB(slot 9)的"EXA"接口连接到 XCE 板(slot 59)的"EXA"
- 主子架的 SXCSB(slot 10)的"EXB"接口连接到 XCE 板(slot 60)的"EXB"
- 主子架的 SXCSB(slot 10)的"EXA"接口连接到 XCE 板(slot 59)的"EXB"

图 2-1-23　主子架和扩展子架的连接关系

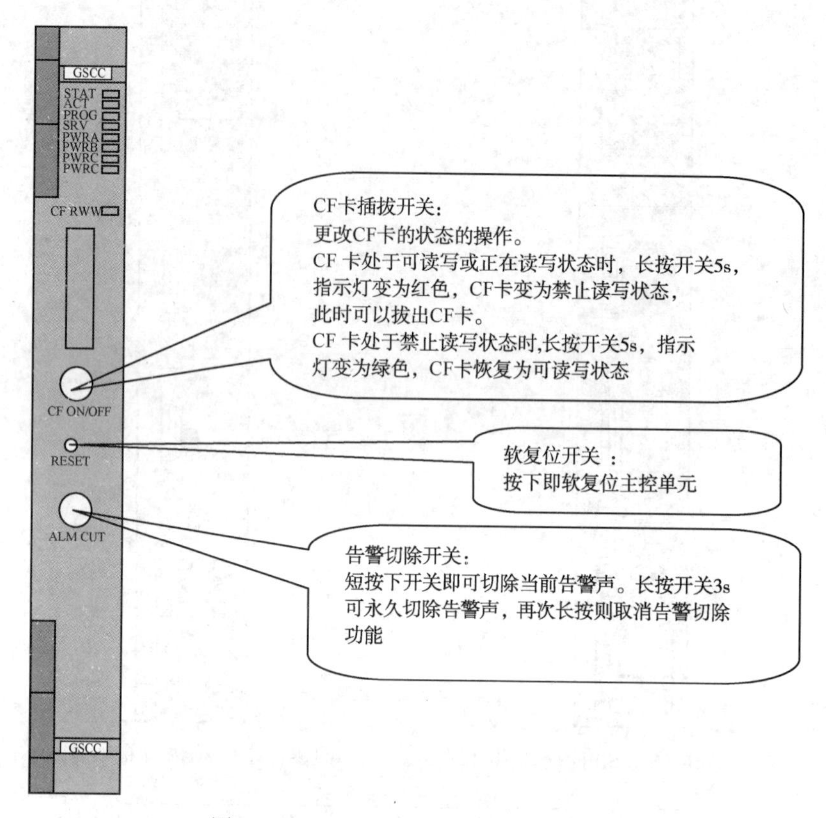

图 2-1-24　N3GSCC/N4GSCC 面板介绍

图 2-1-25　华为 OSN2500 设备面板图

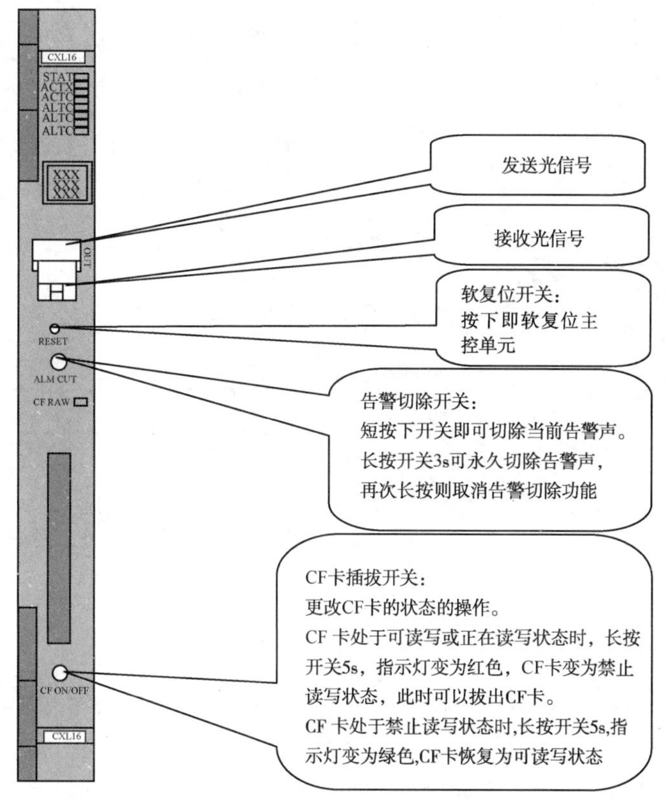

图 2-1-26 CXL16 面板介绍

（2）SAP 单板：系统辅助处理板，为系统提供各种管理接口和调试接口等，并为子架各单板提供+3.3V 电源的集中备份等功能(表 2-1-5)。

表 2-1-5 SAP 单板的功能和特性

项 目	描 述
管理接口	提供 ETH 网管接口
开关量接口	实现开关量输入、输出和输出告警级联功能
机柜告警灯	驱动和级联 4 路机柜指示灯
调试接口	提供 1 个调试接口 COM
内部通信	实现子架各单板之间的板间通信功能
开销处理	完成 E1，E2 和 F1 以及 Serial 1~4 字节的处理
电源备份和检测	①监控子架两路独立的-48V 电源，并进行过压(-72V)和欠压(-38.4V)检测； ②提供子架各单板+3.3V 电源的集中备份功能(各单板二次电源 1：*N* 保护)，备份 3.3V 电源功率为 100W； ③对 3.3V 备份电压进行过压(3.8V)和欠压(3.1V)检测
声音告警	支持声音告警和告警切除功能
网口连接状态检测	支持网口连接状态检测

注：COM 口仅供内部调试，不能作为正常的设备监控使用，否则可能导致板间以太网通信异常。

7. 华为 OSN1500 设备(以 2016-锦州港末站为例)

1）设备面板

图 2-1-27 所示为华为 OSN1500 设备面板。

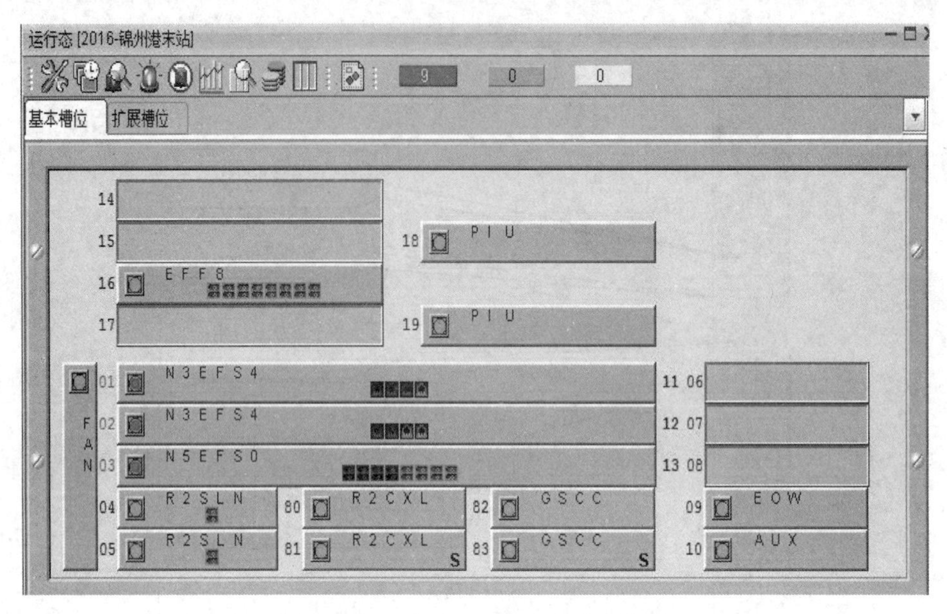

图 2-1-27　华为 OSN1500 设备面板图

2）单板介绍

业务类单板与 OSN7500/OSN3500 通用，以下介绍 OSN1500 设备独有单板。

（1）CXLLN 单板：1 路 STM-1/STM-4/STM-16 速率可变的主控/交叉/线路合一板，支持 SDH 信号处理、通信控制、业务调度、时钟输入输出等功能和特性。类似单板：CXL1（主控/交叉/线路 STM-1 合一板），CXL4（主控/交叉/线路 STM-4 合一板），CXL16（主控/交叉/线路 STM-16 合一板），CXLD41（2 路 STM-1/STM-4 速率可变的主控/交叉/线路合一板）。可插放槽位：slot 4 和 slot 5。物理板 4 板位集成逻辑槽位的 4，80 和 82 三块单板；物理板 5 板位集成逻辑槽位的 5，81 和 83 三块单板。其面板介绍如图 2-1-28 所示。

（2）EOW/AUX 单板：EOW（公务电话处理板），主要完成开销字节 E1 和 E2 及其他数据字节的提取、插入及处理。AUX（系统辅助接口板），为系统提供各种管理接口和辅助接口，并为子架各单板提供+3.3V 电源的集中备份等功能和特性（图 2-1-29 和图 2-1-30、表 2-1-6）。

表 2-1-6　EOW 和 AUX 单板的面板接口说明

类型	面板接口	接口类型	用　途
EOW 单板	PHONE	RJ-45	公务电话接口
	S1	RJ-45	广播数据口 S1
	S2	RJ-45	广播数据口 S2
	S3	RJ-45	广播数据口 S3
	S4	RJ-45	广播数据口 S4
AUX 单板	ETH	RJ-45	网管接口
	COM	RJ-45	调试接口
	CLK	RJ-45	120Ω 外时钟输入/输出接口
	ALM	RJ-45	3 路输入 1 路输出开关量接口
	OAM/F&f	RJ-45	串行网管与管理接口

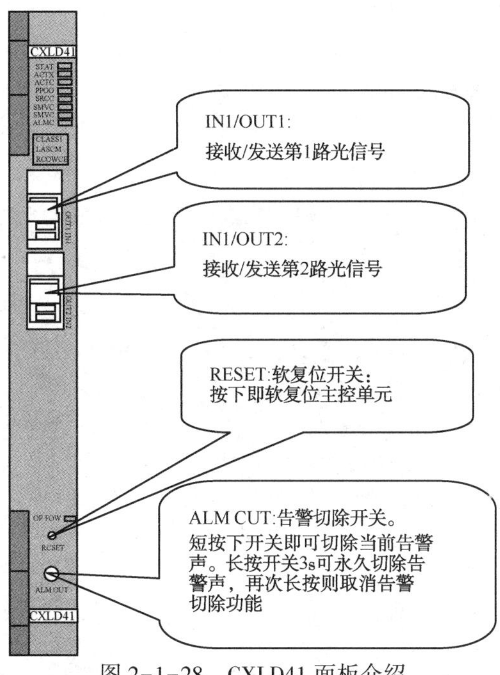

图 2-1-28　CXLD41 面板介绍

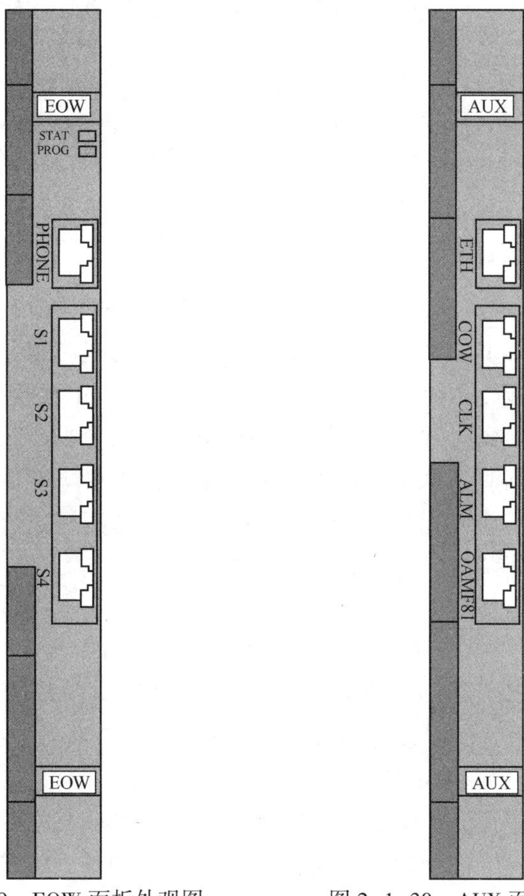

图 2-1-29　EOW 面板外观图

图 2-1-30　AUX 面板外观图

二、中兴设备

1. 中兴 S385 设备(以加格达奇中间泵站为例)

1) 设备面板

图 2-1-31 所示为中兴 S385 设备面板。

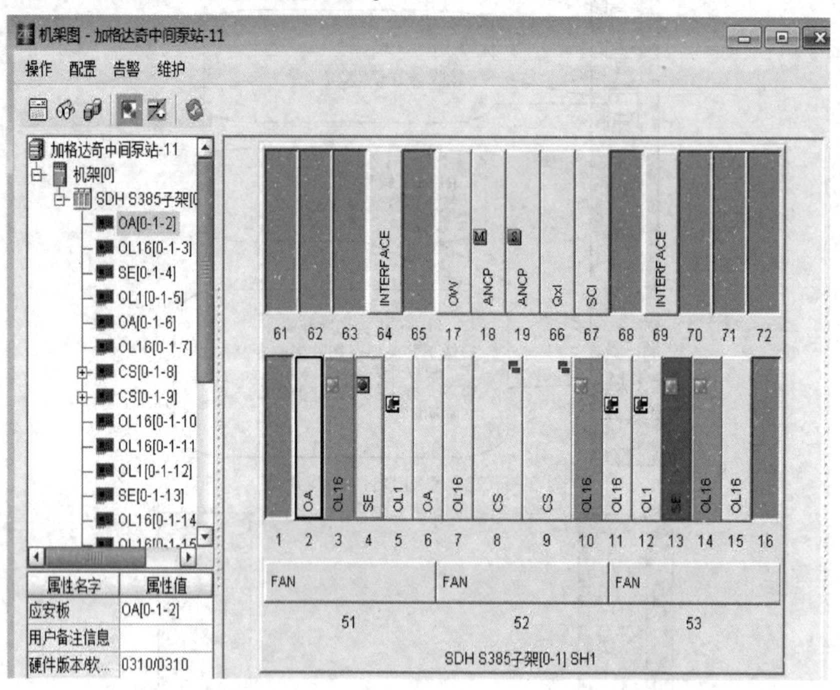

图 2-1-31　中兴 S385 设备面板

2) 单板介绍

(1) ANCP/QxI 单板：网元控制板 NCP 及 Qx 接口板 QxI，NCP 提供设备网元管理功能，Qx 接口板 QxI 提供电源接口、告警指示单元接口、列头柜告警接口、辅助用户数据接口、网管 Qx 接口和扩展框接口。NCP 面板如图 2-1-32 所示，QxI 面板图如图 2-1-33 所示。

(2) CS/SCI 单板：交叉时钟板 CS 及时钟接口板 SCI，完成多业务方向的业务交叉互通、1：N PDH 业务单板/数据业务单板保护倒换控制以及实现网同步几部分功能。时钟接口板 SCI(SCIH，SCIB)为 CSA/CSE 提供外部参考时钟接口。CS 面板如图 2-1-34 所示。

(3) OW 单板：公务板 OW，主要实现系统的公务电话功能。OW 单板面板图如图 2-1-35 所示。

(4) OL16/OL1 单板：OL16 板提供 STM-16 标准光接口以及总线供业务上、下，OL1 板提供 STM-1 标准光接口以及总线供业务上、下。类似单板：OL64 板提供 STM-64 标准光接口以及总线供业务上、下，OL4 板提供 STM-4 标准光接口以及总线供业务上、下。OL4/OL4x2/OL4x4 板面板如图 2-1-36 所示。

(5) OA 单板：光放大板，OA 板通过放大 1550nm 波长(1530～1562nm 波长范围)的光功率，提高系统无中继的传输距离，为光信号提供透明的传送通道。OA 单板面板图如图 2-1-37所示。

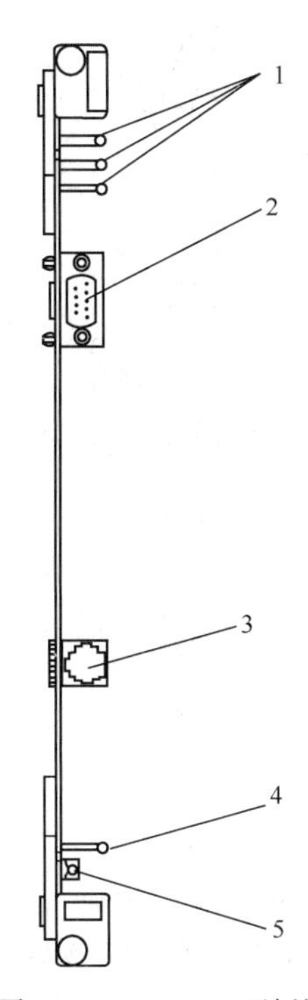

图 2-1-32　NCP 面板图

1—单板运行状态指示灯(NOM，ALM1，ALM2)；2—F 口；3—调试口；4—主用状态指示灯(MS)；5—复位键(RST)

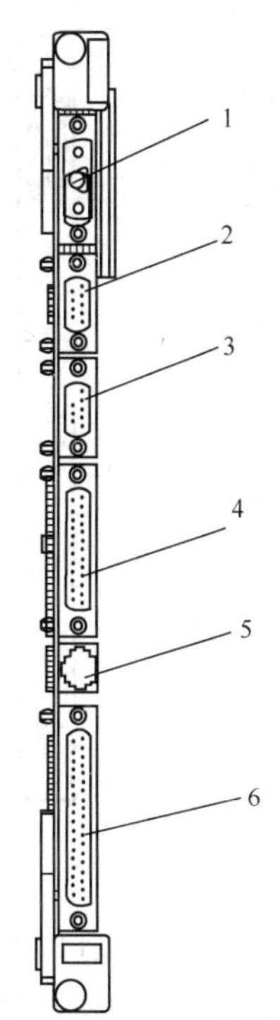

图 2-1-33　QxI 面板图

1—电源接口；2—告警指示单元接口；3—列头柜告警接口；4—辅助用户数据接口；5—网管 Qx 接口；6—扩展框接口

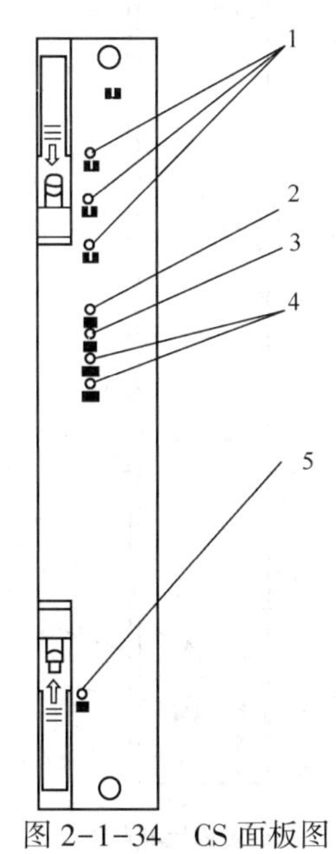

图 2-1-34　CS 面板图

1—单板运行状态指示灯(NOM，ALM1，ALM2)；2—TCS 指示灯；3—时钟主用状态指示灯 MS；4—时钟运行状态指示灯(CKS1，CKS2)；5—复位皱起 RST

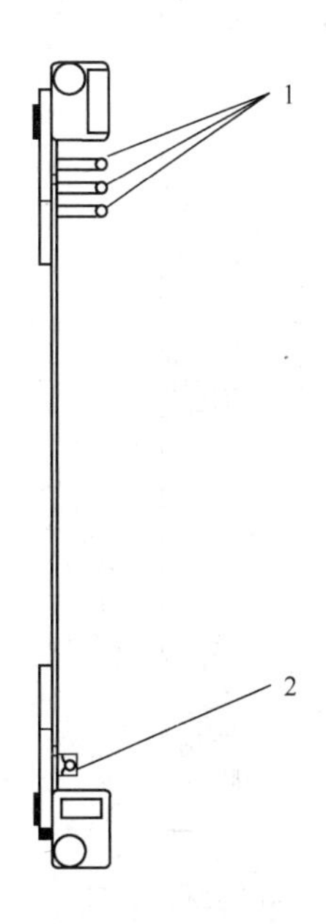

图 2-1-35　OW 单板面板图

1—单板运行状态指示灯(NOM，ALM1，ALM2)；2—复位键(RST)

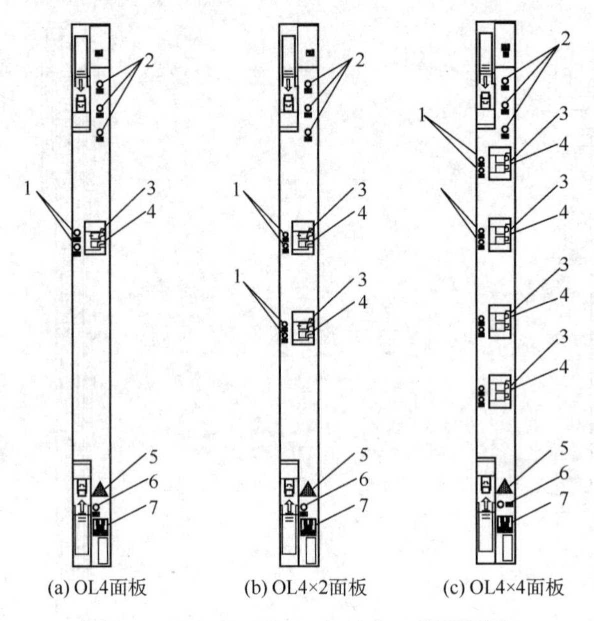

图 2-1-36　OL4/OL4×2/OL4×4 板面板图

1—光口收发指示灯(RX，TX)；2—单板运行状态指示灯(NOM，ALM1，ALM2)；3—光口发；4—光口收；5—激光告警标志；6—复位键(RST)；7—激光器等级标志

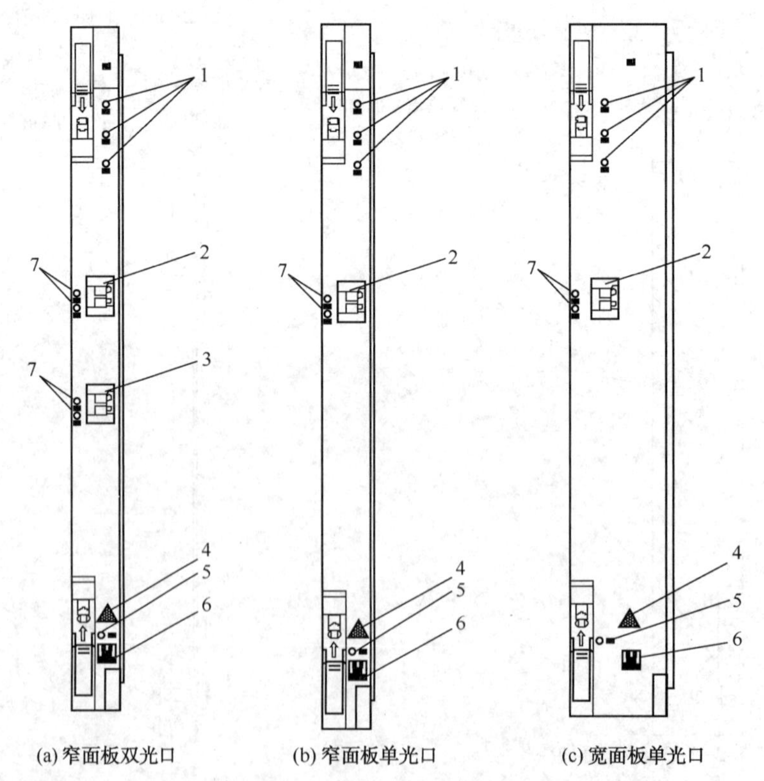

图 2-1-37　OA 单板面板图

1—单板运行状态指示灯；2，3—收发光口；4—激光告警标识；5—复位孔；6—激光器等级标识；7—EDFA 光功率状态指示灯

（6）SE 单板：以太网处理板，分两种型号：增强型智能以太网处理板 SEC，完成 10Mbit/s/100Mbit/s 和 1000Mbit/s 自适应以太网业务的接入、L2 层的数据转发以及以太网数据向 SDH 数据的映射，并提供 10Mbit/s/100Mbit/s 电业务的 1∶N 保护功能。内嵌 RPR 交换处理板 RSEB，RSEB 板实现以太网业务到 RPR 的映射，完成 RPR 特有的功能，利用 SDH/MSTP 环网的通道带宽资源，提供 RPR 所需的双环拓扑结构，完成 RPR 节点的环形互连。两种单板均需要配合出线板 ESFEx8 板（100Mbit/s 电接口）或 OIS1x8 板（100Mbit/s 光口）。

SEC 单板面板（SEB 单板上集成两个 1000Mbit/s 光接口）如图 2-1-38 所示。

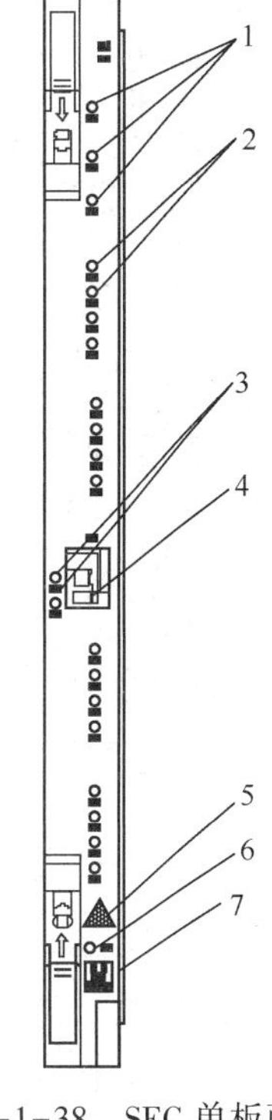

图 2-1-38　SEC 单板面板图

1—单板运行状态指示灯；
2—10Mbit/s/100Mbit/s 以太网状态指示灯；
3—1000Mbit/s 以太网状态指示灯；
4—1000Mbit/s 以太网光接口；
5—激光告警标志；6—复位键；
7—激光器等级标志

2. 中兴 S330 设备（以平邑为例）

1）设备面板

图 2-1-39 所示为中兴 S330 设备面板。

2）单板介绍

与 S385 设备功能相同单板不做介绍。

（1）SED 单板：增强型智能以太网板，SED 板面板提供 2 个 GE 接口和 2 个 FE 光接口，GE 接口支持 SFP 光接口和 SFP 电接口；其余 6 个 FE 以太网用户口由接口板提供（物理电接口由 EIFEx6 板提供，物理光接口由 OIS1x6 板提供）。SED 单板面板图如图 2-1-40 所示。

（2）SC 单板：SC 单元为 ZXMP S330 的定时单元，由时钟板 SC 和时钟接口板 SCI 组成。为 ZXMP S330 各单元提供系统时钟信号、系统帧头信号。SC 单板面板图如图 2-1-41 所示。

（3）CS 单板：交叉板，实现多方向之间的业务互通，支持 1+1 备份。CS 单板面板图如图 2-1-42 所示。

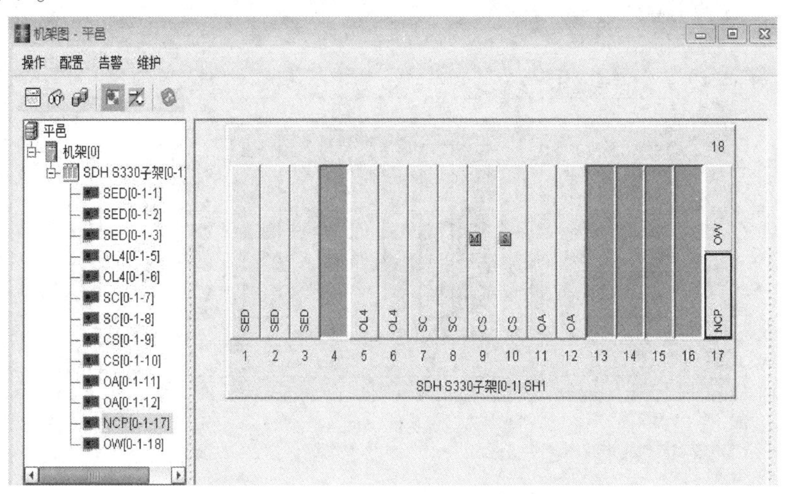

图 2-1-39　中兴 S330 设备面板图

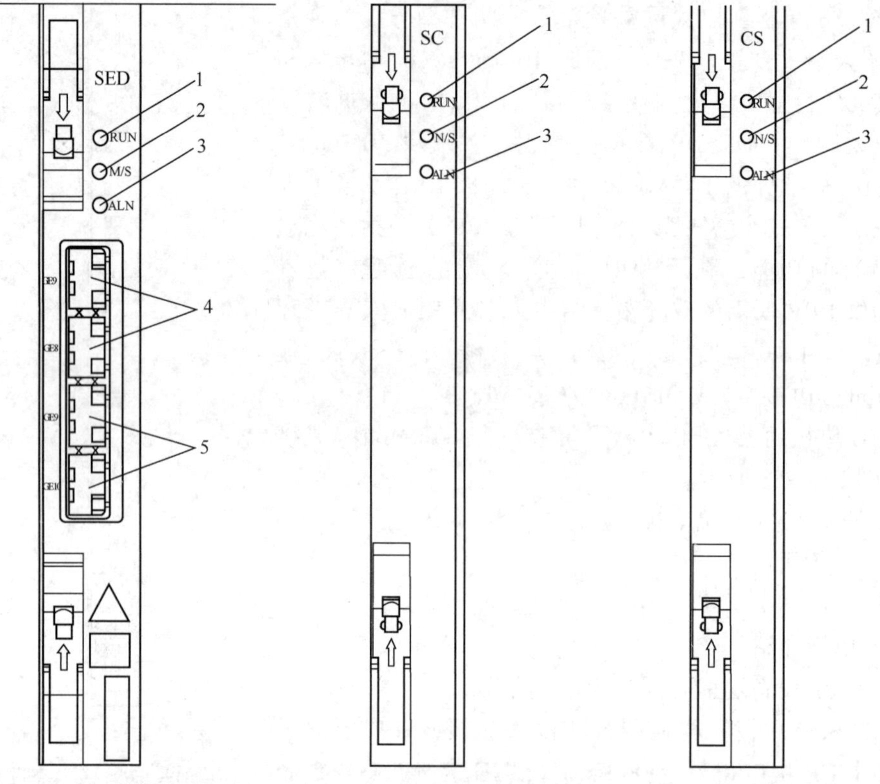

图 2-1-40　SED 单板面板图

1—运行状态指示灯(RUN)；
2—主备用指示灯(M/S)；
3—告警指示灯(ALM)；
4—FE 光接口；5—GE 光接口

图 2-1-41　SC 单板面板图

1—运行状态指示灯(RUN)；
2—时钟状态指示灯(M/S)；
3—告警指示灯(ALM)

图 2-1-42　CS 单板面板图

1—运行状态指示灯(RUN)；
2—主备用指示灯(M/S)；
3—告警指示灯(ALM)

3. 中兴 S325 设备(以莱钢末站为例)

1）设备面板

图 2-1-43 所示为中兴 S325 设备面板。

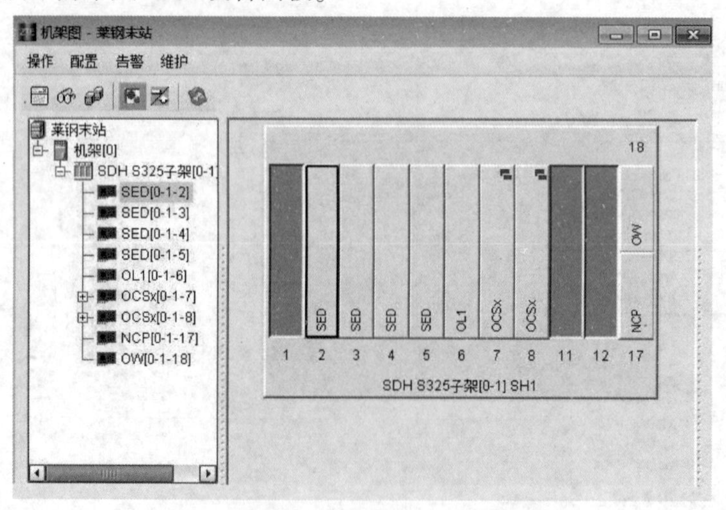

图 2-1-43　中兴 S325 设备面板图

2）单板介绍

大部分与 S330 通用单板不做介绍。

OCSx 单板：交叉时钟线路单元完成系统定时、交叉和线路处理功能，由 STM-16 交叉时钟线路板 OCS16 或 STM-4 交叉时钟线路板 OCS4 和系统接口板 SAI 组成。OCS16 单板面板如图 2-1-44 所示。

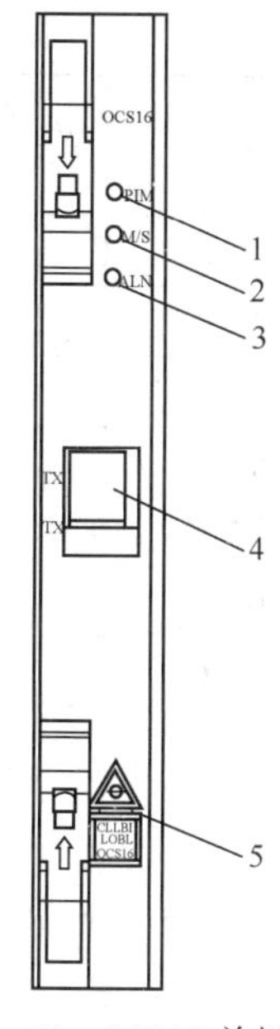

图 2-1-44　OCS16 单板面板图

1—运行状态指示灯(RUN)；
2—时钟状态指示灯(M/S)；
3—告警指示灯(ALM)；
4—收发光接口；5—激光警告标识

4. 中兴 S200 设备(以长呼 5#阀室为例)

图 2-1-45 所示为中兴 S200 设备面板图。

SMB/SMC 单板：S200 主板，网管上的逻辑版在物理上集成在一块主板上，可扩容槽位只有 1 个 4 槽位。ZXMP S200 可配置 SMB 主板或 SMC 主板，对外提供 STM-1/STM-4 光接口、STM-1 电接口、E3/T3 电接口、E1/T1 电接口、FE 光/电接口、SHDSL 接口、V. 35 同步数据接口、RS232/RS485/RS422 接口、公务电话接口和音频接口。设备可实现线路终端设备(TM)、分插复用设备(ADM)和再生器设备(REG)功能，实现简单的组网应用。

SMB 和 SMC 主板设计原理相同，只是可提供接口类型、数量有所不同，详细说明见表 2-1-7。

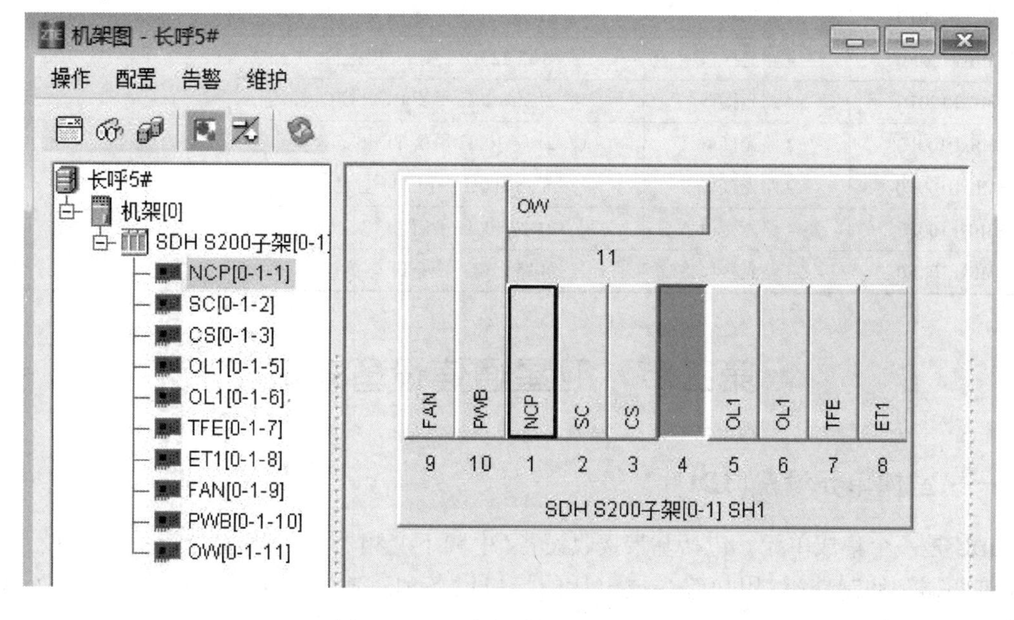

图 2-1-45　中兴 S200 设备面板图

表 2-1-7　SMB/SMC 单板

主板型号	接口类型		
	光接口	电接口	其他接口
SMCxD75E	2 路光接口	8 路 75Ω 非平衡 E1 电接口	每种型号主板均提供以下接口： 1 路 75Ω BITS 接口； 1 个告警输出接口； 1 个 RS232 接口/120ΩBITS 接口； 1 个本地维护终端接口； 1 个网管接口； 1 个告警输入接口； 4 路快速以太网电接口
SMCxD75T	2 路光接口	21 路 75Ω 非平衡 E1 电接口	
SMCxF75E	4 路光接口	8 路 75Ω 非平衡 E1 电接口	
SMCxF75T	4 路光接口	21 路 75Ω 非平衡 E1 电接口	
SMCxD120E	2 路光接口	8 路 120Ω 平衡 E1 电接口	
SMCxD120T	2 路光接口	21 路 120Ω 平衡 E1 电接口	
SMCxF120E	4 路光接口	8 路 120Ω 平衡 E1 电接口	
SMCxF120T	4 路光接口	21 路 120Ω 平衡 E1 电接口	
SMCxD100T	2 路光接口	21 路 100Ω 平衡 T1 电接口	
SMCxD100E	2 路光接口	8 路 100Ω 平衡 T1 电接口	
SMCxF100T	4 路光接口	21 路 100Ω 平衡 T1 电接口	
SMCxF100E	4 路光接口	8 路 100Ω 平衡 T1 电接口	
SMBxD75E0	2 路光接口	8 路 75Ω 非平衡 E1 电接口	
SMBxD75T0	2 路光接口	21 路 75Ω 非平衡 E1 电接口	
SMBxF75E0	4 路光接口	8 路 75Ω 非平衡 E1 电接口	
SMBxF75T0	4 路光接口	21 路 75Ω 非平衡 E1 电接口	
SMBxD120E0	2 路光接口	8 路 120Ω 平衡 E1 电接口	
SMBxD120T0	2 路光接口	21 路 120Ω 平衡 E1 电接口	
SMBxF120E0	4 路光接口	8 路 120Ω 平衡 E1 电接口	
SMBxF120T0	4 路光接口	21 路 120Ω 平衡 E1 电接口	
SMBxD100F0	2 路光接口	21 路 100Ω 平衡 T1 电接口	
SMBxD100E0	2 路光接口	8 路 100Ω 平衡 T1 电接口	
SMBxF100F0	4 路光接口	21 路 100Ω 平衡 T1 电接口	
SMBxF100E0	4 路光接口	8 路 100Ω 平衡 T1 电接口	

第二节　卫星通信设备知识

一、室内单元设备(IDU)

IDU 是一个集成单元，包括基带接收设备(中频下变频器和解调器)、基带发射设备(中频上变频器和调制器)、用户终端或电话的接口设备和对输入输出信号进行监控的处理器等[5]。IDU 通过一个综合电路，包括一台 DVB 解调器和多路信号分解器，将接收到的信号进行解调和分解，从而将必要的网络信息、管理信息和该终端所需要的用户数据分离出来。

1. Linkstar 卫星系统室内单元设备

室内单元在 Linkstar 系统里通常被称为返回信道卫星终端(RCST)。每个 RCST 都能够接收和解调出境 TDM 信号，并将必要的网络信息、管理信息和该终端所需要的用户数据分离出来。网络中的 RCST 采用 MF-TDMA 方案来回传用户数据和网络管理信息(例如状况、状态、带宽请求、捕获和同步)，以便由 NCC 进行处理。这些返回的 TDMA 载波的可用带宽是根据需要在 RCST 之间进行共享的；NCC 处理带宽请求，根据数据流量情况，分配给用户适当通道。为了实现高效的速率，RCST MF-TDMA 载波采用 QPSK 调制方式和最先进的 Turbo coding 编码技术[6]。返回载波池有多种载波速率，速率的选择将取决于 RCST 发送要求及天线的尺寸和 ODU(Out Door Unit，室外单元)的功率配置。

RCST 是一个集成单元。通过一个综合电路，可以从出境信号中恢复出 MPEG-2 流，该综合电路包括一台 DVB 解调器和多路信号分解器。在这一过程中，主要是解调出境信号，同时，多路信号分解器恢复封装在 MPEG-2 流中的 IP 分组和时间标记，并通过一个 10/100Base-T 的接口发送至外部网络。

作为 VSAT 网络综合业务平台网络的一部分，RCST 能够接收的最高速率为 60Mbit/s (QPSK)，能够发射的最高速率为 2.048Mbit/s。RCST 包括一个 DVB 接收机、一个脉冲 MF-TDMA 调制器和一个集成电路板上的 LAN(10/100Base-T)接口，它们紧密地安装在一起。RCST 用户接口是一个标准的 10/100Base-T。TCP 加速处理引擎则内置在 RCST 软件中。每个 RCST 的最大合成的 TCP 数据传输速率为 10Mbit/s。接口及指示灯介绍如图 2-2-1 所示。

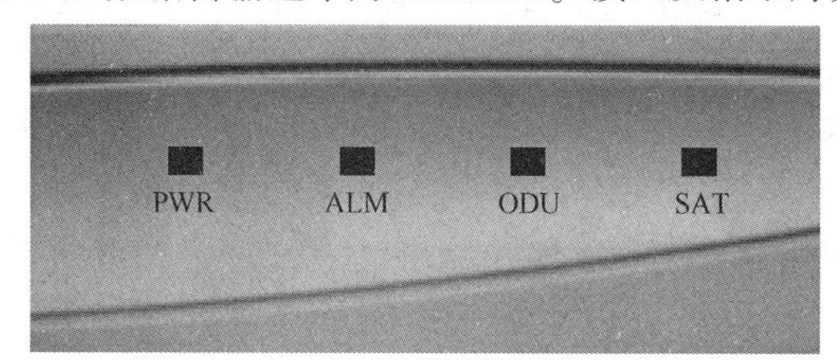

图 2-2-1　面板指示灯

图 2-2-1 所示为 RCST 正面，各指示灯作用如下：

(1) PWR 为电源指示灯。长亮表示直流电源开关在开的位置上，直流电源开关位于 RCST 的后面。

(2) ALM 为告警指示灯。

(3) ODU 为 ODU 状态指示灯。长亮表示 RCST 正在向 ODU 提供电压。

(4) SAT 为入网指示灯。未亮表示接收不同步，闪烁表示接收同步，长亮表示接收和传输均同步。

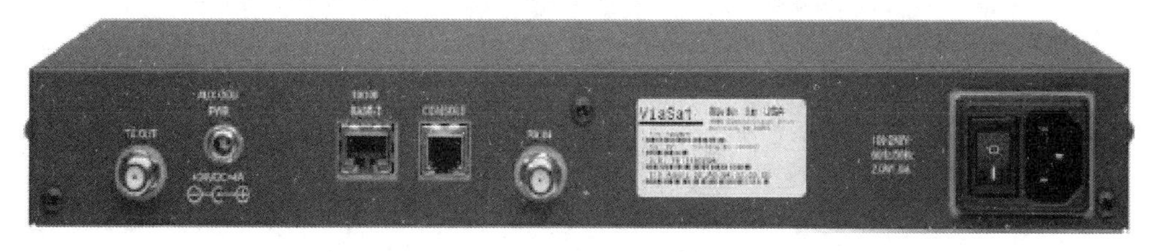

图 2-2-2　RCST 背板

图 2-2-2 所示为 RCST 背板，各接口作用如下：

(1) TX OUT 为输出中频电缆输出接口；

（2）RX IN 为输入中频电缆输出接口；

（3）AUX ODU PWR 为辅助 ODU 电源接口；

（4）10/100 Base-T 为以太网接口；

（5）CONSOLE 为控制台接口。

性能参数：

（1）尺寸。1U(1.75in)高，13.08in 宽，7.53in 深。

（2）电源。110/220V AC auto-sensing auto-ranging。

（3）温度。运行状态下：0~40℃；保存状态下：-20~70℃。

（4）湿度。0~40℃运行中及95%相对湿度条件下，不冷凝；65℃非运行条件及90%相对湿度条件下，不冷凝。

功耗：125V·A。

2. iDirect 卫星系统室内单元设备

iDirect 卫星系统室内单元设备又称为卫星路由器，图 2-2-3 为 iNfiniti 5300 型卫星路由器。

图 2-2-3　iNfiniti 5300 型卫星路由器

iNfiniti 5300 卫星路由器可为用户提供可靠的、双向的 IP 通信，这些应用包括 VOIP、因特网接入、文件传输、广播和视频会议。灵活的网络平台能够为用户量身定制网络拓扑结构和配置。

1）接口及指示灯介绍

如图 2-2-4 卫星路由器背面所示，各接口及指示灯作用如下。

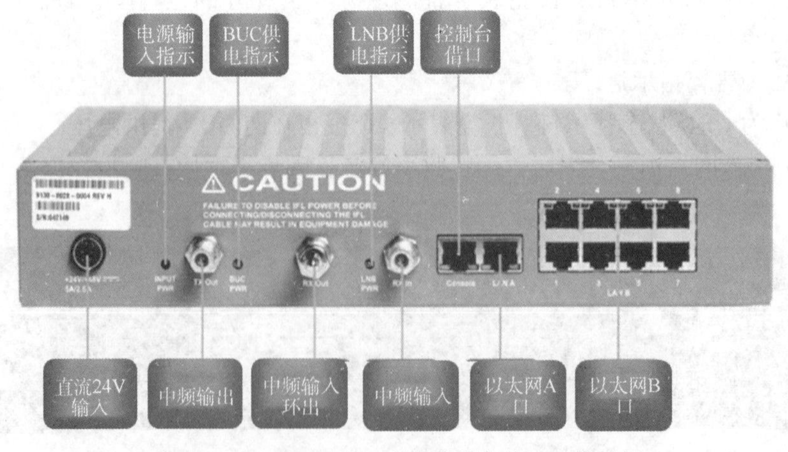

图 2-2-4　iNfiniti 5300 型路由器各接口及指示灯

（1）+24V/+48V：直流 24V 输入接口；

（2）TX OUT：输出中频电缆输出接口；

（3）RX OUT：中频输入环出接口；

（4）RX IN：输入中频电缆接口；

（5）console：控制台接口；

（6）LANA：以太网 A 口；

（7）LANB：以太网 B 口；

（8）INPUT PWR：电源输入指示灯；

（9）BUC PWR：BUC 供电指示灯；

（10）LNB PWR：LNB 供电指示灯。

如图 2-2-5 卫星路由器正面所示，各指示灯作用如下。

（1）RX：接收指示灯；

（2）TX：发射指示灯；

（3）NET：网络指示灯；

（4）STATUS：状态指示灯；

（5）POWER：电源指示灯。

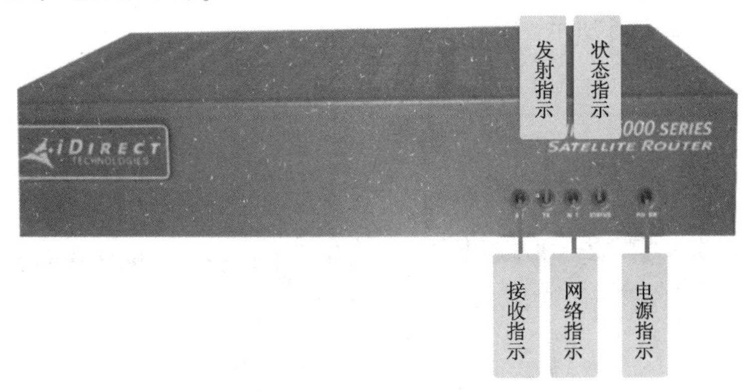

图 2-2-5　iNfiniti 5300 型路由器正面指示灯

2）功能特点

（1）支持星状、网状、SCPC 网络拓扑结构；

（2）支持出向 20Mbit/s 的传输速率和入向 6.5Mbit/s 的传输速率；

（3）支持 TCP 加速；

（4）增强的 QOS 及优先级策略；

（5）支持调频的 TDMA 回向；

（6）支持上行链路控制 UPC；

（7）内置自动上行功率、频率及定时控制，小站身份认证、天线控制接口（OpenAMIP）；

（8）提供 8 路可划分 VLAN 的以太网口。

3）性能参数

（1）调制方式。下行：BPSK，QPSK，8PSK；上行：BPSK，QPSK，8PSK。

（2）纠错方式。下行：0.495~0.879；上行：0.431~0.793。

（3）最大速率。符号速率：下行 15Mbit/s，上行 7Mbit/s；信息速率：下行 21Mbit/s，上行 11Mbit/s；载波 IP 速率：下行 20Mbit/s，上行 6.5Mbit/s。

(4) 接口类型。卫星通信接口：发送 F 类型，950～1700MHz；接收 F 类型，950～1700MHz；数据接口：8 个内置以太网端口(10Mbit/s/100Mbit/s)；控制口：RS232。

(5) 支持协议。TCP，UDP，ACL，ICMP，IGMP，RIP Ver2，BGP，Static Routes，NAT，DHCP，DHCP Helper，Local DNS Caching，cRTP andGRE。

(6) 工作温度。0～50℃。

(7) 输入电压。100～240V AC，设备供电电压+24V DC。

(8) 电源功耗。40W。

(9) 设备尺寸。289mm×241mm×51mm。

(10) 质量：1.7kg。

二、室外单元设备

1. 卫星天线

1) 卫星天线的组成

Ku 波段卫星天线结构主要由天线主反射体、天线座架、天线付面组合，以及馈电系统 4 大部分组成，如图 2-2-6 所示。

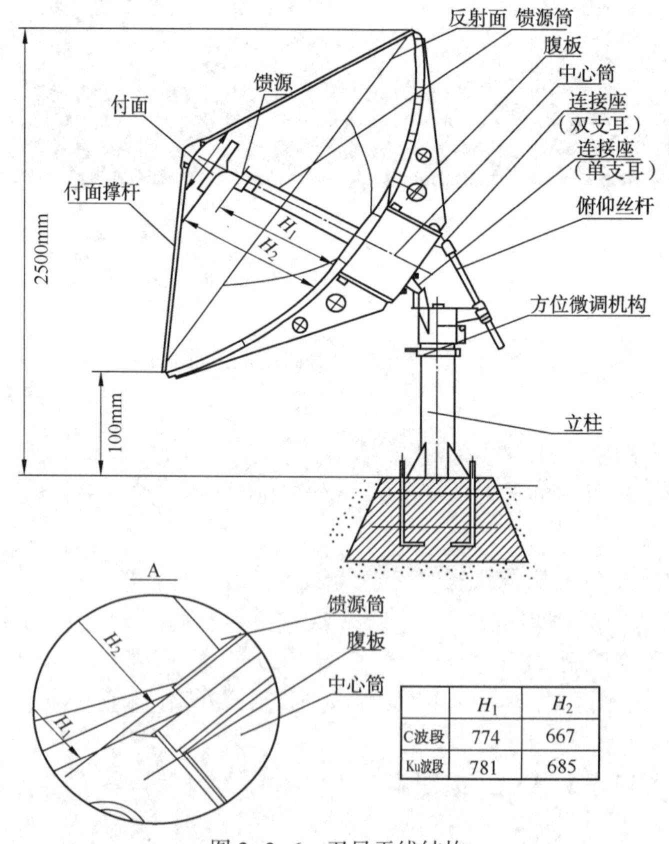

	H_1	H_2
C波段	774	667
Ku波段	781	685

图 2-2-6　卫星天线结构

(1) 主反射体。天线主反射体由一个中心筒、8 块单片面板和辐板组装而成。

① 中心筒。中心筒是一个 ϕ460mm×360mm 钢制焊接圆筒，它既是反射体的主要承力载体，又是天线座架和馈源系统连接的部件；同时，中心筒内腔又为安装馈电系统和 RF 室外

单元提供了有效的使用空间。

② 单块面板。面板是天线反射体的关键部件，由拉伸的面板蒙皮和背部加强筋条在工装上铆接而成，蒙皮为厚度 1.5mm 铝板，背部筋条为 40mm×25mm×3mm 的角铝，成形后面板精度高、刚性好。

③ 辐板。辐板用来通过中心筒支撑和定位反射面板，由国标 2mm 厚的钢板冲孔、翻边而成。

（2）天线座架。天线座架由中心立柱和方位旋转支座二部分组成，用来支撑和调整整个反射体，俯仰调节通过立柱上部的俯仰传动座中的丝杆获得，方位大幅度调节可松开旋转支座，直接旋转反射体完成。微调通过安装在立柱上的微调机构完成。

① 中心立柱。中心立柱是支撑天线的主体，其钢管壁厚为 4.5mm，ϕ165mm，上端与支座配合连接，下端为与基础连接的底板，可直接与基础连接。

② 方位旋转支座。方位旋转支座为钢板焊接件，在厂里已与中心立柱装配好，松开与立柱连接的紧固螺栓即可调节方位。

（3）天线付面组合。付面组合由 4 支付面支撑杆、付面支架、连接板、付面和 4 支调节丝杆组成。

① 付面支撑杆。用来通过反射面、支撑付面支架，由 ϕ22mm 的钢管焊接而成。

② 付面支架。付面支架由钢板拼焊而成，用来连接付面撑杆用。

③ 连接板。由钢板车加工而成，是通过 M12×30 的螺栓和 M12×108 丝杆连接付面撑杆和付面的连接板，可以通过它调节付面的中心度。

④ 付面。由铸铝精车而成，付面的精度要求 $\delta \leq 0.15$mm 将直接影响天线的使用效果，付面要注意妥善保护，以免损伤。

⑤ 调节丝杆。支调节丝杆（M12×108）用来连接付面并通过 M12 螺母调节付面高度尺寸。

2）天线的功能

（1）把发送设备产生的大功率微波信号以电磁波的形式向卫星辐射。

（2）接收卫星转发器的微波信号，并把它送至接收设备的第一级低噪声放大器中。

（3）要使天线始终对准卫星方向（采用伺服跟踪系统）。

3）天线的分类

卫星通信一般采用面天线，所谓面天线，就是具有初级馈源并由反射面形成次级辐射场的天线。

面天线主要包括单反射面天线和双反射面天线两大类。其主要类型如下：

（1）正馈（前馈）抛物面卫星天线（单反射面天线）[7]。

正馈抛物面卫星接收天线由抛物面反射面和馈源组成（图 2-2-7）。它的增益和天线口径成正比，主要用于接收 C 波段的信号。它的馈源位于反射面的前方，故人们又称它为前馈天线。

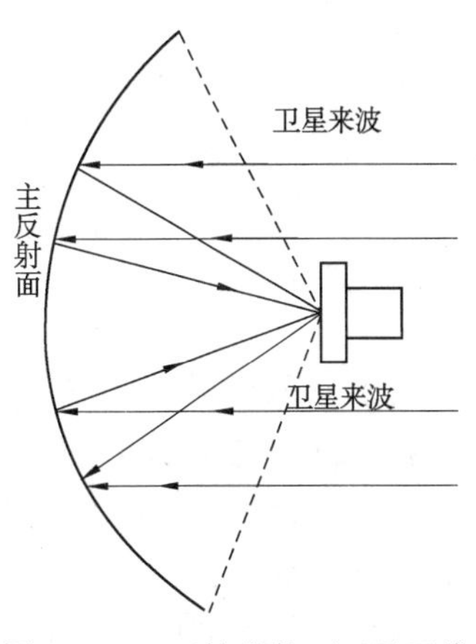

图 2-2-7 正馈抛物面卫星天线

正馈抛物面卫星天线的缺点是：①馈源是背向卫星的，反射面对准卫星时，馈源方向指向地面，会使噪声温度提高。

②馈源的位置在反射面以上，要用较长的馈线，这也会使噪声温度升高。③馈源位于反射面的正前方，它对反射面产生一定程度的遮挡，使天线的口径效率会有所降低。优点就是反射面的直径一般为 1.2~3m，所以便于安装，而且接收卫星信号时也比较好调试。

(2) 卡塞格伦(后馈式抛物面)天线(双反射面天线)[7]。

卡塞格伦是一个法国物理学家和天文学家，他于 1672 年设计出卡塞格伦反射望远镜。1961 年，汉南将卡塞格伦反射器的结构移植到了微波天线上，他采用了几何光学的方法，分析了反射面的形状，并提出了等效抛物面的概念。卡塞格伦天线，它克服了正馈式抛物面天线的缺陷，由一个抛物面主反射面、双曲面副反射面和馈源构成，是一个双反射面天线，它多用作大口径的卫星信号接收天线或发射天线(图 2-2-8)。抛物面的焦点与双曲面的虚焦点重合，而馈源则位于双曲面的实焦点之处，双曲面汇聚抛物面反射波的能量，再辐射到抛物面后馈源上。由于卡塞格伦天线的馈源是安装在副反射面的后面，因此，人们通常称它为后馈式天线，以区别于前馈天线。

卡塞格伦天线与普通抛物面天线相比较，它的优点是：①设计灵活，两个反射面共有 4 个独立的几何参数可以调整；②利用焦距较短的抛物面到达了较长焦距抛物面的性能，因此减少了天线的纵向尺寸，这一点对大口径天线很有意义；③减少了馈源的漏溢和旁瓣的辐射；④作为卫星地面接收天线时，因为馈源是指向天空的，所以由于馈源漏溢而产生的噪声温度比较低。缺点是副反射面对主反射面会产生一定的遮挡，使天线的口径效率有所降低。由于其口径都在 4.5m 以上，所以制造成本较高，而且接收卫星信号时调试有点复杂[8]。

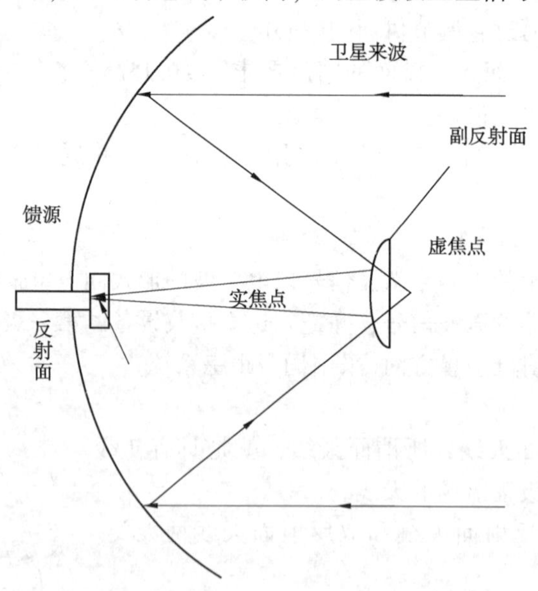

图 2-2-8　卡塞格伦天线

(3) 格里高利天线(双反射面天线)[7]。

格里高利是 17 世纪苏格兰的一位数学家，他于 1663 年设计出了格里高利望远镜，格里高利天线就是从格里高利望远镜演变而来的(图 2-2-9)。格里高利天线由主反射面、副反射面和馈源组成，也是一种双反射面天线，也属于后馈天线，它通常在上行地球站中作为卫星信号发射天线使用。其主面仍然是抛物面，而副反射面为凹椭球面，格里高利天线可以安装两个馈源，这样接收和发射就能够同时共用一副天线，通常接收馈源安放在焦点 1 处，而发射馈源则安放在焦点 2 处。格里高利天线的优点和缺点与卡塞格伦天线差不多，它最主要的优点就是有两个实焦点，因此可以安装两个馈源，一个用于发射信号，一个用于接收信号。

(4) 偏馈天线(单反射面天线)[7]。

偏馈天线又称 OFFSET 天线，主要用于接收 Ku 波段的卫星信号，其是截取前馈天线或后馈天线一部分而构成的，这样馈源或副反射面对主反射面就不会产生遮挡，从而提高了天线口径的效率。如图 2-2-10 所示，从图可以清楚地看出，偏馈天线的工作原理与前馈天线或后馈天线是完全一样的。一般来说，相同尺寸的偏馈和正馈天线接收同一颗卫星信号时，因反射的角度不同，偏馈天线的盘面仰角会比正馈天线盘面略垂直约 25°~30°。

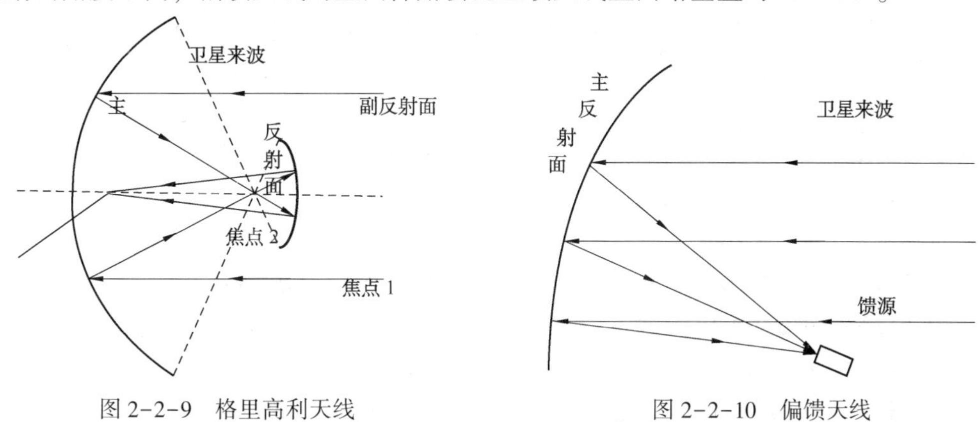

图 2-2-9　格里高利天线　　　　图 2-2-10　偏馈天线

偏馈天线的优点是：①卫星信号不会像正馈天线一样被馈源和支架所阻挡而有所衰减，所以天线增益略比正馈高；②在经常下雪的区域因天线较垂直，所以盘面比较不会积雪；③在阻抗匹配时，能获得较佳的“驻波系数”；④由于口径小、重量轻，所以便于安装、调试。

2. 变频器

变频器包括：

(1) 上变频器 BUC——将中频信号变换成射频信号称为上变频器(图 2-2-11)。

(2) 下变频器 LNB——将射频信号变换成中频信号称为下变频器(图 2-2-12)。

图 2-2-11　上变频器

图 2-2-12　下变频器

1) 变频器特性

(1) 低交调失真。为适应多载波工作应有足够好的交调指标。

(2) 频率可变性。在卫星转发器所覆盖的 500MHz 带宽内，应能任意变换工作频率。

（3）高频率稳定度。

（4）低的相位噪声。对数字载波而言，必须有低的相位噪声。

2）变频器的工作原理

变频器由混频器和本地振荡器所组成。混频器是将两个输入信号频率进行加、减运算的电路。

工作原理：混频器由非线性器件和带通滤波器组成。由于混频器是非线性器件，当输入两个频率时(中频信号和本振频率)其输出除这两个基波信号外，还会产生新的频率分量：两个输入信号的各次谐波以及各种组合频率，组合频率中最主要的是两个输入频率的和频与差频。其中和频或差频是我们所需要的，一般上变频取和频。因此，用带通滤波器让和频的频率通过其余的有频率分量被抑制。因此，变频器起到了频谱搬移的作用。

3）变频器主要技术参数

（1）LNB 技术参数。

LNB NJR2835/36/37/39 系列 Ku 波段 PLL 锁相环降频器：

① 射频频率：12. 25～12. 75GHz；

② 本振频率：11. 3GHz；

③ 稳定度：±28. 25kHz(－30～+60℃)、±33. 9kHz(－40～+60℃)；

④ 中频频率：950～1450MHz；

⑤ 电源功耗：小于 1W；

⑥ 输入接口：波导接口 WR-75 带有凹槽；

⑦ 输出接口：N 型 50Ω；

⑧ 尺寸：100. 5mm×40mm×40mm；

⑨ 质量：260g；

⑩ 工作温度：－40～+60℃。

（2）BUC 技术参数。

4W 功放 NJT5017：

① 发射频率：14. 0～14. 5GHz；

② 本振频率：13. 05GHz；

③ 中心频率：950～1450MHz；

④ 输出功率：4W 线性(+36dBm 最小)；

⑤ 电源功耗：37W 最大；

⑥ 输入接口：N 型 50Ω；

⑦ 输出接口：波导接口 WR75；

⑧ 尺寸：186mm×167mm×73mm；

⑨ 质量：2. 3kg。

8W 功放 NJT5018N：

① 发射频率：14. 0～14. 5GHz；

② 本振频率：13. 05GHz；

③ 中心频率：950～1450MHz；

④ 输出功率：8W 线性(+39dBm 最小)；

⑤ 电源功耗：90W 最大；

⑥ 输入接口：N 型 50Ω；

⑦ 输出接口：波导接口 WR75；

⑧ 尺寸：275mm×246mm×135mm；

⑨ 质量：9. 3kg。

4）变频方式

上、下变器的变频方式有一次变频和二次变频。

（1）两次变频方式。以 C 波段为例。

① 上变频器。如图 2-2-13 和图 2-2-14 所示。

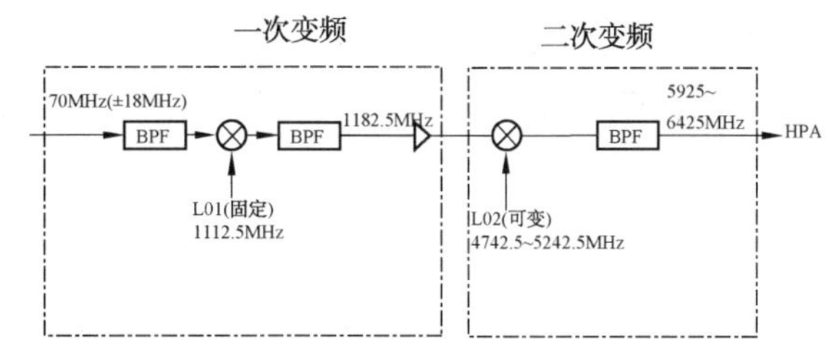

图 2-2-13　C 波段上变频器结构示意图

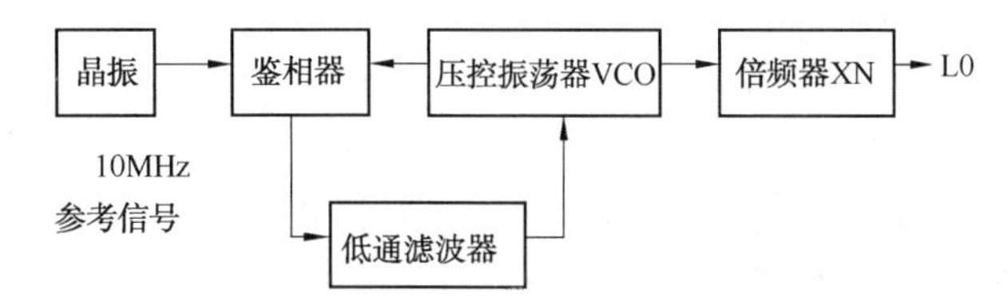

图 2-2-14　上变频器中的一种琐相倍频振动器构成示意图

② 下变频器。如图 2-2-15 所示。

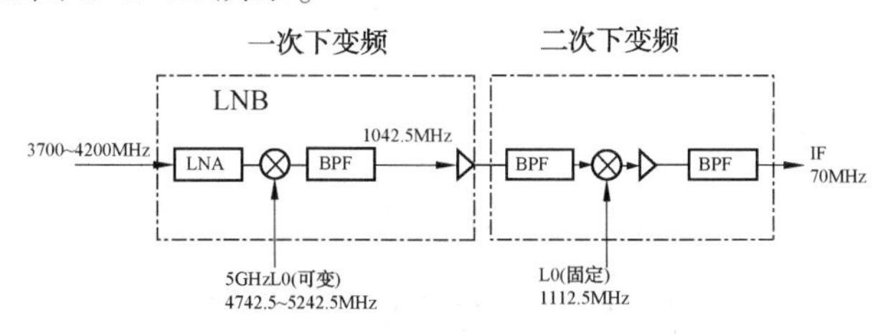

图 2-2-15　C 波段下变频结构示意图

a. 上变频器各级频率的关系是：

第一中频 70MHz±18MHz（固定频率）；

第一本振频率 1112. 5MHz（固定频率）；

第二中频频率 1182. 5MHz（取和频）固定频率；

第二本振频率（可变频率）4742. 5～5242. 5MHz；

产生发射的 RF 信号频率 5925～6425MHz。

b. 下变频器各级频率的关系是：

RF 输入信号频率 3700～4200MHz；

第一本振频率（可变频率）4742. 5～5242. 5MHz；

第一中频频率 1042. 5MHz（固定频率）取差频；

第二本振频率(固定频率)1112.5MHz;

第二中频频率 70MHz。

c. 本振频率合成器(或本振频率综合器)。

固定频率合成器产生固定频率 1112.5MHz 作为第一上变频器和第二下变频器的本振信号。

可变频率合成器产生 4742.5~5242.5MHz 本振信号作为第二上变频器和 LNB 的本振信号。

两个频率合成器的参考频率源是 10MHz 高频率稳定度的晶体振荡器。

(2) 一次变频方式。

① 上变频器结构如图 2-2-16 所示。

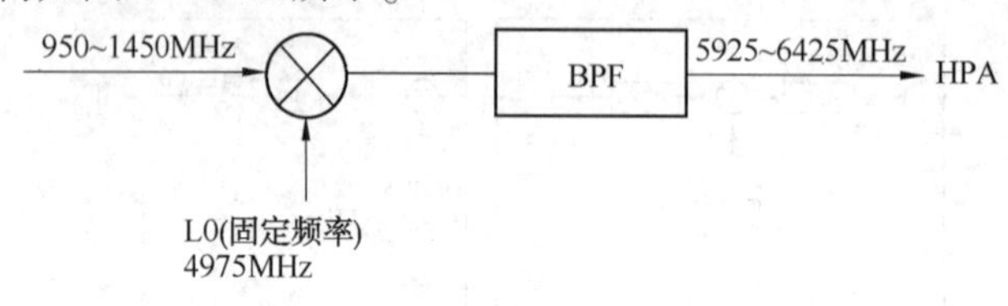

图 2-2-16　上变频器结构示意图

各级频率关系:

来自调制解调器的可变 L 波段频率为 950~1450MHz;

本振频率为 4975MHz 固定频率;

产生 C 波段发射的 RF 频率为 5925~6425MHz(取和频)。

② 下变频器结构如图 2-2-17 所示。

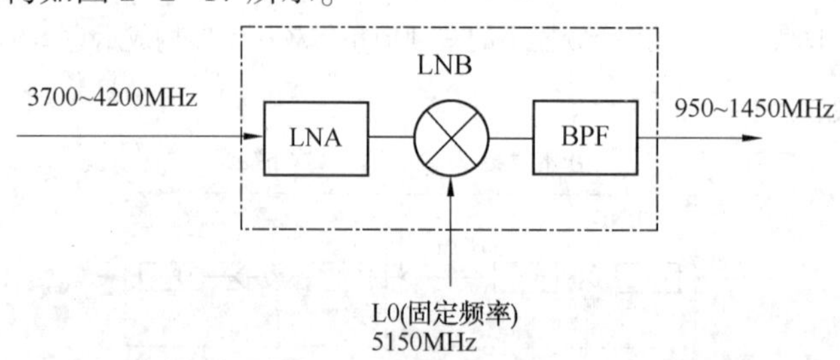

图 2-2-17　下变频器结构示意图

各级频率关系:

接收 RF 输入信号 3700~4200MHz;

固定本振频率 5150MHz;

产生 L 波段中频(可变)950~1450MHz。

3. OMT

OMT 也称为双工器(正交模转换器、正交模耦合器、极化分离器)。

表征均匀平面波的电场矢量在空间指向的变化。它是通过电场矢量末端的轨迹来具体说明。光学上称之为偏振。按电场矢量轨迹的特点极化分为线极化、圆极化和椭圆极化 3 种。

当电场矢量末端的轨迹在垂直于电磁波传播方向的垂直平面上的投影是一条直线时，称为线极化波。

当投影是圆时，为圆极化波，投影为椭圆时为椭圆极化波。

线极化分为垂直极化和水平极化。

圆极化分左旋圆极化和右旋圆极化，向传播方向看过去，电场矢量顺时针旋转的称为右旋圆极化，逆时针旋转的称为左旋圆极化。

1）线极化、圆极化、椭圆极化波之间的关系

空间传播的电磁波常为椭圆极化波，即瞬时电场的大小和方向随时间变化，其矢量轨迹为椭圆形，椭圆的长轴与短轴之比定义为轴比。当轴比为 1 时，变为圆极化波；当轴比为无限大时，椭圆极化波变为线极化波。因此，线极化波和圆极化波是椭圆极化波的特例。

任一椭圆极化波都可以分解为两个极化方向互相垂直的直线极化波的叠加。

任一直线极化波也可以分解为两个振幅相等但旋转方向相反的圆极化波的叠加。

任一圆极化波可分解为两个振幅相等，相位差 90°（或 270°）的两个线极化波。

2）圆极化和线极化波的相互转化

通过微波移相器可将圆极化波转换为线极化波，也可将线极化波转换为圆极化波。

3）双工器

对于区域或国内卫星通信通常采用线极化天线（对于国际卫星通信通常采用圆极化天线）。而线极化天线所用的双工器又称为 OMT（Oithomode Tiansduser），OMT 又叫做正交模转换器或正交模耦合器。

OMT 的作用是用于收发共用天线来分离收发信号的。其结构如图 2-2-18 所示。

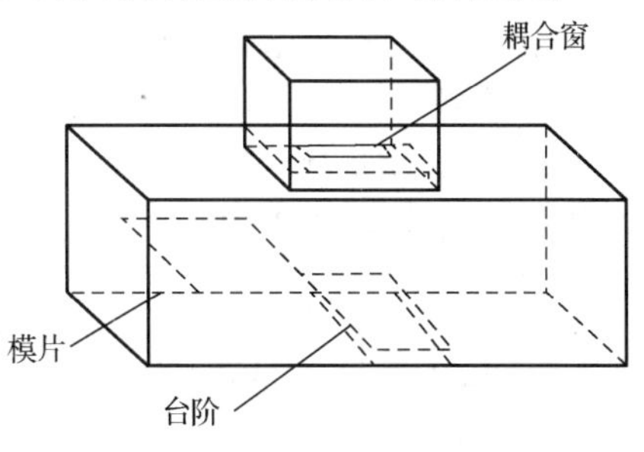

图 2-2-18　双工器

OMT 有 3 个端口，若端口 1 输入垂直线极化波，端口 2 输入水平线极化波，则从端口 3 将输出两个互相垂直的线极化波。相互垂直的两个线极化波之间无能量耦合，传输互不影响。根据图中的结构，端口 1 和端口 2 是相互隔离的，故端口 1 的电磁波不会传到端口 2 去；反之亦然。按照互易原理，若端口 3 输入两个互相垂直的线极化波，它们将分别从端口 1 和端口 2 输出。

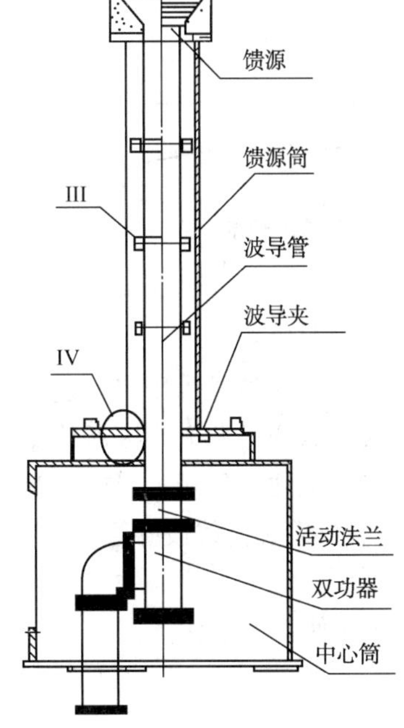

图 2-2-19　馈源系统结构示意图

在端口 1 接发射机，端口 2 接入接收机，端口 3 接天线的馈源喇叭，这样就构成了卫星通信天线的双工器。发射信号（端口 1）不会传至接收机（端口 2），而是传送给天线（设发信信号为垂直极化波），而从天线接收来的水平极化波只能传送至端口 2（接收机），而不能传送至端口 1（发射机），起到了收发分离的作用。

通常为了增大收发信的隔离度，在 OMT 的收信支路还要安装一个发信带阻滤波器，以便进一步抑制发信号进入收信机（LNB）。一般该滤波器提供 55dB 的阻带，加上交叉极化隔离 30dB，收发总的隔离度可达到 85dB。

4. 馈源

卫星通信馈源由馈源喇叭、波导管组成，馈源和活动法兰、双工器组成卫星端站馈电系统。馈源系统结构如图

2-2-19所示。

馈源的主要功能有两个：一是将天线接收的电磁波信号收集起来，变换成信号电压，供给高频头；二是将 BUC 发送的信号以电磁波的形式向反射面辐射，使其在口径上产生合适的场分布，以形成所需的锐波束或赋形波束；同时，使由反射面边缘外漏溢的功率尽量小，以期实现尽量高的增益。

1）馈源喇叭(馈源扬声器)

随着卫星通信、雷达和射电天文等技术的发展，出现了许多高效率馈源。这类馈源具有轴对称的振幅和相位方向图和低旁瓣(在-25dB 甚至-30dB 以下)，从而使采用它的反射面天线等实现高增益、低噪声和纯极化。这类新型馈源有：多模喇叭、介质环或介质棒加载喇叭、波纹喇叭以及综合运用上述技术的复合式多模喇叭等(图 2-2-20)。多模圆锥喇叭利用喇叭内截面半径或锥角的变化产生与主模 TE11 成适当比例的高次模(如 TM11 等)，以便合成轴对称的喇叭方向图。介质环或介质棒加载喇叭利用加载效应来产生适当比例的高次模。波纹圆锥喇叭的喇叭壁是带有环形槽的波纹壁，当槽深约为 1/4 波长时，波纹壁等效导纳接近于零，在槽口处流入槽内的电流也接近为零。这样，在波纹壁上具有电和磁相同的边界条件，从而获得轴向对称的方向图。波纹喇叭虽然造价高，但方向图对称性好、旁瓣低、频带较宽，因而得到广泛应用。

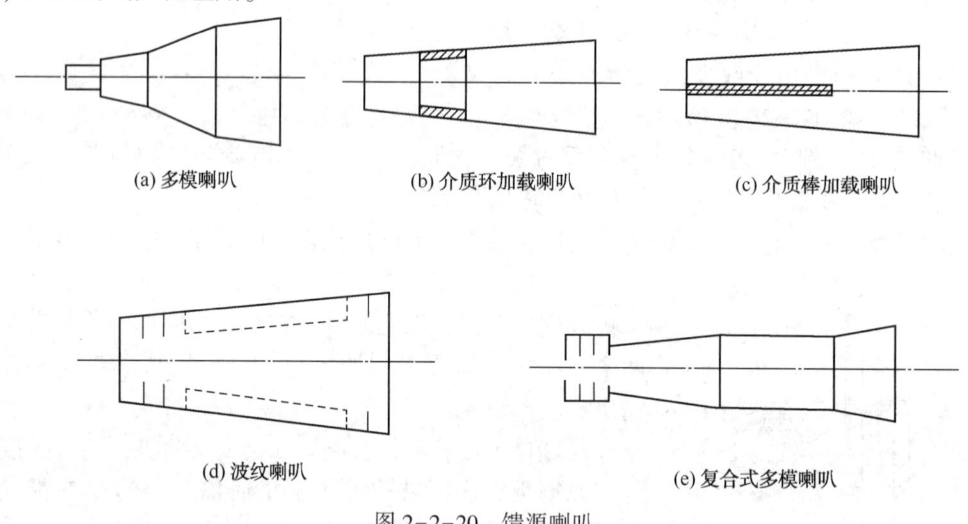

图 2-2-20 馈源喇叭

2）波导管

波导管是一种空心的、内壁十分光洁的金属导管或内敷金属的管子。波导管用来传送超高频电磁波，通过它脉冲信号可以以极小的损耗被传送到目的地；波导管内径的大小因所传输信号的波长而异，多用于厘米波及毫米波的无线电通信、雷达、导航等无线电领域。目前，常见的有矩形波导管、圆形波导管、半圆形波导管、Ku 波导管、雷达波导管和光线波导管。

5. 直流融冰装置

直流融冰装置利用直流短路电流在导线电阻中产生热量，从而使覆冰融化。

三、中频电缆

卫星通信系统中，中频电缆是指用在卫星 LNB 输出端口到 IDU 调制解调器输入端口

(SATIN)之间和卫星 BUC 输入端口到 IDU 调制解调器输出端口(SATOUT)之间，通过 F 型插头插座相连接的同轴电缆。这段电缆中传输的频率比卫星转发器发射的频率低，不论 C 波段 4GHz 还是 Ku 波段 12GHz 信号，在高频头里经变频后输出为 0.95～1.45GHz 的信号称为第一中频[9]。第一中频信号又比 IDU 使用的第二中频高，因此，将高频头输出信号的频率称之为中频，传输中频的同轴电缆称为中频传输电缆。

1. 同轴电缆构造

同轴电缆一般是由轴心重合的铜芯线和金属屏蔽网这两根导体以及绝缘体、铝复合薄膜以及护套 5 部分组成(图 2-2-21)。内导体铜芯是一根实芯导体；绝缘体选用介质损耗小、工艺性能好的聚乙烯等材料制作；铝复合薄膜和镀锡屏蔽网共同完成屏蔽与外导电的作用，其中铝复合薄膜主要完成屏蔽的作用，镀锡屏蔽网则完成屏蔽与外导电双重作用；护套的作用是减缓电缆的老化和避免损伤[9]。

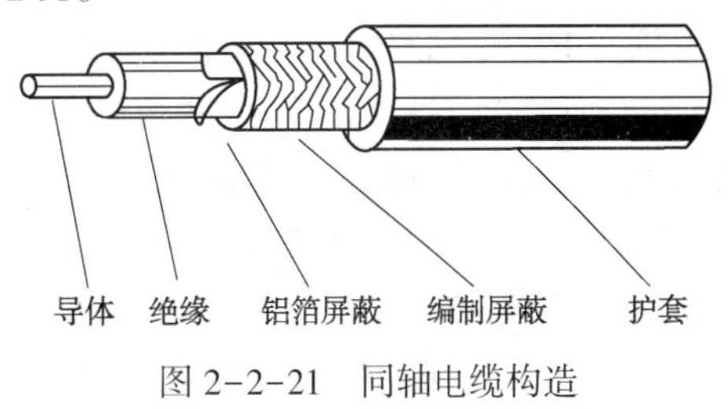

图 2-2-21　同轴电缆构造

依据对内、外导体绝缘介质的处理方法不同，同轴电缆可分为 4 种：第一种是实芯同轴电缆，这种电缆的介质电系数高，传输损耗大，属于早期生产的产品，目前已淘汰；第二种是藕芯同轴电缆，这种电缆的传输损耗比实芯电缆小，但防潮防水性能差；第三种是物理发泡同轴电缆，这种电缆的传输损耗比藕芯同轴电缆小，且不易老化和受潮，目前是应用最广泛的电缆；第四种是竹节同轴电缆，这种电缆具有物理发泡电缆同样或更优的性能，但制造工艺和环境条件要求高，产品的价格也偏高，一般作为主干传输线用[9]。

2. 同轴电缆型号命名规则

同轴电缆型号命名规则通常由 4 部分构成。

第一部分由字母构成，各字母含义见表 2-2-1。

表 2-2-1　同轴电缆型号命名规则

分类代号		绝缘		护套		派生	
符号	意义	符号	意义	符号	意义	符号	意义
S	同轴射频电缆	Y	聚乙烯	V	聚氯乙烯	P	屏蔽
		YF	物理发泡聚乙烯				
SL	漏泄同轴射频电缆	D	稳定聚乙烯空气绝缘	Y	聚乙烯	Z	综合式
		U	聚四氟乙烯				
型号	名称						
SYV	实芯聚乙烯绝缘射频电缆						
SYWV	物理发泡聚乙烯绝缘射频电缆						
SYKV	纵孔聚乙烯绝缘射频电缆						
SYTFVR	电梯用特种射频电缆						
SYV	数字传输系统同轴电缆						
RG	国外标准同轴射频电缆美国军用规范(USA，military canon)：MIL-C-17D						

第二、第三和第四部分均用数字表示，这些数字分别代表同轴电缆的特性阻抗(Q)，芯

线绝缘的外径(mm)和结构序号，例如：型号为 sYwV-75-5-1 的同轴电缆的含义是：同轴射频电缆，绝缘材料为物理发泡聚乙烯，护套材料为聚氯乙烯，特性阻抗为 75Q，芯线绝缘外径为 5mm，结构序号为 1。

RG 是射频电缆系列的号码，它源自于美国军用标准，后来美国出品的射频电缆也用 RG 加不同的数字来表示不同结构和性能的射频电缆。

例如 RG-58A/U，其中 R 表示 Radio Frequency(无线电频率，也称射频)；G 表示 Government(管理机构)；58 表示序列号，指不同的性能要求和使用环境；A 表示导体材质；U 表示 Universal Specification(通用规格)。

3. 同轴电缆主要性能指标

1）特性阻抗

同轴电缆首先要考虑的主要参数就是特性阻抗。传输线匹配的条件是线路终端负载阻抗正好等于该传输线的特性阻抗，此时没有能量的反射，因而有最高的传输效率。

同轴电缆由同轴的内导体和外导体组成。内、外导体之间填充同轴电缆的主要特点是具有一定电容率的绝缘介质。在内、外导体上加一定值的电位差，两层导体间即会存在电场，同轴传输线中便形成一定的电容量。当同轴传输线中通过高频信号时，任一长度的同轴传输线上都会形成一定的电感量。这些电容和电感在同轴电缆中是以分布状态存在的，以同轴传输线单位长度的电容和单位长度的电感所确定的这种并联的电容与串联的电感的组合状态，便形成了特性阻抗。同轴电缆的特性阻抗是指在 200MHz 频率附近电缆的平均特性阻抗。这是由于受材料和制造工艺等因素的限制，而不可能绝对保证同一条同轴电缆各处的特性阻抗完全相同，而只能取沿线所有的局部特性阻抗的算术平均值(常见的为 75Ω)[10]。

2）衰减特性

卫星第一中频信号是一种高频电磁波，它在同轴电缆中传输时存在传输损耗。信号在同轴电缆里传输时的衰耗与同轴电缆的尺寸、介电常数、工作频率有关，相近的计算公式如下：

$$A=\frac{3.56\sqrt{f}}{Z}K+C \tag{2-2-1}$$

式中 f——传输信号频率；

Z——特性阻抗；

K——由内外导体直径、电导率和形状决定的常数；

C——常数，通常较小，工程计算中通常忽略。

由式(2-2-1)可见，衰减常数与信号的工作频率 f 的平均方根成正比，即频率越高，衰减常数越大，频率越低，衰减常数越小。

信号在同轴电缆传输时，由于内导体存在一定的电阻，绝缘介质不可避免地存在一些漏电流使电缆发热而损失一部分能量，这部分能量就是电缆的损耗。其损耗随电缆的长度增加和频率的增加而增加。大小用衰减系数 α 表示，公式：

$$\alpha=4.75\times10^{-2}\left(\frac{K_1}{D}+\frac{K_2}{d}\right)\sqrt{f}+1.98\times10^{-4}f\sqrt{\varepsilon_r}\ \text{dBm} \tag{2-2-2}$$

式中 f——传输高频信号的频率；

K_1，K_2——内、外导体的材料和形状决定的常数；

d，D——内、外导体的直径，cm；

ε_r——绝缘介质相对介电常数。

从公式中看出，电缆衰减与材料、形状和频率及相对介电常数有关。电缆传输距离越长、频率高越高，损耗越大。任何电缆都是有使用寿命的，在使用一段时间后，由于材料老化，导体电阻增加，绝缘介质的漏电流加大，使电缆的衰减增加。当电缆的衰减量比标称值增加10%~15%时，该电缆就被淘汰更新了。

屏蔽衰减是衡量同轴电缆屏蔽性能的技术参数。如果电缆的屏蔽性能不佳，其外部的电磁噪声干扰就会侵入，而内部传送的信号也会向外辐射，并影响其特性阻抗。普通编制网型同轴电缆的屏蔽层是由一层金属编制网组成，编制网的密度越大越有利于屏蔽；而采用铜箔代替铝箔时，则屏蔽性能更佳。

采用铝管或铜管作为屏蔽层的同轴电缆的屏蔽衰减却可达120dB以上。

3）驻波比

驻波比是反应系统匹配程度，驻波系数$VSWR$用公式表示：

$$VSWR = V_{max}/V_{min}$$

式中　V_{max}——入射波与反射波的电压相同位点相加的波峰；

V_{min}——入射波与反射波的电压同相位点相减的波谷。

如果线路在阻抗匹配的情况下，损耗非常小，甚至为零，在理论上能实现无损耗传输。但由于设计计算和生产工艺的误差，致使特性阻抗不可能达到理论值，而且在使用过程中，也无法保证所有接口都符合设计值要求，达到精确匹配。电缆在设计生产时只是尽可能接近理论值，在使用中，也只能尽量达到匹配。一般驻波比达到1.1~1.5已经属于良好匹配状态了[11]。

4）绝缘介质

绝缘介质的介电常数越小，电缆的衰减量和温度系数也越小。在各种介质中，空气的介电常数最小，衰减量和温度系数也最小，但无法固定内、外导体，故只能采用半空气心。如：竹节型或藕心型等。

同轴电缆中的绝缘介质材料的性质对于其特性阻抗具有直接影响。当电缆受潮或进水后，将会造成绝缘介质相对电容率的变化，使电缆内部分布电感和分布电容发生相应的改变，也就造成了特性阻抗的变化。所以，要严禁同轴电缆的受潮和进水现象。

5）温度与湿度特性

由于导体电阻、绝缘介质的介电常数等都与温度有一定的关系，因此，同轴电缆的衰减也与温度有关系。随着温度的升高，电缆衰减量随之增大。我们把温度升高1℃时电缆衰减的相对增加值定义为温度系数。一般电缆的温度系数大约为0.2%/℃，即温度每升高1℃时，电缆衰减量增加0.2%。在设计系统时，如果传输线路比较远、温差较大，选择和调试放大器时就要考虑由于温度变化时引起的误差[11]。如：选择带自动增益、自动斜率控制的放大器或调试放大器时留有一定的余量，这样才能保证系统稳定运行。

湿度特性是指同轴电缆的衰减随绝缘体内湿度变化而变化的特性。这一特性的优劣关键在于绝缘体的物理结构和所用材料的性能，以及内、外导体粘接的工艺水平。目前，大量使用物理发泡绝缘型和藕芯绝缘型聚乙烯材料，而物理发泡绝缘型的防潮、防水性和使用寿命比藕芯绝缘型电缆要强得多。电缆受潮或进水之后，其内部的电容量和电感量均有不同程度的增加，一般情况下前者的增幅比后者要大些，其结果是总的容抗下降，而感抗却增大，从而使内、外导体之间的信号旁路作用增强(即信号泄漏程度加剧)，传输阻力相对增大，导致信号衰减量的增加[10]。

6）回波损耗

电缆制造过程中产生的结构尺寸偏差和材料变形，会使电缆的特性阻抗产生局部的不均匀，当电缆加上传输信号时，这些地方便会出现信号的反射。回波损耗越大，反射系数越小，则表示电缆内部均匀性越好[12]。

7）工作电容

电容是同轴电缆重要参数之一，当应用同轴电缆传输脉冲信号时，为减少波形畸变，要求电缆具有尽可能低的电容值[12]。

8）屏蔽性能

屏蔽性能不良的系统，会破坏信号的正常传输，影响通信业务的正常进行，降低系统的传输质量。同轴电缆屏蔽性能的好坏，可以用屏蔽系数、屏蔽衰减来反映。屏蔽衰减越大，屏蔽系数越小，表示电缆屏蔽性能越好。

四、天线对星参数

调整天线对星的三大参数是：方位角、仰角、极化角。

方位角和仰角的调整是通过调整天线来进行的，而极化角的调整则是旋转馈源的双工器来进行极化匹配的。

1. 方位角

方位角是以真北为参考点，沿顺时针开始计算的角度(0°~180°)。

下面是以正南为基准进行方位角的计算。

方位角 A 的计算：

$$A=\arctan[\tan(\varphi_s-\varphi_g)/\sin\theta] \tag{2-2-3}$$

式中 φ_s——卫星(星下点)经度；

φ_g——地球站的经度；

θ——地球站的纬度。

方位角的调整：首先用指南针找到正南方，使天线方向正对南方，如果计算的方位角 A 是负值，则将天线向正南偏西转动 A 度。

2. 仰角

仰角为地球站主瓣的中心线与地面水平线形成的夹角(0°~90°)。

1）仰角的计算公式

$$H=\arctan([\cos(\varphi_s-\varphi_g)\cos\theta-0.5127]/\{1-[\cos(\varphi_s-\varphi_g)\cos\theta]2\}^{½})$$

式中 H——仰角；

φ_s——卫星(星下点)经度；

φ_g——地球站的经度；

θ——地球站的纬度。

2）仰角的调整

最好用量角器加上一个垂针做成的仰角调整专用工具进行仰角的调整。

调整顺序：先调整好仰角，再调整方位角。

3. 极化角

国内和区域卫星通信一般均采用线极化，线极化分为水平极化和垂直极化（水平极化以//符号表示，垂直极化用⊥表示）。

1）天线极化的定义

以地球站的地平面为基准，天线馈源的双工器的矩形波导管口窄边平行于地平面（电场矢量平行于地平面），则为水平极化。窄边垂直于地平面，则为垂直极化，如图2-2-22所示。

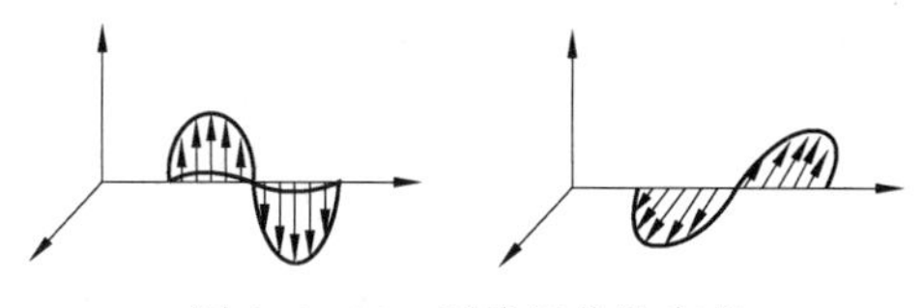

图2-2-22　天线极化的定义

2）极化角的计算方式：

$$P=\arctan[\sin(\varphi_s-\varphi_g)/\tan\theta]$$

式中　P——极化角；

φ_s——卫星（星下点）经度；

φ_g——地球站的经度；

θ——地球站的纬度。

3）极化角的调整

先计算出极化角的数值，其值有3种情况：

（1）$P=0$。极化角为零（当卫星经度与地球站经度一致时），不需要再旋转双工器，是水平极化就调到水平极化（或垂直极化）。

（2）$P<0$。当卫星经度小于地球站经度时，极化角得负值（此时的方位角是正南偏西）。对于前馈天线，逆时针旋转双工器 P 角度；对于后馈天线，则顺时针旋转双工器以 P 角度。

（3）$P>0$。当卫星经度大于地球站经度时，极化角 P 得正值（天线的方位角应是正南偏东）。对于前馈天线，将双工器顺时针旋转以 P 角度（站在天线前）；对于后馈天线，将双工器逆时针旋转以 P 角度（站在天线后）。

4. 对星的步骤

对星的步骤可分两步：

（1）粗调——按所计算的方位角、仰角来调整天线的指向，按计算的极化角旋转双工器旋转的角度。

（2）细调——用频谱仪进行调整。

方位角、仰角和极化角计算举例。以北京为例：（东经116.46°，北纬39.92°）见表2-2-2。

表2-2-2　卫星的方位

角度 / 卫星	经度	方位角	仰角	极化角
亚太-ⅡR	76.5°E	南偏西52.55°	28.35°	-37.51°
鑫诺1号	110.5°E	南偏西9.24°	43.4°	-7.07°

第三节　语音通信设备知识

一、塔迪兰语音通信设备

1. 塔迪兰语音通信系统服务器

Aeonix 语音系统服务器硬件需求见表 2-3-1。

表 2-3-1　Aeonix 语音系统服务器硬件需求

条　目	最大 200 个终端	最大 1000 个终端	最大 5000 个终端
CPU	主频：3100MHz 核心数量：四核心	CPU 主频：3. 1GHz 核心数量：双核心	CPU 主频：2. 5GHz 核心数量：双核心
Memory 内存	4GB RAM	8GB RAM	
Storage 存储	500GB×2		
RAID	PERC H200		PERC H700i

表 2-3-1 中的每服务器支持的最大终端数仅仅是指一台服务器的容量，由于 Aeonix 是通过集群方式组网并无限扩大，故系统的整体最大容量由几台服务器决定。例如系统中有 2 台支持 5000 个终端的服务器，那系统容量将是 5000×2＝10000。如果是 3 台，那系统容量将是 5000×3＝15000。

（1）Dell PowerEdgeR620 型服务器(可支持 10000 线用户注册)(图 2-3-1，表 2-3-2)。

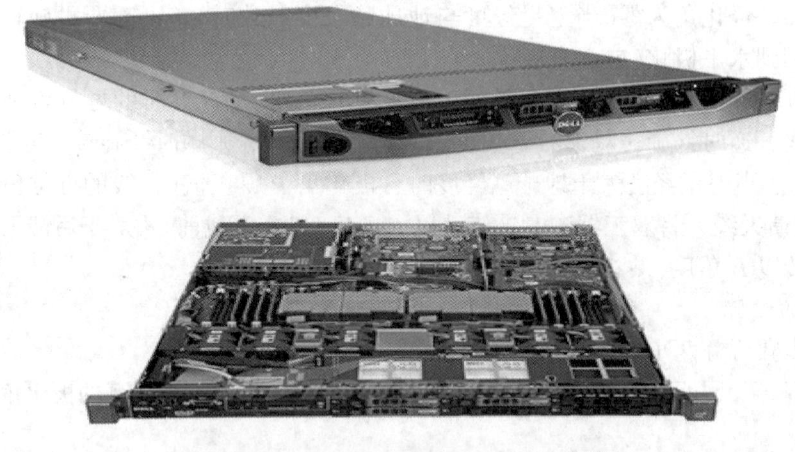

图 2-3-1　Dell PowerEdgeR620 型服务器

表 2-3-2　Dell PowerEdgeR620 型服务器参数

项　目	Dell PowerEdgeR620 型
处理器(CPU)	2 颗 4 核英特尔® 至强® 5600 系列处理器
高度	1U，支持标准 19in 机柜(高度 43mm，宽度 440mm，深度 711mm)
设备重量	15. 6kg

续表

项　　目	Dell PowerEdgeR620 型
内存(RAM)标准	192GB2(12 个 DIMM 插槽/每个处理器 6 个插槽)：标配 8GB
光驱	超薄光驱托架，配 DVD-ROM
内置式存储量标准	2. 5in 500GB SATA　RAID 1
网络接口	两个双端口嵌入式 Broadcom® NetXtreme IITM 5709c 千兆位以太网卡，支持故障转移和负载平衡
功率	2 个热插拔的 600W PSU(高输出)
散热系统方式	内置风扇散热
热插拔组件	电源、风扇和硬盘驱动器
系统管理	服务器自动重启；硬盘驱动器、处理器、VRM、风扇和内存的 Predictive Failure Analysis；下拉式光通路诊断面板；集成的 IPMI 系统管理处理器
支持的操作系统	Tadiran telecom Centos
工作温度范围(℃)	10~35
工作湿度范围(%)	8~85
储存温度范围(℃)	10~43
储存湿度范围(%)	5~95
供电方式	220V 交流及-48V 直流可选

(2) Dell PowerEdgeR210 紧凑型服务器(可支持 1000 线用户注册)(图 2-3-2，表 2-3-3)。

图 2-3-2　Dell PowerEdgeR210 紧凑型服务器

表 2-3-3　Dell PowerEdgeR210 型服务器参数

项　　目	Dell PowerEdgeR210 型
处理器	CPU 类型：Intel 至强 3400； CPU 型号：Xeon X3430； CPU 频率：2. 4GHz； 智能加速主频：2. 8GHz； 三级缓存：8MB； 总线规格：DMI 2. 5GT/s； CPU 核心：四核(Lynnfield)
高度	1U
主板	主板芯片组：Intel 3400； 扩展槽：1×PCI-E x16 G2 插槽
内存	内存类型：DDR3； 内存容量：2GB； 最大内存容量：16GB
存储	标配硬盘容量：250GB； 内部硬盘架数：最大支持 2 块 2. 5in/3. 5in SAS/SATA/SSD 硬盘； 光驱：8x SATA slim DVD-ROM
网络	网络控制器：Broadcom BCM 5716 双端口网卡
显示系统	显示芯片：Matrox G200eW，8MB 显存
支持的操作系统	Tadiran telecom Centos
电源性能	电源类型：有线电源，数量 1 个； 电源功率：250W
外观特征	产品尺寸：42. 6mm×431mm×393. 7mm

2. 中继网关(TG)

图 2-3-3 所示为中继网关；MX-100 中继网关参数见表 2-3-4。

图 2-3-3　中继网关

表 2-3-4　MX-100 中继网关参数

项　目		说　明
功能	配置	1T1/E1(24/30 路并发)，2T1/E1，4T1/E1
	语音处理	G. 711，G. 729A，G. 723. 1，GSM，iLBC； 回音消除：G. 168，尾长：16ms/32ms/64ms/128ms； 动态抖动缓冲； 静音检测(VAD)和舒适噪声生成(CNG)
	呼叫控制	被叫/主叫号码变换； 二次拨号语音提示； 语音检测； 自动拨号(DTMF 方式)； 播放回铃音
	语音代理	RTP 语音代理功能(用于 NAT/防火墙穿透)
	传真处理	T. 30 透传，T. 38 中继
	计费	RADIUS 接口
	网关配置方式	基于 WEB 的用户界面，文本方式
	网关管理	HTTP/WEB 方式，配合迅时通信 EMS 网关管理系统 远程配置，远程软件升级，故障报警，统计信息
信令	PSTN 信令	ISDN PRI 适应标准：中国、ANSI NI-2、DMS、5ESS
	IP 信令	SIP(RFC3261 及相关扩展)
	DTM F 信令	DTMF 检测； DTMF 转发：RFC2833，INFO(SIP)
硬件	以太网口	RJ-45，10/100Base-T，自适应
	数字中继线接口	RJ-45 120Ω 平衡输入/输出(随机配 120Ω 转 75Ω 适配器)
	系统内存	128MB
	系统闪存	16MB
	主控中央处理器	PowerPC 8250
	数字信号处理芯片	TI C5509
	电源	110~240V 交流电，50~60Hz，最大电流 1A -48V 直流电，最大电流 1A
	功耗	70W(最大)
	尺寸(高×宽×深)	4. 4cm×44cm×44cm 1U 高，19in 宽机架安装
	净重(kg)	7
	毛重(连包装箱)(kg)	9
环境要求	运行环境	0~40℃，非冷凝湿度 10%~95%
	存放环境	-10~60℃
	电信标准	FCC 第 15 部分

3. 综合接入设备

MX-60 接入设备如图 2-3-4 所示，参数见表 2-3-5。

图 2-3-4　MX-60 接入设备

表 2-3-5　MX-60 接入设备参数

<table>
<tr><th colspan="2">功　能</th><th>说　明</th></tr>
<tr><td colspan="2">配置</td><td>24~96 路，可以 4 路为单位灵活配置 FXS 用户线和 FXO 模拟中继线数量</td></tr>
<tr><td colspan="2">语音处理</td><td>编解码：G. 711，G. 729A，G. 723. 1，GSM，iLBC；
回音消除：G. 168，尾长：64ms；
语音抖动缓冲，静音压缩(VAD)和 IP 丢包补偿；
QoS 支持：IP TOS</td></tr>
<tr><td rowspan="8">呼叫管理功能</td><td>呼叫类型自动识别</td><td>语音/数据/传真</td></tr>
<tr><td>IVR 语音功能</td><td>内置来电二次拨号提示音、忙线语音提示</td></tr>
<tr><td>加密</td><td>支持多种方式的信令及语音加密</td></tr>
<tr><td>呼叫处理</td><td>自定义拨号规则；500 条可编程路由表，可用于号码变换、路由选择等</td></tr>
<tr><td>传真</td><td>T. 30 透传、T. 38</td></tr>
<tr><td>DTMF</td><td>RFC 2833、SIP INFO、透传</td></tr>
<tr><td>计费方式</td><td>RADIUS、反极性</td></tr>
<tr><td>用户功能</td><td>来电显示、呼叫转移、呼叫转接、同振、热线、彩铃、免打扰、缩位拨号、忙音检测</td></tr>
<tr><td rowspan="3">网络功能</td><td>网络安全</td><td>IP 地址过滤、端口号变换</td></tr>
<tr><td>NAT 穿越</td><td>静态、动态、STUN 三种穿越方式</td></tr>
<tr><td>协议</td><td>PPPoE，DHCP，DNS</td></tr>
<tr><td rowspan="3">配置/管理</td><td>Web 管理界面</td><td>配置、软件升级、状态监控、日志下载、抓包</td></tr>
<tr><td>EMS 远程管理系统</td><td>TR069/TR104/TR106；SNMPv2；Telnet；TFTP；HTTP</td></tr>
<tr><td>Auto Provisioning</td><td>自动配置、升级功能；支持管理服务器的 Discover；支持 TFTP，FTP 和 HTTP</td></tr>
<tr><td rowspan="2">协议和标准</td><td>协议</td><td>SIP(RFC3261 及相关扩展)，MGCP(RFC3435)，3GPP TS 24. 228，TS 24. 229</td></tr>
<tr><td>标准</td><td>来显检测(FSK/DTMF)、呼叫音(内置多个国家的呼叫音标准，支持自定义)</td></tr>
</table>

续表

功　能		说　明
硬件	中央处理器	FREESCALE PowerQUICC MPC8247
	数字信号处理器	TI TMS320VC5509A
	系统内存	64MB/128MB
	系统闪存	8MB/16MB
	指示灯	电源、系统状态、网口状态、语音线路状态
	以太网接口	RJ-45，10/100 Base-T，直连线/交叉线自适应
	语音接口	RJ-45(按 T568B 规范每个 RJ-45 引出 4 对电话线路)
	用户线长度(m)	>1500
	用户线振铃等效值	5REN(短距离)
	电源输入	交流 100~240V，50/60Hz，1A(最大)
	功耗	主机设备：70W(最大)；扩展设备：55W(最大)
	尺寸(高×宽×深)(mm×mm×mm)	44×440×300(1U)，88×440×300(2U)
	1U 设备重量(kg)	净重：4.0；毛重(连包装箱)：6.4
	2U 设备重量(kg)	净重：6.1；毛重(连包装箱)：9.8
环境要求	运行环境	温度：0~40℃；湿度：10%~90%(非冷凝)
	存放环境	温度：-10~60℃；湿度：5%~90%(非冷凝)

4. 网络交换机

H3C S5500-28C-E 网络交换机及其参数见图 2-3-5 和表 2-3-6。

图 2-3-5　H3C S5500-28C-E 网络交换机

表 2-3-6　H3C S5500-28C-E 网络交换机参数

主要参数	应用层级三层； 传输速率 10Mbit/s/100Mbit/s/1000Mbit/s； 背板带宽 256Gbit/s； MAC 地址表 32K
端口参数	端口数量 28 个； 端口描述 24 个 10/100/1000Base-T 以太网端口，4 个复用的 1000Base-X 千兆 SFP 端口； 控制端口 1 个 Console 口； 扩展模块 2 个扩展插槽

续表

功能特性	VLAN 支持基于端口的 VLAN(4K 个)； 支持基于 MAC 的 VLAN； 基于协议的 VLAN； 基于 IP 子网的 VLAN； 每个端口支持 8 个输出队列； 支持电源的告警功能，风扇、温度告警安全管理支持用户分级管理和口令保护； 支持 802.1X 认证/集中式 MAC 地址认证； 支持 SSH 2.0； 支持端口隔离
其他参数	电源电压：AC 100~240V，50~60Hz； 电源功率：110W； 产品尺寸：440mm×300mm×43.6mm； 环境标准工作温度：0~45℃； 工作湿度：10%~90%(非凝露)

二、AVAYA 语音通信设备

1. AVAYA 语音通信系统服务器

AVAYA 语音通信系统服务器参数见表 2-3-7；各型号服务器外观图如图 2-3-6 至图 2-3-9所示。

表 2-3-7　AVAYA 语音系统服务器参数

项目	S8300 服务器	S8800 单工服务器	S8800 双工服务器	S8730 服务器
规格	安装在 IAD 插槽中	单工服务器 机架安装(单个 S8800 服务器)	双工服务器 机架安装(两个 S8800 服务器)	双工服务器 机架安装
支持的 AVAYA 接入设备	G700 G450 G430 G350 G250 IG550	G650 G700 G450 G430 G350 G250 IG550	G650 G700 G450 G430 G350 G250 IG550	G650 G700 G450 G430 G350 G250 IG550
操作系统	Linux	Linux	Linux	Linux
处理器	Intel 1.06 GHz U7500 8GB 固态硬盘； 8GB RAM 额外硬盘驱动器	Intel Xeon E5520 Quad Core/2.26 GHz(Nehalem). 两个 146GB SAS 2.5in 硬盘，支持 RAID1 4GB RAM 可移动闪存卡备份	两个 S8800 服务器机箱，分别配备 Intel Xeon E5520 Quad Core/2.26GHz 两个 146GB SAS 2.5in 硬盘，支持 RAID1；4GB RAM 可移动闪存卡备份	AMD Opteron DualCore 2.4GHz； 72GB(SAS) HDD，可选附加 RAID 1 HDD 4GB RAM； 可移动闪存卡备份
分机数量	最多 450 个 IP/数字/模拟分机	最多 2400 个 IP/数字/模拟分机	18000 个 IP 分机(最多 36000 个终端)	18000 个 IP 分机(最多 36000 个终端)
中继	最多 450	最多 800	最多 8000	最多 8000
忙时呼叫完成数(BHCC)	最多 50000	最多 100000	最多 750000	最多 750000

续表

项目	S8300 服务器	S8800 单工服务器	S8800 双工服务器	S8730 服务器
联网	50 个 G350/G250	64 个 G650；250 个 G450	64 个 G650；250 个 G450/G430/G350/G250	64 个 G650；250 个 G450/G430/G350/G250
热切换能力	无	有-RAID HDD	有-服务器，UPS，RAID HDD	有-服务器，UPS，RAID HDD
双机热备（镜像）	无	无	双工，高可靠	双工，高可靠
可再生性	有	有	有	有
冗余性	无	无	有	有
ESS 企业可存活服务器	无	有	有	有
LSP 本地自存活处理器	有	有	无	无
电气要求	10V/240V AC	110V AC/200~240V AC（47Hz/63Hz）	110V AC/200~240V AC（40Hz/63Hz）	110V AC/200~240V AC（40Hz/63Hz）

图 2-3-6　AVAYA S8800 型服务器外观图

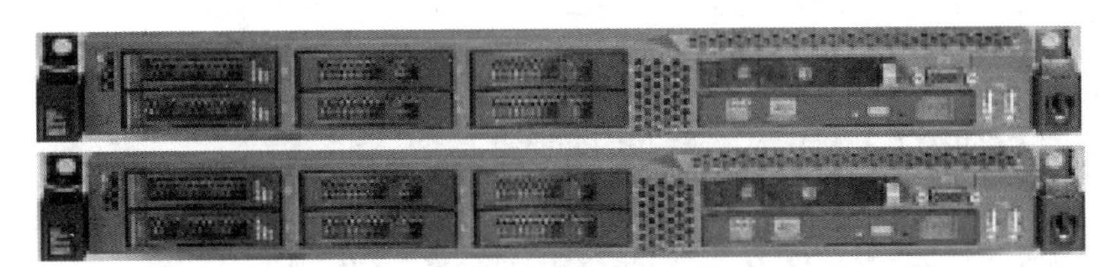

图 2-3-7　AVAYA 双 S8800 型服务器外观图

图 2-3-8　AVAYA S8730 型服务器外观图

图 2-3-9　AVAYA S8300 型服务器配合 AVAYA G450

2. AVAYA 语音系统综合接入设备

AVAYA 语音系统综合接入设备主要作用是提供接入和控制接口。

接入接口包括两种方式的接入：(1)终端用户的接入，如模拟话机接入、数字话机接入、IP 话机接入、媒体网关接入；(2)各种中继的接入，如局方的中继接入，子公司中继的接入。

控制接口包括两种方式的控制：(1)接受来自服务器的控制，通过 IPSI 板卡实现；(2)控制下级，如网关、话机等。

AVAYA 语音系统综合接入设备参数见表 2-3-8；各型号外观如图 2-3-10 至图 2-3-12 所示。

表 2-3-8　AVAYA 语音系统综合接入设备参数

项　目	G350	G450	G650
呼叫控制器支持	通过 S8300，S8500，S8730 和 S8800 服务器外接；通过 S8300 服务器内接	通过 S8300，S8500，S8730 和 S8800 服务器外接；通过 S8300 服务器内接	通过 S8500，S8730 和 S8800 服务器外接；通过 S8400 服务器内接
扩展	5 个模块插槽	8 个模块插槽	14 个基于 TN 的通用插槽
扩展能力	最多 72 个分机； 最多 60 条中继	最多 150 个终端； 最多 150 条中继	一个端口网络中最多 5 个设备单元
电话兼容性	模拟电话； 数字电话； IP 软件电话	模拟电话； 数字电话； IP 软件电话	模拟电话； 数字电话； IP 软件电话
中继支持	模拟； ISDN BRI/PRI； T1/E1； 千兆位以太网； 帧中继或 PPP 上的 IP（H. 323 或 SIP）	模拟； ISDN BRI/PRI； T1/E1； 千兆位以太网； 帧中继或 PPP 上的 IP（H. 323 或 SIP）	模拟； ISDN BRI/PRI； T1/E1； ATM； IP 上的 H. 323 或 SIP
规格	19in 机架安装； 3U 高	19in 机架安装； 3U 高	19in 机架安装； 8U 高

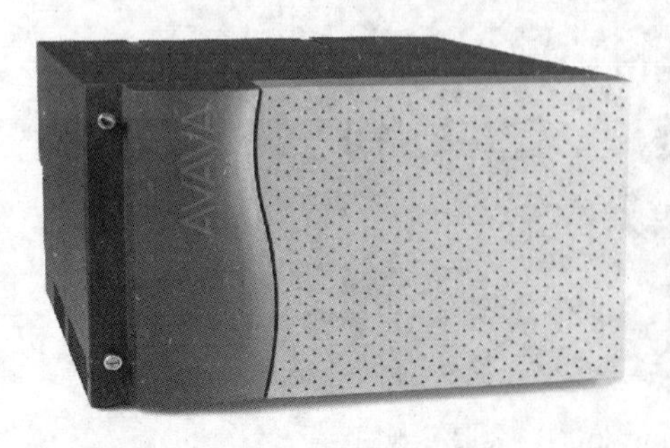

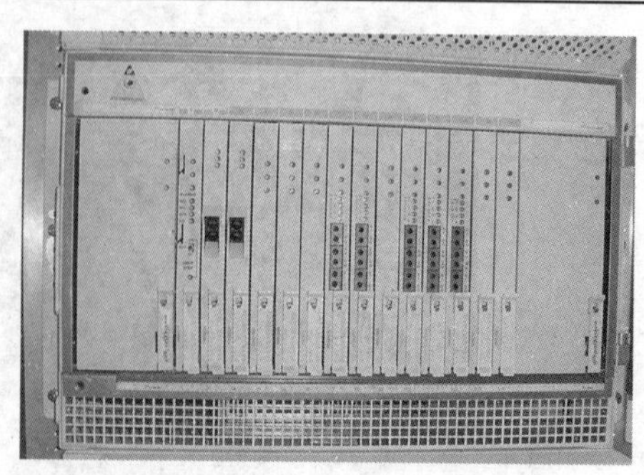

图 2-3-10　G650 外观图和内部构造图

图 2-3-11　G450 外观图

图 2-3-12　G350 外观图

3. AVAYA 语音系统单板

1）MM710 中继板

AVAYA MM710 T1/E1 Media Module 负责终接通向专用企业网中继线的 T1 或 E1 连接，或通向公网中继线的 T1 或 E1 连接。MM710 具有内置的通道服务单元(CSU)，不需要使用外部 CSU(图 2-3-13)。

（1）内置的 CSU；

（2）支持 A 律 E1 接口和 μ 律 T1 接口；

（3）线路编码：T1 方式的 AMI，ZCS 和 B8ZS 编码以及 E1 方式的 HDB3 编码；

（4）兼容 3 级时钟同时支持多种中继信令；

（5）支持 ISDN PRI；

（6）支持 1.544M T1 标准和 2.048M E1 标准。

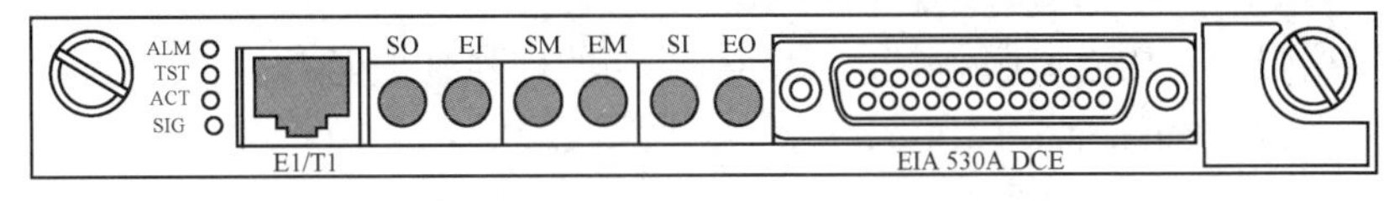

图 2-3-13　MM710 外观图

2）MM711 8 端口模拟分机板

AVAYA MM711 Analog Media Module 提供模拟中继线和电话功能(图 2-3-14)。

（1）可以提供 8 个模拟分机接口；

（2）可以提供 8 个模拟中继接口；

（3）支持来电显示。

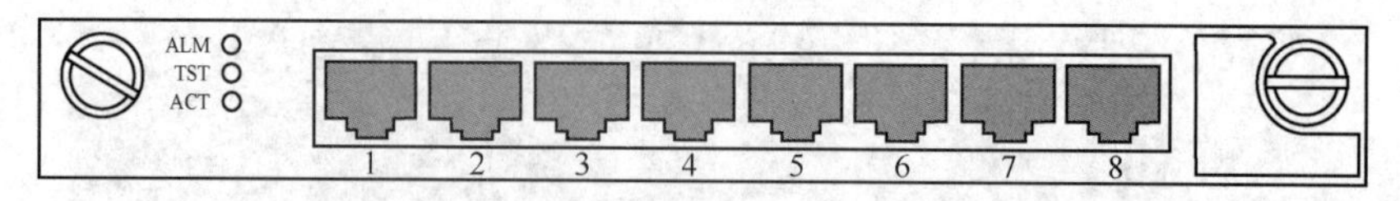

图 2-3-14 MM711 外观图

3）MM712 8 端口数字分机板

AVAYA MM712 Analog Media Module 提供数字中继线和电话功能。

（1）最多支持 8 部 2 线数字通信协议（DCP）语音终端；

（2）支持来电显示。

4）MM716 24 口模拟分机板

（1）可以提供 24 个模拟分机接口；

（2）可以提供 12 个模拟中继接口（因电压不足，所以做不到 24 个模拟中继）；

（3）支持来电显示。

MM716 外观图如图 2-3-15 所示。

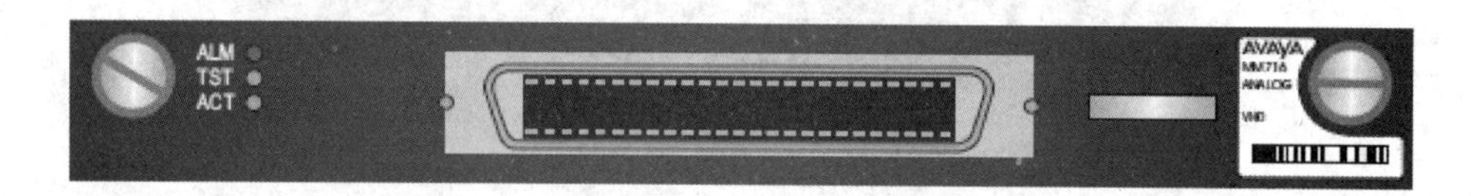

图 2-3-15 MM716 外观图

5）TN2501AP 语音宣告板

AVAYA 的语音宣告板可以支持长达一个小时的录音文件内容。可以完成自动语音宣告、语音引导和简单的自动语音交互应答的功能，支持多种语言。并且可以通过 TCP/IP 网络实现对语音宣告板的管理维护。不但支持传统的通过电话录音，而且支持将 wav 文件直接通过 TCP/IP 网络导入语音宣告板中

6）TN2464CP 数字中继板

TN2464CP 数字中继板一般用于连接数字中继。

（1）支持 T1（24 信道）和 E1（32 信道）；

（2）支持 120A 通道服务单元模块；

（3）支持 CRC-4 生成和校验（仅限于 E1）；

（4）支持增强型集成通道服务单元（ICSU）功能的增强维护能力；

（5）支持 AVAYA Interactive Response。

7）TN429D 8 路模拟中继板

（1）提供 8 个端口，用于直拨内线、直拨外线（DIOD）中继线；

（2）每个端口提供一个 2 线接口至市话（CO）公用交换局用于呼入和呼出。

8）TN2214CP 24 路数字分机板

（1）主要用来连接数字话机和话务台；

（2）具有 24 个 DCP 端口，可用于连接 2 线数字话机；

（3）支持 A 律或 Mu 律压扩。

9）TN793CP 24 路模拟分机板

（1）支持 24 路模拟电话；

（2）支持传真、应答机；

（3）支持主叫 ID 及呼叫等待。

10）TN799 网络接口板

Control LAN（CLAN）板提供 IAD 联入局域网的接口和 VOIP 信令传输。

11）TN2602 IP 处理板（IP Media Processor）

TN2602 IP 处理板提供 320 个 IP 语音处理资源。媒介处理器占用 S8700 通信系统的一个槽位，用于系统时分复用（TDM）总线与 IP 网络之间音频信息流的转换处理。该板不具有任何信令处理功能：它只处理音频业务的传输，而呼叫信令的处理由 CM 来完成。IP 媒介处理器支持业内通用的音频编解码标准，包括：G. 711（A 律和 Mu 律）、G. 723. 1 和 G. 729（包括 G. 729A、G. 729B 和 G729A+B）。IP 媒介处理器还支持实时传输控制协议（RTCP）。IP 媒介处理板提供 64 个数字信号处理器（DSP）资源，所有呼叫可以动态地使用这些资源。

（1）TN744E 呼叫分类板。

TN744E 呼叫分类板协助处理呼入呼出数据。

（2）TN775D 系统测试维护板。

系统维护测试板用于本地系统以及中心系统的日常维护，故障告警。整个系统内的故障以及故障级别均能够通过该板卡的告警指示灯表示出来。如果相应的指示灯闪烁表明故障发生在本扩展机柜内，如果长亮表明故障发生在其他机柜。

告警指示灯：MAJ（大告警），MIN（小告警）、WRN（警告）。

（3）TN2312 IPSI 板（IP Server Interface）。

Avaya TN2312BP IP 服务器接口（IPSI）可提供控制信息的传输。通过使用用户的局域网和 WAN，这些信息可以经由 S8500 和 S8700 系列服务器传送至服务器的端口网络（PN）。通过这些控制信息，服务器可以控制 PN。

IPSI 板的主要特性：

① 必须安装在标记为 tone/clock 的插槽中；

② 与 S8800 系统呼叫控制服务器之间的连接通过 10Mbit/s/100Mbit/s 以太网接口；

③ 为前面板提供一个 10Mbit/s/100Mbit/s RJ45 以太网接口用于连接系统管理设备；

④ 为外围机柜提供时钟信号，并负责时钟同步功能；

⑤ 为外围机柜提供信号音；

⑥ 支持呼叫分类识别功能；

⑦ 为外围机柜提供分组总线接口；

⑧ 支持 IPSI 板的固化软件下载功能；

⑨ 传递外围机柜的心跳信号；

⑩ 提供与外围机柜中 TN775D 维护板的接口。

第三章　通信仪器仪表工作原理

第一节　光纤熔接机

一、结构

光纤熔接机由高压源、放电电极、光纤调节装置、控制器、显微器及加热器(热炉)等部分组成。光纤熔接机结构如图3-1-1和图3-1-2所示。

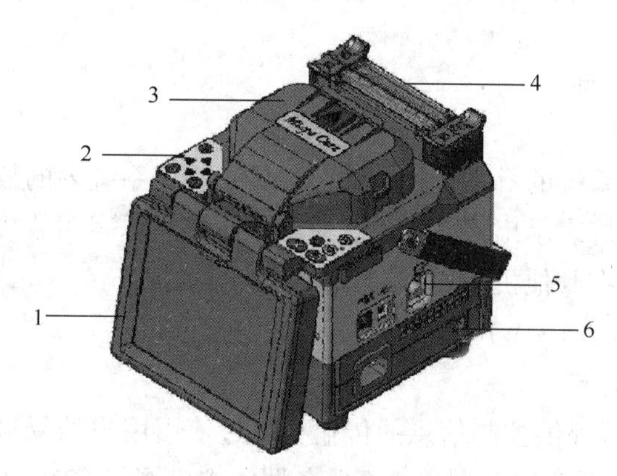

图3-1-1　光纤熔接机外部结构

1—显示器；2—键盘；3—防风盖；
4—加热补强器；5—输入输出面板；
6—电源/蓄电池插槽

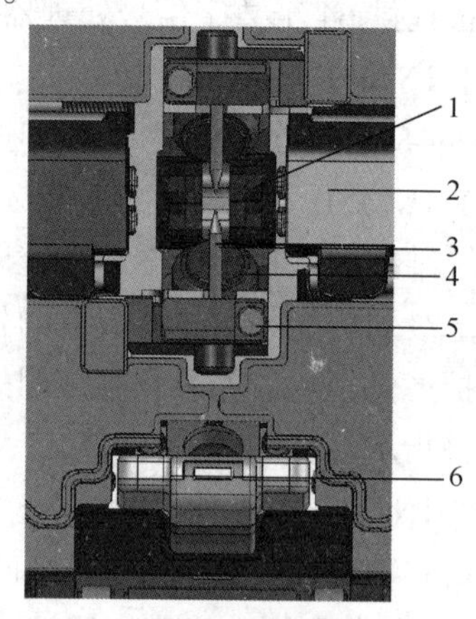

图3-1-2　光纤熔接机内部结构

1—"V"形槽；2—涂覆层压板；3—电极；
4—显微镜；5—电极盖板；6—"V"形槽照明灯

1. 外部结构

(1) 显示器：可显示光纤图像、图像处理结果及菜单画面。

(2) 键盘：电源接入、开始接续及补强、进行各种功能设定的操作键。

(3) 防风盖：在各种环境下保持融接性能的安定和安全性。

(4) 加热补强器：对光纤保护套管进行热收缩的装置，分前排、后排共2个。

(5) 输出输入面板：加热式剥线钳用DC输出、USB插口的面板。

(6) 电源/蓄电池插槽：可插入电源组或蓄电池组的插槽。

2. 内部结构

(1) "V"形槽。固定光纤的"V"形槽。"V"形槽的微调是通过安装在长标杆端的螺旋测微计来实现。放置于"V"形槽中的光纤，由机械压板固定。两个方向 X 轴、Y 轴的微调和光纤 Z 轴互为正交。微调范围分别在±10μm以上，调节精度±0. 1mm。

(2) 涂覆层压板。固定光纤的部件。

（3）电极。高压放电的电极棒。由金钨棒加工成尖端呈30°圆锥形的一对电极，安装于电极架上，电极尖端间隔一般为0.7mm。当接通高压源时，便产生电弧，使处于电弧中心位置的光纤熔为一体。

（4）显微镜。观察光纤的显微镜。

（5）电极盖板。固定电极棒的部件。

（6）“V”形槽照明灯。点亮“V”形槽的照明灯。打开防风盖后照明打开。将保护套管套在接合处，然后对它们进行加热。内管是由热缩材料制成的，因此这些套管就可以牢牢地固定在需要保护的地方，加固件可避免光纤在这一区域受到弯曲。

二、工作原理

光纤熔接机是结合了光学、电子技术和精密机械的高科技仪器设备。其原理是利用光学成像系统提取光纤图像在屏幕实时显示，并通过CPU对光纤图像进行计算分析给出相关数据和提示信息，然后控制光纤对准系统将两段光纤三维对准，再通过放电电极激发出高温电弧熔融光纤以获得低损耗、低反射、高机械强度以及长期稳定可靠的光纤熔接接头，最后给出精确损耗评估。

（1）对准　目前的熔接机都是两根光纤的纤芯对准，通过CCD镜头找到光纤的纤芯。

（2）放电　两根电极棒释放瞬间高压（几千伏，不过是很短的瞬间），达到击穿空气的效果，击穿空气后会产生一个瞬间的电弧，电弧会产生高温，将已经对准的两条光纤的前端融化，由于光纤是二氧化硅材质，也就是通常说的玻璃（当然光纤的纯度高得多），很容易达到熔融状态的，然后两条光纤稍微向前推进，于是两条光纤就粘在一起了。

第二节　光时域反射仪

目前，光时域反射仪（Optical Time Domain Reflectometer，OTDR）在光缆制造生产以及通信系统维护中应用广泛，它的发展基础是光纤后向散射理论，现已成为对光链路特性进行单端测量的基本仪器之一。除了能进行光纤衰减、连接器和接头损耗、链路器件反射损耗和色度色散的单项测量外，OTDR最大的优点在于能够给出光纤特性沿长度的分布，可以一览光纤链路的总体情况，能够迅速准确地确定光纤中各个事件的位置。

光时域反射仪利用的是光信号在光纤中传输时的两个物理现象，即瑞利（Rayleigh）后向散射和菲涅尔（Fresnel）反射。OTDR通过探测处理这两种物理现象的信号，获得光纤光缆的各种特性。因为它具有单端非破坏性测试的独特优点，成为光纤通信领域不可缺少的仪器，在光纤拉丝成缆、光缆工程建设以及光缆系统维护中发挥着不可取代的作用。

一、相关基本物理概念

1. 向后散射

光在沿着光纤向前传输的过程中，同时有一部分光向后散射，落入数值孔径内，得以沿着光纤反向传输回去，这就是光的后向散射。

2. 瑞利（Rayleigh）后向散射

从微观的角度看，由于光纤拉丝过程中冷却条件不均匀而使玻璃出现分子级大小的密度不均匀，产生玻璃材料折射率的不均匀。光纤中的掺杂不均匀也会引起折射率的微小起伏变化。折射率的微小变化会对在光纤中传输的光产生散射，成为散射体。这些散射体的尺度比光的波长小，故此种散射遵从瑞利散射定律。

二、光时域反射仪的原理

OTDR 发出光脉冲单端注入被测光纤，通过接收返回光纤注入端的瑞利后向散射光信号和菲涅尔反射光信号，以得到光纤的损耗和长度信息。这就是 OTDR 的基本原理[13]。

由脉冲发生器产生的电脉冲信号去调制激光器，激光器产生的光脉冲信号通过耦合器注入到被测光纤中。在光脉冲前进的过程中，同时产生瑞利后向散射光信号和菲涅尔后向反射光信号，经耦合器返回进入光接收器，变换成电信号，再经过信号的放大处理，就可以获得被测光纤的时域信息。在此时域信息的每一个时间点上都有相应的产生该点信息的光纤位置点与之相对应。

从 OTDR 公式，若对于给定的被测光纤线路进行单脉冲一次测量，要想获得较大的瑞利后向散射信号，得到较好的信噪比，有两种方法，即提高光脉冲功率，或增加光脉冲宽度。

但是，由于激光器本身寿命和盲区的限制，这两种方法都有局限性。

为了较好地解决这个问题，OTDR 采用了多次测量取平均的方法，从而获得高的信噪比。在对 OTDR 的实际操作中，可以很直观地看出，随着测量时间的增长，测量次数的增多，取平均以后显示的曲线越平滑，噪声越低。

实际工作情况是，OTDR 不断重复发出光脉冲至外接光路，同时接收测量返回的光信号。光纤沿途的任何变化，如接头、熔接点等，都会产生一个反射回来的光脉冲，显示在屏幕上。

该图像反映以沿光纤线路的长度为参数的背向散射信号功率，一般被称为迹线。

下面介绍 OTDR 的几个关键器件和技术。

1. 光源

通常，法布里-珀罗（FP）激光二极管（LD）是 OTDR 设计中最常见的激光二极管类型。它具有良好的性价比，具有提供高输出功率的能力。它主要用于 1310nm、1550nm 以及 1625nm 波长的单模 OTDR 应用中。多模 OTDR 的光源（850nm 与 1300nm）主要采用发光二极管（LED）。一般，LED 比激光器的功率小，但是，LED 的价格低得多。也有一些多模 OTDR 使用 LD 作为光源。

2. 控制光源的脉冲发生器

脉冲发生器对激光器进行调制，使得激光器向光纤中发送大功率的光脉冲（为 10mW 至 1W）。这些脉冲的宽度可以在 2~20ns 的数量级，其脉冲循环频率可以在千赫兹数量级。对于不同的测试条件，脉冲持续时间（脉冲宽度）可以由操作人员设置。脉冲的频率被限制为脉冲回程完成、另一个脉冲发射之前的速率，一般由机器的控制单元自动设置。

3. 光功率计

OTDR 需要接收测试返回来的光。既要用于测量非常低的后向散射电平，又要能够检测光反射脉冲相当高的光功率，这对功率计的带宽、灵敏度、线性与动态范围以及放大电路提出了很高的要求。

4. 时基单元与控制单元

控制单元就是 OTDR 的大脑，它的功能强大，包括读取采样点、执行平均计算、在 OTDR 显示屏上画出并显示曲线。时基单元控制脉冲宽度、脉冲序列之间的间距以及信号采样。由于噪声电平是随机的，所以通过读取并平均在每个采样点的多次测量数据，可使得噪声电平被平均掉而接近于零。

另外，时基的精度对于距离测量的精度有直接的影响。

第三节　光源、光功率计

光源、光功率计是光纤通信领域中使用最广泛的两种仪表，在几乎所有的光纤通信的测量中都要用到。光功率计是用来测量光功率大小的一种仪表，光源能提供稳定的波长、窄而稳定的谱宽以及在一定条件下有稳定的光功率输出。其种类繁多，大体上可分为两类：从外形尺寸及大小可分为台式及便携式。前者多在实验室、机房内使用，后者既可在室内使用，又可在施工现场使用。

一、光源的工作原理

在光纤系统中应用的光源有很多，主要可以分为受激辐射的半导体(LD)激光光源、自发辐射的半导体发光二极管(Light Emitting Diode，LED)光源和非半导体激光光源(如气体激光光源、固体激光光源等)。如果按照激活媒质来分，又可分为使用高强度的光和使用电源带来的电子两种。这样分类的话，光放大器也属于光源，但它只是放大信号而自身不产生信号。

对于光源的选择，主要考虑的是光波长、谱宽或线宽以及发光功率。在某些特殊应用上还要考虑光功率稳定性、偏振度、偏振态等其他一些指标。

1. 半导体发光二极管(LED)光源

LED 光源是一种自发辐射光源。发光二极管由两部分组成：一部分是 P 型半导体，在它里面空穴占主导地位；另一部分是 N 型半导体，在这边主要是电子。但这两种半导体连接起来的时候，它们之间就形成一个“PN 结”。这样在 P 区加正向电压，N 区加反向电压后，会使电子和空穴向 PN 结漂移，若电压超过某一临界值，电子就会以“复合”过程落到空穴中，然后就会以光子的形式发出能量。只要电压不变，电子会持续地漂流通过二极管，同时，电子和空穴在 PN 结处不停复合。简单地说就是当有电流通过时，LED 就会发光，这和后面讲到的激光有很大的不同。

LED 光源的峰值波长是由形成 PN 结的材料决定的。通常用于塑料光纤系统的镓砷磷(GaAsP)LED 光源波长为 650nm 左右，用于多模光纤系统的砷化镓(GaAs)LED 光源波长为 850nm 左右，而用于单模光纤系统的铟镓砷磷(InGaAsP)LED 光源波长通常为 1300nm 左右。这样的波长选择是由光纤的低损耗窗口和零色散波长点决定的。

LED 光源是一种低成本、光谱宽、高稳定、低相干光源。

2. 激光光源

与 LED 光源的自发辐射不同，激光光源的发光原理是受激辐射。当受到外来的，恰好是高能级 E2 与低能级 E1 能量之差的光照射时，E2 上的原子受到外来光的激励作用向 E1 跃迁，同时发射一个与外来光子完全相同的光子，这就是受激辐射。

3. 半导体(LD)激光光源

同为半导体结构，所用的材料也相似，LD光源与LED光源的主要差别在于限制光和电流产生激光的器件结构，以及激光光源需要更高的驱动电流。

半导体异质结，就是用不同的半导体材料形成的结。半导体异质结将电子和空穴限制在结层，使得粒子数反转易于实现。而且由于结层的折射率高，还会限制光场，从而增加激光的强度。大部分二极管激光器的有源层顶部和底部都有异质结，这类可以在室温稳定输出的激光器就叫做双异质结激光。

在半导体激光器件中，目前比较成熟、性能较好、应用较广的是具有双异质结构的电注入式砷化镓(GaAs)二极管激光器。

整个结平面其实也不是由同种高折射率材料制成的，而是在其中有一个窄条是用更高折射率材料制成的。这种条形激光器由于条形区类似光纤的高折射率纤芯，而使得光能够更好地耦合进光纤。但是当光束射出结平面后，由于衍射作用，在刚离开芯片后就会迅速扩展，变成一个压扁的圆锥体。而进一步限制光束的办法就是量子陷阱结构。在量子阱中电子被限制在一个平面运动，因此电子发射的光更强，能量更集中，也更适合于制作激光器。

除了限制光，LD光源还具有谐振腔，使得激光来回反光通过工作物质，不断形成激光。前面讲到的条形激光器两端就会加上一对腔镜，形成谐振腔。而腔镜通常就是晶体的自然解理面构成，为了增加发射效率，可以在前、后反射镜分别蒸镀透射膜和高反射膜。这种激光光源是端面发光的边发射激光器，后面还会讲到表面发光激光器。

当LD光源工作在工作电流以下时，产生弱自发辐射，这与LED光源类似。但是当驱动电流增加超过阈值时，输出功率和转化效率急剧增大，此时LD光源的效率就远远超过LED光源了。

二、光功率计工作原理

光功率是光在单位时间内所做的功。光通信测量中的光功率单位常用毫瓦(mW)和分贝毫(dBm)表示，其中两者的关系为：1mW=0dBm。而小于1mW的分贝值为负值。

功率的法定计量单位是瓦(W)，并且可派生出毫瓦(mW)、微瓦(μW)等。有时为了方便，功率值用相对单位分贝(dB)和绝对单位分贝瓦(dBw)表示，由此可派生出-10dB、-10dBw等。一般研究单位和大专院校喜欢用W(瓦)单位来表示功率，工程上则习惯于用dB(分贝)及dBw(分贝瓦)系列。通常光功率值用单位瓦(W，mW…)系列表征，功率单位瓦W是国家选定的国际单位制中具有专门名称的导出单位。而级差单位分贝(dB)是国家选定的非国际单位制单位。工程中除了习惯用相对功率单位(dB)以外，还习惯用绝对功率单位分贝(dBw，dBm…)系列来表示功率的量值。

光功率计由5部分组成，即光探测器、程控放大器和程控滤波器、A/D转换器、微处理器以及控制面板与数码显示器。

被测光由PIN光探测器检测转换为光电流，由后续斩波稳定程控放大器将电流信号转换成电压信号，即实现I/V转换并放大，经程控滤波器滤除斩波附加分量及干扰信号后，送至A/D转换器，变成相应于输入光功率电平的数字信号，由微处理器(CPU)进行数据处理，再由数码显示器显示其数据。CPU可根据注入光功率的大小自动设置量程状态和滤波器状态，同时，可由面板输入指令(通过CPU)控制各部分完成指定工作[14]。不注入光的情况下，可指令仪器自动调零。

第四节　光衰减器

光衰减器作为光通信行业科研和生产中不可缺少的重要仪器，可按要求将光功率进行预期的衰减。光衰减器一般分为固定式光衰减器和光可变衰减器两大类。

一、固定式衰减器

1. 适配器型光纤固定衰减器

按照适配器接口的不同，可以分为FC型、ST型、SC型、FC-SC型、FC-ST型、ST-SC型、LC型和MU型等类型。

其原理通常是将对接光纤端面进行轴向位移，通过控制端面间的空气间隙达到衰减光功率的目的。由于3dB的衰减器对应的间隙也在0.1mm以上，因此这种工艺较易控制。

但是随着空气间隙的增大，光纤断面的回波损耗也会增大，因此，通常的轴向位移型光衰减器的衰减值不会大于30dB。

由于横向位移参数的数量级均在pm级，工艺要求较高，所以一般不用来制作可变衰减器，仅用于固定衰减器的制作中，并采用熔接或粘接法，其优点在于回波损耗高，一般都大于60dB。

2. 在线式光纤固定衰减器

在线式光纤固定衰减器可分为尾纤型在线式和连接器型在线式两种。这种光衰减器可以将两根普通光纤进行横向移位熔接来造成光衰减，还可以用两根保偏光纤进行不对轴熔接来实现，或者进行光纤的拉锥。

光纤拉锥型光衰减器中，光通过锥区之后，会激励出一些高阶模式，制成光纤适配器结构时，则在近端和远端测得的衰减值不同，因为这些高阶模式在通过一段光纤到达远端时会衰减掉。因此，在制作适配器结构的拉锥型光衰减器时，需对拉锥区进行特殊工艺处理，使近端和远端测试衰减值相同，而制成光纤耦合器结构的光衰减器时则不存在此问题，因为其尾纤会将高阶模滤除。

二、光可变衰减器(Variable Optical Attenuator，VOA)

在实际应用中，经常需要将光衰减值连续变化，以使输出的光功率值符合预期，在固定式光衰减器的基础上，人们发明出基于各种原理的光可变衰减器。常用光可变衰减器为手调光可变衰减器、步进电机式电调光可变衰减器、微电机械式光可变衰减器。管道公司站场常用类型为手调光可变衰减器。

手调光可变衰减器是利用人工旋钮或组合旋钮的转动，改变光路耦合效率，实现输出光功率相对于输入光功率可连续衰减的器件。这种类型的光可变衰减器几乎就是适配器型固定式光衰减器的进化版。

两片适配器之间是可旋转分离的，这样可利用两个连接器插针间空气膜的厚度来控制光功率的变化，优点是结构简单，衰减值的可变范围为0~30dB；缺点是随着两插针间距离的增大，光在端面间反复地反射会造成输出光功率的不稳定。

为了增加衰减范围，减小反射带来的影响，应用机械挡光方法的手调光可变衰减器出现了。

在准直光束间安装挡光器件，依靠控制挡光器件切入光束的深浅来控制衰减量。锥形挡光器件可以用旋转的方式控制衰减量，而片型挡光器件可以用偏心轮来控制，也可以像锥形挡光器件那样靠推进量来控制衰减量。除了利用挡光还可以用上文提到的用金属薄膜制作的衰减片来进行光衰减，这种方法在早期的手调式光衰减器中应用广泛。

第五节　频谱分析仪

频谱分析仪是用来分析信号中所含有的频率成分的专用仪器。随着无线电和电子技术的不断发展，频谱分析仪的技术性能和测试功能日益完善。目前一些新颖高档的频谱分析仪具有大频率测量范围，高的准确度、灵敏度以及稳定度，可用来测量信号的许多参数。如功率测量、频率测量、调制测量、失真测量、噪声测量、EMC/EMI 测量等。

频谱分析仪按其结构原理可分为两大类，即模拟式频谱分析仪和数字式频谱分析仪。早期的频谱分析仪属于模拟式，目前模拟式频谱分析仪仍在广泛使用。数字式频谱分析仪是以数字滤波器或快速傅里叶变换(FFT)为基础构成的，由于数字式频谱分析仪受到数字系统的工作速度的限制，因此此类频谱分析仪多半使用于低频段。此外，现代一些新颖高档的频谱分析仪，即能用来测量低频信号，又能用来测量高频信号，其结构属于以上两种类型的混合，常称为“模拟—数字”混合式频谱分析仪。

依据频谱分析仪的实现方法和频谱测试的实现技术，频谱分析仪一般可分为：快速傅里叶变换(FFT)分析仪、扫频式频谱分析仪和实时频谱分析仪。

一、FFT 分析仪

快速傅里叶变换(FFT)可用来确定时域信号的频域表示形式(频谱)。信号必须在时域中被数字化，然后执行 FFT 算法来求出频谱。

如图 3-5-1 可知，FFT 频谱分析仪的工作原理是：首先 RF 输入信号通过一个可变衰减器，以提供不同的测量范围；然后，信号通过低通滤波器，滤去频谱分析仪频率范围之外的不希望的高频分量；通过取样器，对信号波形进行取样，再用取样电路和模数转换器的共同作用变为数字形式，利用 FFT 计算波形的频谱，并将结果在显示器上显示，从而测量出信号频谱。

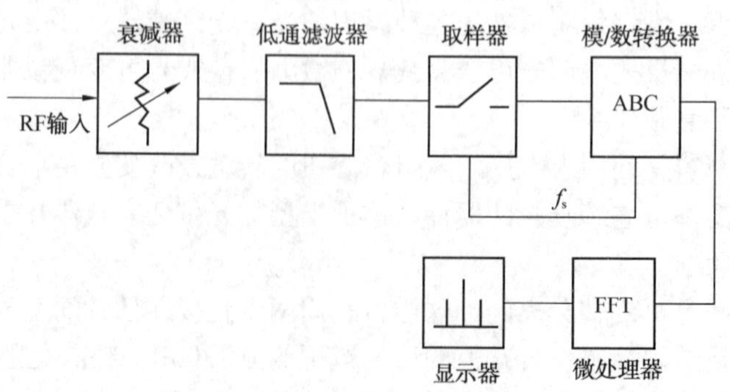

图 3-5-1　FFT 频谱分析仪的工作原理

FFT 频谱分析仪能完成多通道滤波器式分析仪相同的功能，但无需使用许多带通滤波器。所不同的是 FFT 分析仪采用数字信号处理来完成多个滤波器相当的功能。FFT 频谱分析仪的理论根据为均匀抽样定理和傅里叶变换。

均匀抽样定理：一个在频谱中不含有大于频率 f_{max} 分量的有限频带的信号，由对该信号以不大于 1/2 f_{max} 的时间间隔进行的抽样值唯一地确定。当这样的抽样信号通过截止频率 f 的理想低通滤波器后，可以将原信号完全重建[15]。

傅里叶变换：依据傅里叶变换，信号可用时域函数完整地表示出来，也可用频域函数完整地表示出来，而且两者之间有密切的联系，其中只要一个确定，另一个也随之唯一地确定。所以可实现时域向频域的转换。

二、扫频频谱分析仪

目前，常用的频谱分析仪采用扫频超外差方案，与无线电接收机相似，频谱分析仪能自动在整个所关心的频带内进行扫频，显示信号幅度和频率成分。扫频频谱分析仪在低频波段已逐渐被 FFT 分析仪取代，但在射频、微波和毫米波频率范围内，扫频频谱分析仪占优势。

扫频频谱分析仪常见有两种形式：其一是调谐滤波器式频谱分析仪，这种频谱分析仪是通过在整个频率范围内移动一个带通滤波器的中心频率及带宽来工作的。中心频率自动反复在信号频谱范围内扫描，由此依次选出被测信号各频谱分量，经检波和视频放大后加至显示器的垂直偏转电路，而水平偏转电路的输入信号来自调谐滤波器中心频率的扫描信号的同一扫描信号发生器，水平轴的位置就表示频率。这种频谱分析仪的优点是结构简单，价格便宜，不产生虚假信号；缺点是频谱分析仪的灵敏度低，分辨率差。其二是扫频超外差式频谱分析仪，这种频谱分析仪的工作原理普遍被现代分析仪所采用。扫频超外差式频谱分析仪是把固定的窄带中频放大器作为选择频率的滤波器，把本振扫频器件，频率从低到高输出一串本振信号，与输入的被测信号中的各频率分量逐个混频，使之依次变为相对应的中频频率分量，经放大、检波和视频滤波，最后在 CRT(显示器)上显示测量结果。

三、实时频谱分析仪

实时频谱分析仪是把被分析的模拟信号经模数变换电路变换成数字信号后，加到数字滤波器进行傅里叶分析；由中央处理器控制的正交型数字本地振荡器产生按正弦变化和按余弦变化的数字本振信号，也加到数字滤波器与被测信号做傅里叶分析。

第四章　通信仪器仪表使用方法

第一节　光纤熔接机的使用方法

本节以住友 TYPE-39 小型纤芯直视型光纤融接机为例。

一、操作顺序

(1) 接入电源(图 4-1-1)。

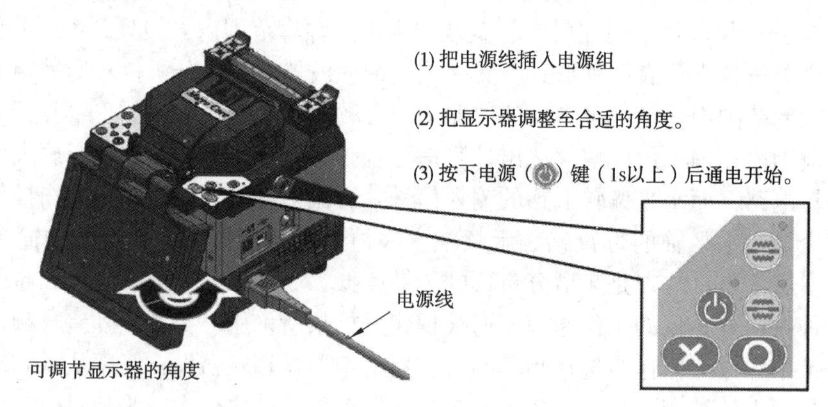

图 4-1-1　光纤熔接机接入电源示意图

(2) 把保护套管插进光纤。

(3) 光纤涂覆层剥离/清洁。

① 使用剥线钳剥去光纤涂覆层，使用的涂覆外径要与剥线钳的槽一致(图 4-1-2)。

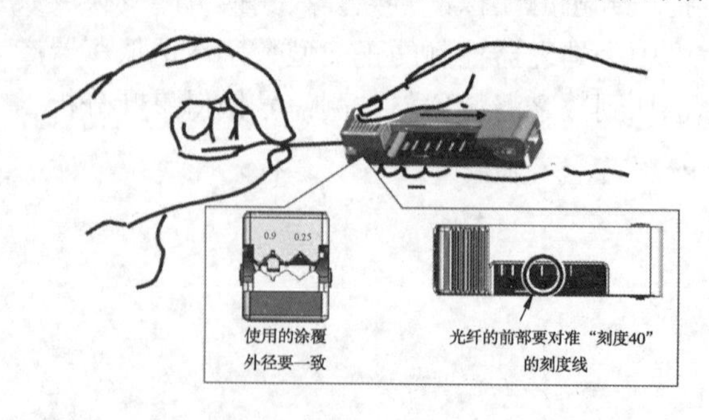

图 4-1-2　去除光纤涂覆层示意图

② 光纤前部对准 40mm 刻度线。

③ 涂覆层要剥去 40mm。

④ 同样剥去另一端光纤的涂覆层。

⑤ 用浸满高纯度酒精的纱布，自涂覆与裸光纤的交界面开始，朝裸光纤方向，一边按圆周方向旋转，一边清扫涂覆层的碎屑。

(4) 切割光纤。

① 打开上盖板及光纤压板，把刀片及支架放置在切割刀前方位置(图 4-1-3)。

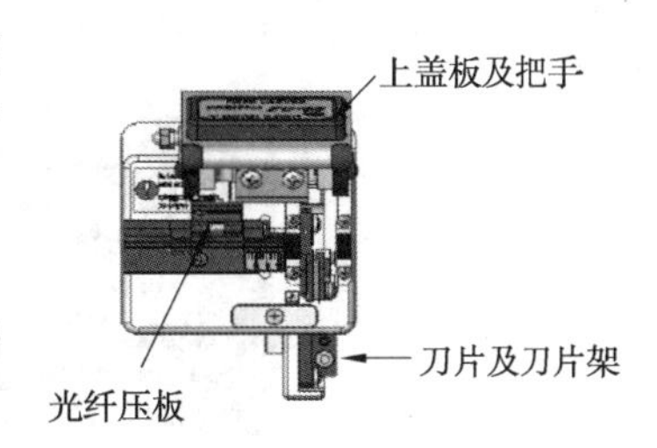

图 4-1-3　刀片及支架安装

② 把裸光纤放在光纤压板上(图 4-1-4)。使用的涂覆外径要和剥线钳的槽吻合。

③ 合上光纤盖板(图 4-1-5)。

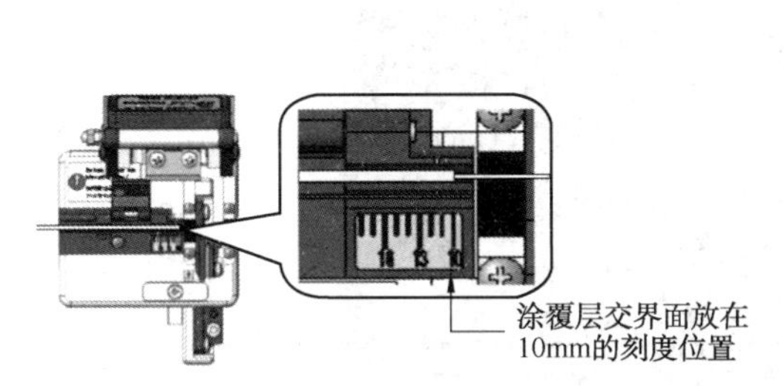

图 4-1-4　裸光纤放置示意图

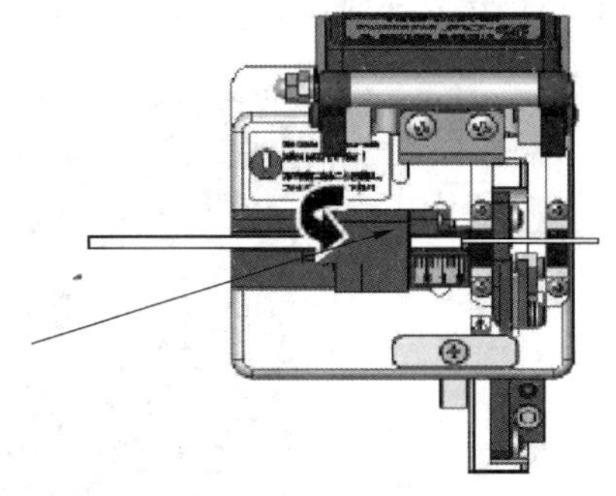

图 4-1-5　合上光纤盖板

④ 压上上盖板→把光纤刀片及刀架按箭头放上移动(图 4-1-6)。

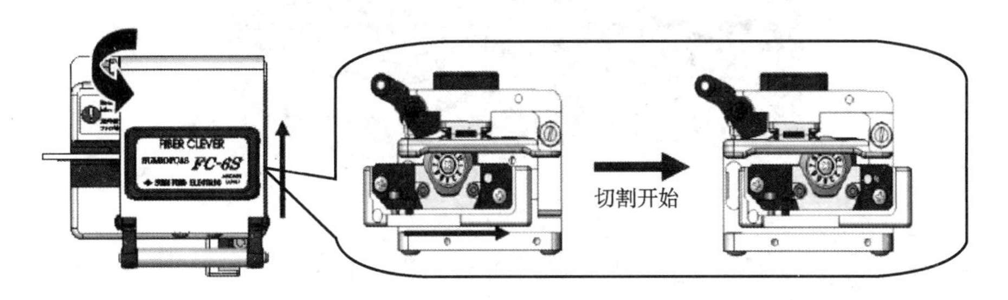

图 4-1-6　切割光纤

⑤ 打开上盖板。打开光纤盖板，取出已经切好的光纤(图 4-1-7)。把光纤碎屑从光纤切割刀中取出，倒在准备好的碎屑盒中。

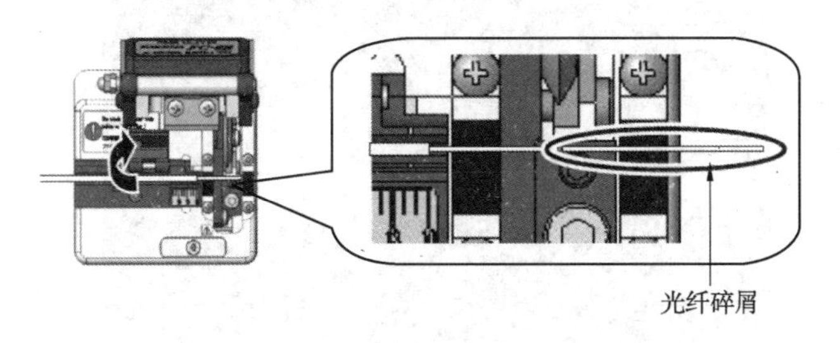

图 4-1-7　切割后取出光纤示意图

(5) 放置光纤的方法。

① 在涂覆层线夹前部放置光纤涂覆交界处(圆形部位)(图 4-1-8)。

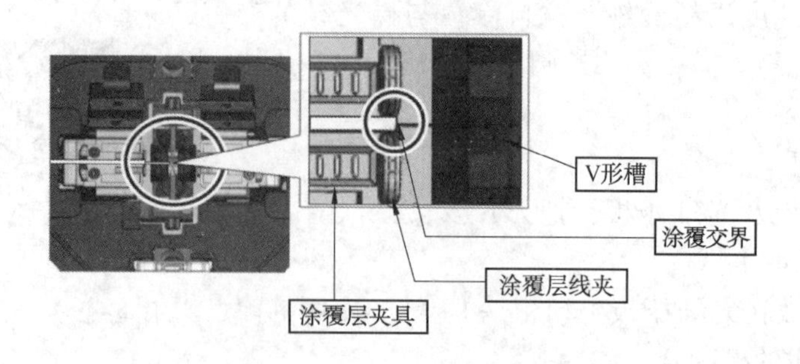

图 4-1-8　光纤安放示意图一

② 光纤安放完成后，合上涂覆层的夹板(图 4-1-9)。

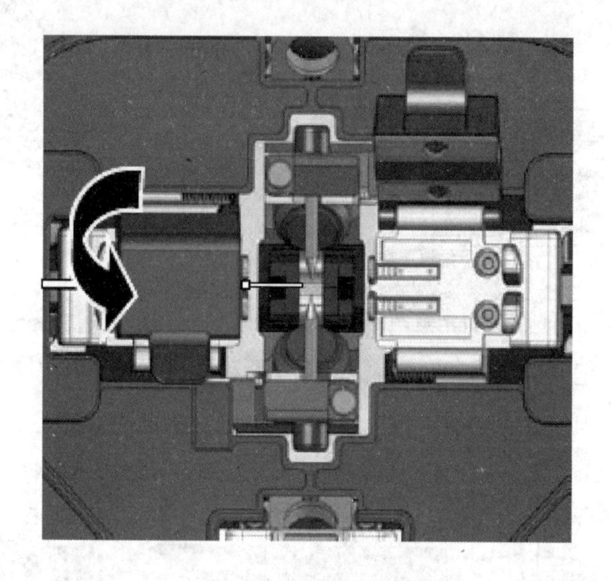

图 4-1-9　光纤安放示意图二

③ 按照同样方法，切断并安置好另一端的光纤(图 4-1-10)。

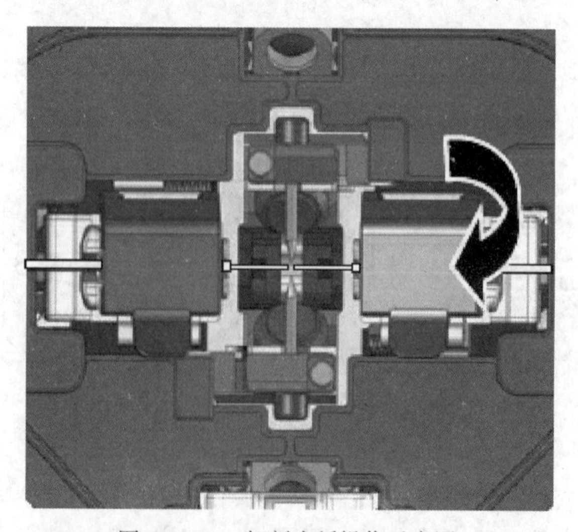

图 4-1-10　切割光纤操作示意图

④ 合上防风盖。

(6) 融接接续。

把前处理完毕的光纤放置好后，按下( )键，开始融接接续(图 4-1-11)。

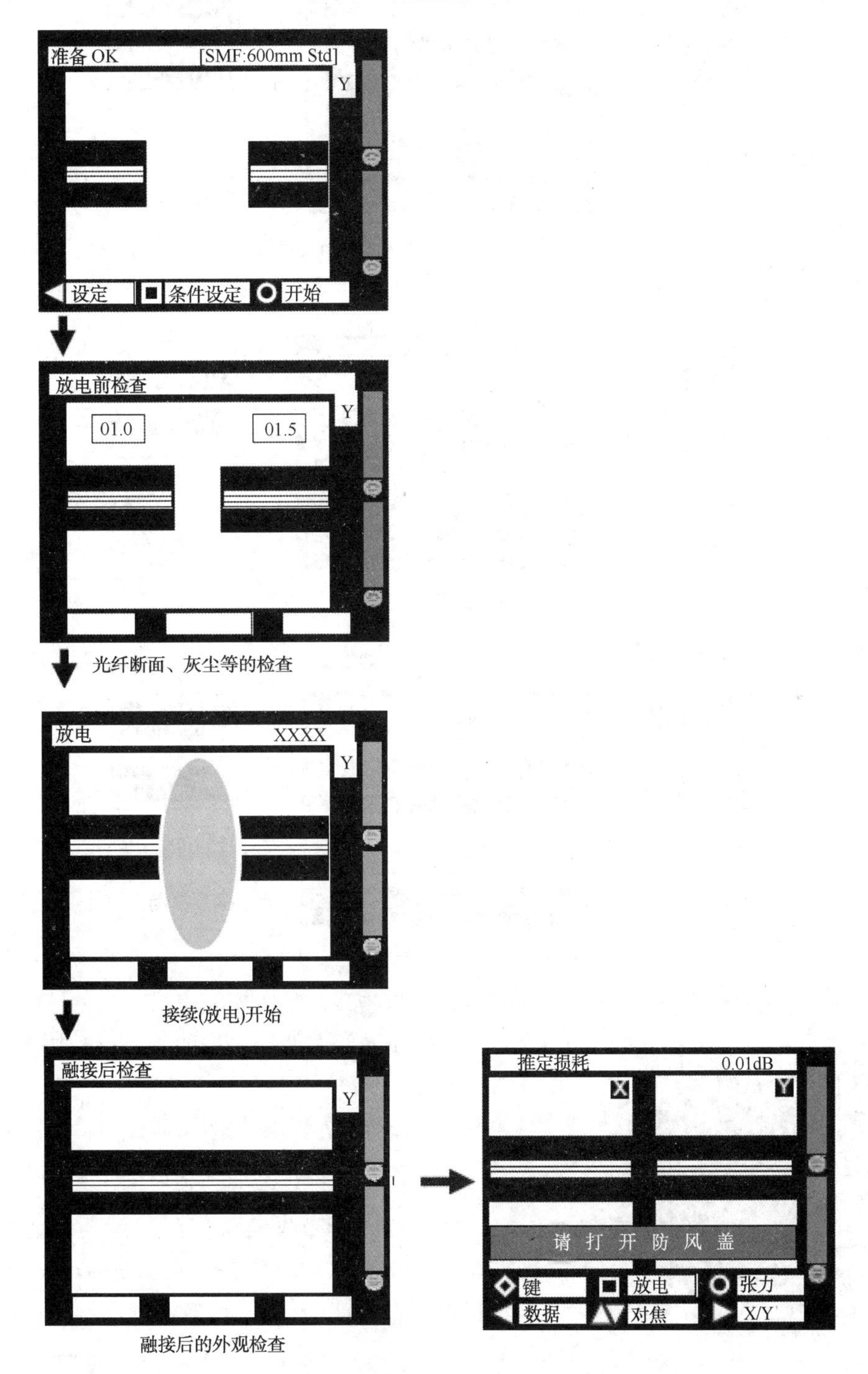

图 4-1-11　融接接续操作示意图

(7) 出现下列图示外观或损耗值偏高时请重新接续：

① 融接偏芯(图 4-1-12)。

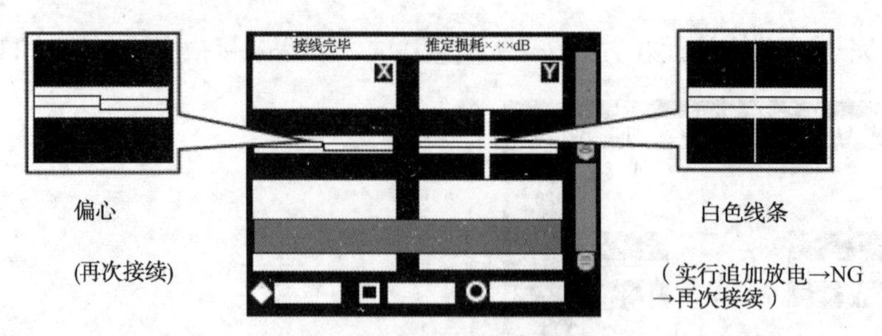

图 4-1-12　融接偏心提示

② 融接过粗(图 4-1-13)。

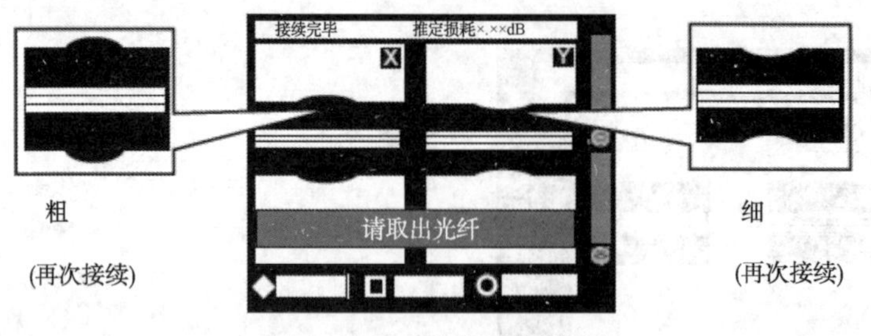

图 4-1-13　融接过粗提示

③ 融接出现气泡(图 4-1-14)。

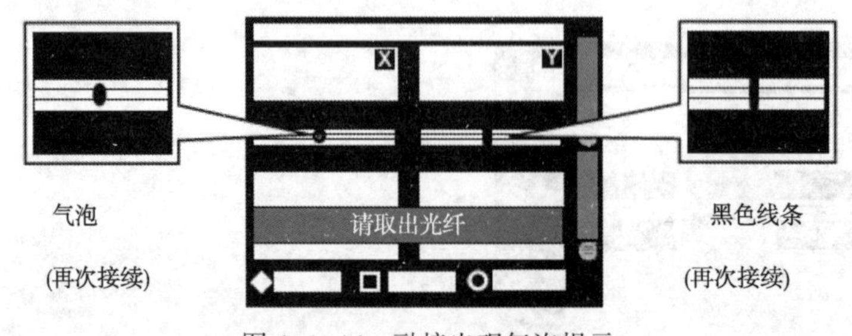

图 4-1-14　融接出现气泡提示

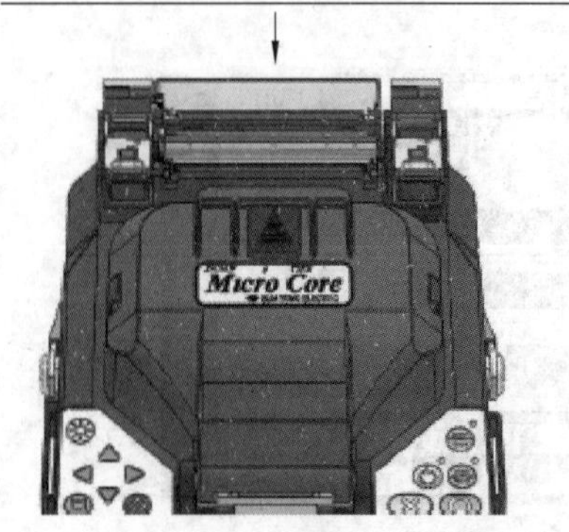

图 4-1-15　接续部位加热补强时光纤的放置方法

(8) 接续部位的加热补强。

① 轻拉光纤的两端，按图 4-1-15 中箭头指示的方向放好。

② 合上夹具(2 个)及加热器透明盖板。

③ 按加热( )键，开始加热。

④ 没有出现未收缩、气泡、涂覆位置(左右平均)等方面的问题时，熔接结束。图 4-1-16 所示为接续部位加热补强熔接效果示意图。

二、影响光纤熔接损耗的主要因素

影响光纤熔接损耗的因素较多，大体可分为光纤

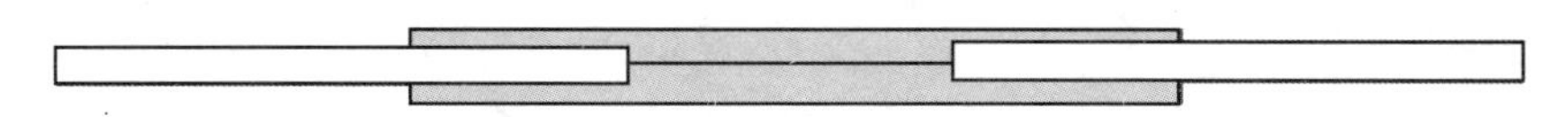

图 4-1-16　接续部位加热补强熔接效果示意图

本征因素和非本征因素两类[16]。

1. 光纤本征因素

光纤本征因素是指光纤自身因素，主要有 4 点：

（1）光纤模场直径不一致；

（2）两根光纤芯径失配；

（3）纤芯截面不圆；

（4）纤芯与包层同心度不佳。

2. 非本征因素

影响光纤接续损耗的非本征因素即接续技术。

（1）轴心错位：单模光纤纤芯很细，两根对接光纤轴心错位会影响接续损耗。当错位 1. 2μm 时，接续损耗达 0. 5dB。

（2）轴心倾斜：当光纤断面倾斜 1°时，约产生 0. 6dB 的接续损耗，如果要求接续损耗≤0. 1dB，则单模光纤的倾角应为≤0. 3°。

（3）端面分离：活动连接器的连接不好，很容易产生端面分离，造成连接损耗较大。

（4）端面质量：光纤端面的平整度差时也会产生损耗。

（5）接续点附近光纤物理变形。

3. 其他因素

接续人员操作水平、操作步骤、盘纤工艺水平、熔接机中电极清洁程度、熔接参数设置、工作环境清洁程度等均会影响到熔接损耗的值[17]。

三、降低光纤熔接损耗的措施[18]

（1）一条线路上尽量采用同一批次的优质名牌裸纤；

（2）光缆架设按要求进行；

（3）挑选经验丰富训练有素的光纤接续人员进行接续；

（4）接续光缆应在整洁的环境中进行；

（5）选用精度高的光纤端面切割器来制备光纤端面；

（6）正确使用熔接机。

第二节　光时域反射仪（OTDR）的使用方法

光时域反射仪（OTDR）功能非常多，具有许多应用。为满足实际的应用需要来选择一个具有合适技术指标的 OTDR 非常重要。在测试前，要考虑是单模或多模，短距离还是长距离。一般地，OTDR 的使用可以定义为两个步骤。

采样：OTDR 能够以数值或者图形的方式读取数据与显示结果，也就是曲线的生成。

测量：技术人员基于结果，分析数据，操作曲线，找到自己所要的测试结果。

一、采样

大部分现在推出的OTDR都配置了全自动模式。采用全自动模式，技术人员需要自己设置测试的波长、平均的时间以及光纤参数(例如，群折射率对光纤长度测量有影响)。更有经验的技术人员可以让OTDR执行部分配置功能，自己设置所需要的参数以便优化测试。也可以称为半自动。另外还有手动测试，那就是技术人员根据经验、测试要求及被测链路的情况自己输入各种测试参数。

二、入射电平

入射电平为OTDR入射到被测光纤内的功率电平。入射电平越高，后向散射电平也越高，曲线越清晰，测试距离越长，动态范围越高。如果入射电平低，OTDR迹线很快被噪声淹没，造成测试不准，甚至无法测量。造成入射电平低的主要原因有连接器端面出现灰尘，光纤尾纤被损坏或质量差，还有可能是法兰盘脏或者损坏。非常重要的原则是光系统内的所有物理连接点都无灰尘。

另外需要特别提醒的是，将不干净的连接器与OTDR连接器进行连接可能会划伤OTDR连接器，造成OTDR的损坏。

三、OTDR波长

光系统的性能与其传输波长有直接关系。在不同的波长上，光纤会显示不同的损耗特性。通常，应该使用与系统运行相同的波长来对光纤进行测试。常用的，850nm和1300nm波长用于多模系统，1310nm和1550nm波长用于单模光纤。在实际测试中，对于给定的动态范围，在同一条光纤上，采用1550nm波长比采用1310nm波长能够检测更长的距离。单模光纤在1550nm波长上比1310nm波长上具有更大的模场直径，在1625nm波长上比1550nm波长上具有更大的模场直径。更大的模场直径在熔接过程中对于横向偏移更加不敏感，但是，对于在安装过程中或者在布线过程中造成的弯曲(称为宏弯曲)所引起的损耗更加敏感。因此，在判断光纤上的事件是熔接还是有宏弯曲时，需要用多个波长分别测试，对生成的多个曲线进行比较，来作出判断。

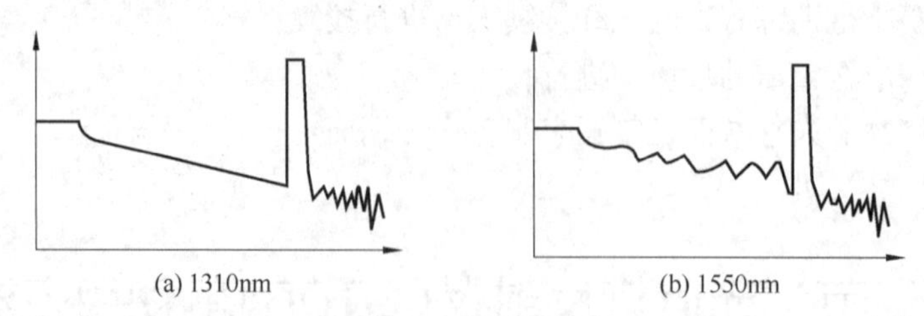

图4-2-1　两种波长测试波形对比

四、脉冲宽度

OTDR脉冲宽度的持续时间控制入射到光纤中的光的数量。脉冲宽度越大，入射的光能量越大，返回到OTDR的光越多，OTDR能测试的距离越远。长脉冲宽度用于检测长距离的光纤。但是，长脉冲宽度在测试相临近的事件时，生成的盲区也更大，所以要根据需要选择合适的脉冲宽度。

有些 OTDR 允许用户自己选择脉冲宽度的单位，是用时间表示还是用长度表示，这是一个习惯问题，知道其中的换算就可以了。分别用短脉冲宽度和长脉冲宽度测试同一个光纤链路。

1. 测量范围

OTDR 的测试范围也称为量程，是 OTDR 能够获得数据采样的最大距离。OTDR 依据设置的测试范围分配采样时间间隔，也就是说，范围越大，取样间隔越大。范围通常设置为被测光纤长度的 2 倍。

2. 平均时间

OTDR 光探测器能够测试到超低光功率电平。平均是一个过程，通过不断发射光脉冲，每个读取点被重复采样，结果被平均，这样便提高了信噪比。图 4-2-2 中显示了对同一光纤链路，取不同的平均时间测试所得的轨迹。

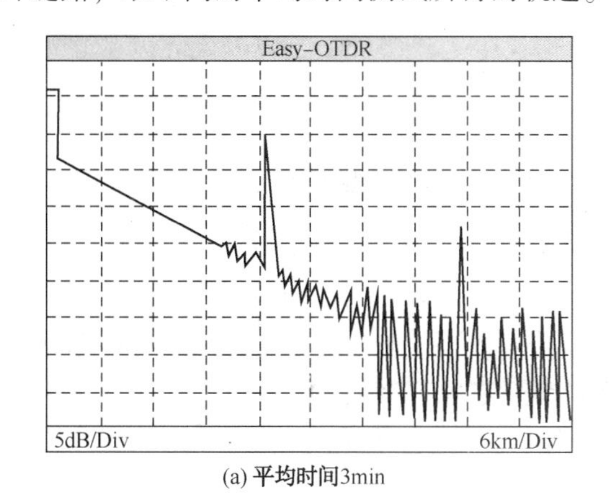

(a) 平均时间3min

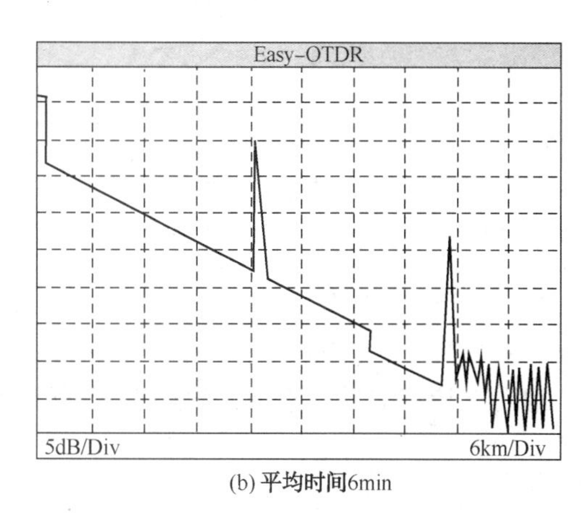

(b) 平均时间6min

图 4-2-2　不同的平均时间测试所得的轨迹

平均时间也就是 OTDR 的自动停止时间，根据具体情况设置，也能保护 OTDR 的光器件，延长其使用寿命。

3. 光纤参数

这里介绍两个与光纤有关的参数，可以影响 OTDR 的结果。

1）群折射率（*IOR*）

在公式 $L=c/2n\times t$ 中，L 表示的距离，c 表示真空中的光速，t 表示发射脉冲与接收脉冲之间的时间延迟，n 表示群折射率，可见群直射率与距离测量结果息息相关。

$n=c/v$，其中，c 为真空中的光速，v 是在媒质也就是光纤中的光速。一般的光纤，其群折射率为 1.46~1.49。

在实际测试中，应该使用光纤实际的群折射率来设置 OTDR 进行测试，才能得到更精确的数据结果。

通常，对于同一盘光纤，不同的波长所对应的群折射率是不一样的，所以要根据波长一一设置。

2）后向散射系数

它为 OTDR 提供被测光纤的相对后向散射电平。后向散射系数在出厂前已进行了设置，通常，技术人员不改变这个参数。改变它将会影响所测的反射值以及光回损。测试的时候，都是假设在整个光纤链路上的后向散射系数是一致的，如果两段不同类型的光纤相熔接，后向散射系数的变化可能会引起测试的异常。例如，熔接点的伪增益，这个测试将在后面一节讨论。

对于同一盘光纤，后向散射系数既是波长的函数，也随着脉冲宽度的不同而变化。

4. 认识事件

光纤上的事件是指除光纤材料自身正常散射以外的任何导致损耗或反射的事物，包括各类连接及弯曲、裂纹或断裂等损伤，如图 4-2-3 所示。

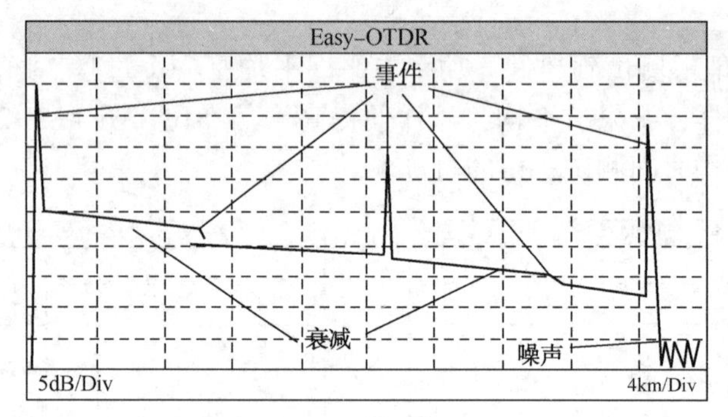

图 4-2-3 各类事件的波形

1）光纤结束或断裂

多数情况下，在光纤结束处轨迹下降到噪声电平前会有强反射；如果光纤是中断或断裂，也可能形成非反射事件，轨迹直接下降到噪声电平，如图 4-2-4 所示。

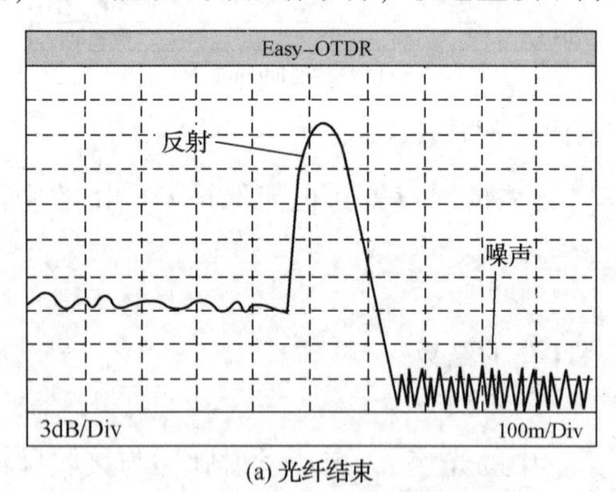

(a) 光纤结束

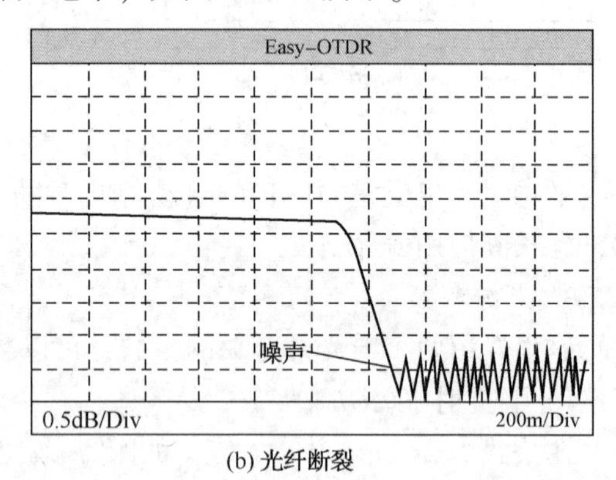

(b) 光纤断裂

图 4-2-4 光纤结束或断裂波形

2）连接器或机械接头

光纤链路内的连接器或机械接头会同时导致反射和损耗。

3）熔接接头

熔接接头是非反射事件，只能检测到损耗。现在的熔接技术非常好，损耗很小的几乎看不出。特殊情况下熔接不良的接续点可能会看到一些反射，但这是特例，如图 4-2-5 所示。

还有一种情况，接头处显示为增益，功率电平似乎增加。这是由于接头前后的光纤后向散射系数不同造成的。这就是“伪增益”。如果在一个方向上测量看到“增益”，则要从光纤的另一端进行测量，将会看到在此点的损耗。实际损耗值取两者的平均值。

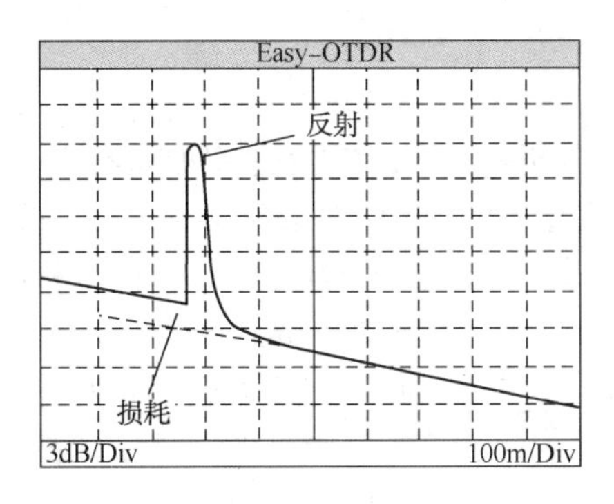

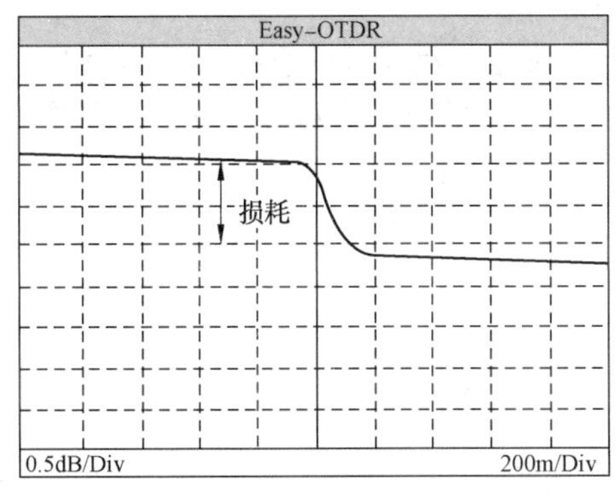

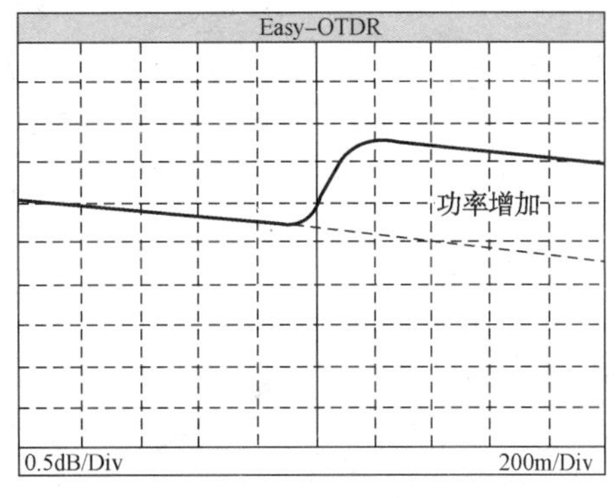

图 4-2-5　熔接接头波形

4）弯曲和宏弯

光纤的弯曲会导致损耗，这是由于较小的曲率半径破坏了光传输的全反射条件(临界角)，有一部分光折射出去，如图 4-2-6(a)所示。这是一个非反射事件。表现在 OTDR 上如图 4-2-6(b)所示。

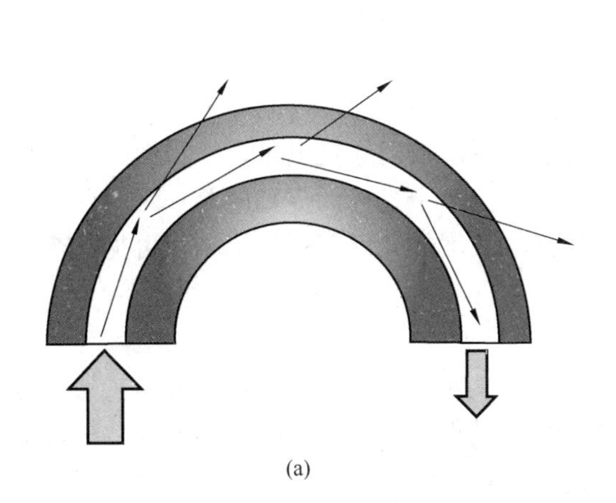

(a)

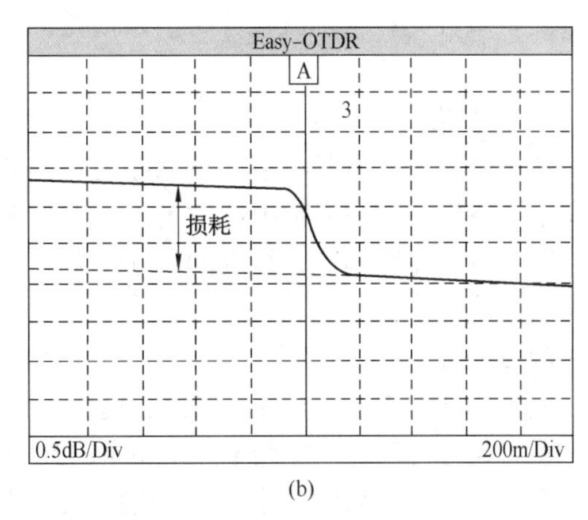

(b)

图 4-2-6　光纤弯曲波形

如何区别弯曲与接头，前一节已经解释，可以进行多波长测量，对于较高的波长，弯曲会显示较高的损耗。

5. 正确选择两点法或最小平方近似法(也叫作最小二乘法，英文简写 LSA)

1）两点法(2PA)

两点法就是在两个标记数据点 X1 和 X2 之间简单地画一条线，不考虑 X1 和 X2 之间其他点的分布。

2）LSA 法

如果用 LSA 法，那就要分析标记 X1 和 X2 之间的所有数据点，用数学分析的方法拟合出一条与这些点最接近的直线，如图 4-2-7 所示。

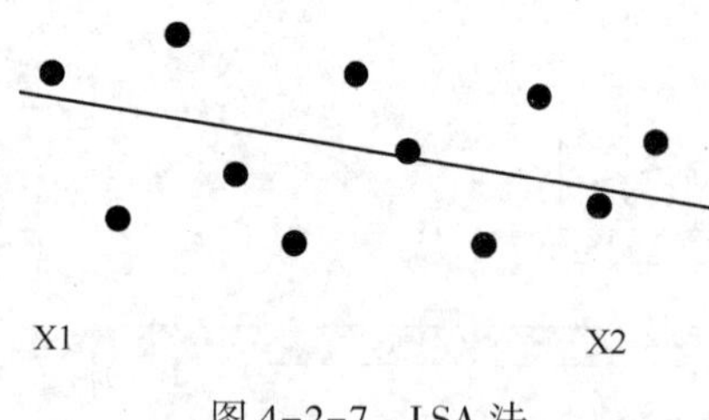

图 4-2-7　LSA 法

当使用 LSA 法分析时，应避免标识间包含事件，否则会导致严重的误差。如图 4-2-8(a)所示，测量此段光纤端到端损耗，用两点法得到正确的测量结果；如图 4-2-8(b)所示，用 LSA 法得到错误的分析结果。

此外，在确定一盘光纤的衰减(dB/km)时，建议采用 LSA 法，可以得到更准确的数值。特别是，当测试光纤上附加许多噪声，用两点法，噪声峰值会降低测量的准确性。

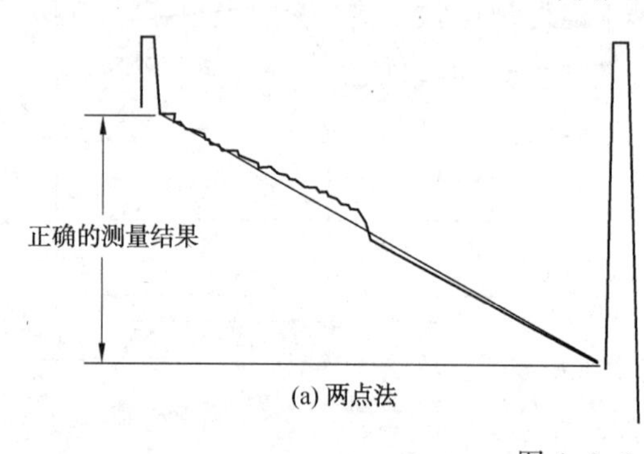

图 4-2-8　结果对比

6. 事件损耗的测量

测量事件损耗，也就是分析插入损耗，采用手动测量，通常有两种方式：2 点法与 5 点法。下面分别介绍。

1）2 点法

所谓 2 点法，就是将第一个光标定位于事件之前的后向散射线性电平上，将第二个光标定位于事件之后的后向散射线性电平上，则事件损耗是这两个光标的纵轴的差。因为两个光标之间是有一定距离的，得到的这个结果包含了这部分长度的光纤损耗的影响，可见这个方法是有缺陷的。

2）5 点法

5 点法的优点：一方面，减少了整个光纤光路上事件前与事件后的噪声的影响；另一方面，也将光标之间的非零距离引起的光纤附加损耗减到最小。如图 4-2-9(c)所示，事件前的 2 个光标和事件后的 2 个光标分别放在事件前后的后向散射线性电平上，中间不能有事件，为了减少噪声的影响，采用 LSA 法测量斜率。一些错误的操作情况如图 4-2-9(d)所示。

7. 反射的测量

一个事件的反射表示在光纤范围内的一个离散点上即为反射功率与入射功率的比率，用 dB 表示。如，UPC 型光纤活动连接器的反射典型值是-55dB，APC 型的为-65dB。-55dB 的反射比-65dB 的反射大，表现在 OTDR 迹线上，一个更大的反射将会有更高的峰值。如图

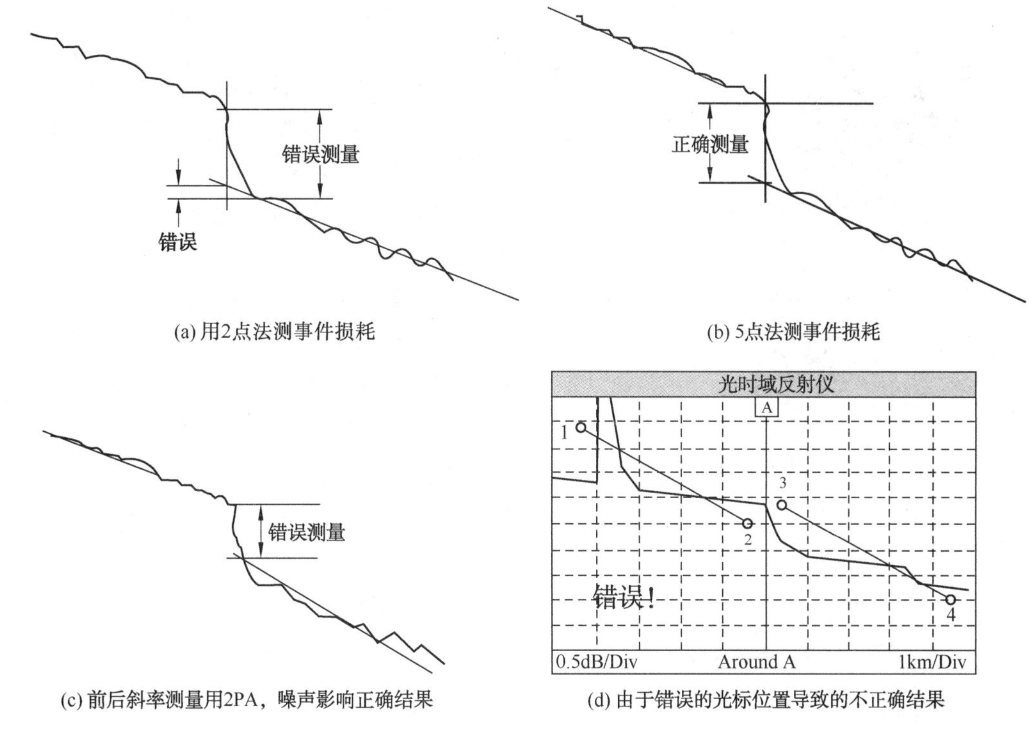

(a) 用2点法测事件损耗　(b) 5点法测事件损耗

(c) 前后斜率测量用2PA，噪声影响正确结果　(d) 由于错误的光标位置导致的不正确结果

图 4-2-9　事件损耗测量

4-2-10 所示。测量反射时，按照所用 OTDR 的要求放置好光标，再按下测量反射的按钮，仪表就可以执行这一测试。

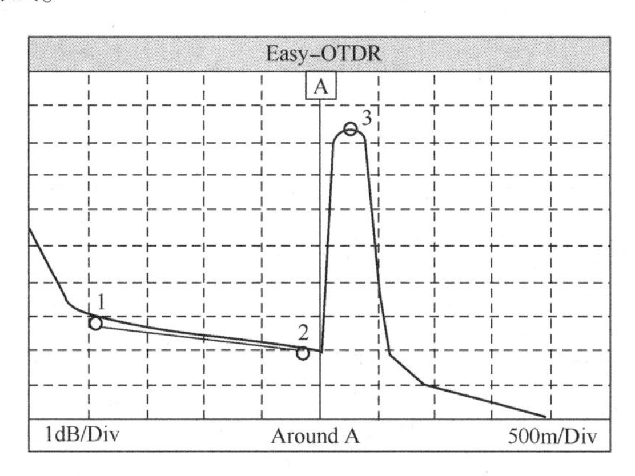

图 4-2-10　反射的测量

第三节　光源和光功率计的使用方法

一、光源的使用方法

光源面板如图 4-3-1 所示。

（1）光输出口：可用光纤连接器与之相连，将激光输出引入光纤。

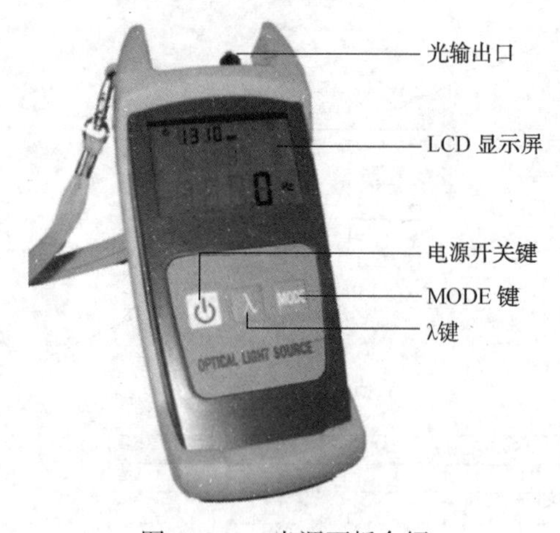

图 4-3-1　光源面板介绍

（2）显示屏：显示输出的光波长值以及频率调制状态。

（3）电源开关键：打开或关闭光源；

（4）λ 键：按下该键，可以选择不同的输出波长值，该值将在 LCD 上显示。

（5）“MODE”键：切换光源的调制频率。

使用方法如下：

（1）将光纤连接器接入光输出端口。

（2）按下电源开关键打开光源，显示屏亮。

（3）通过按动 λ 键来调整光源的波长。

（4）通过按动 MODE 键来调整光源的调制频率。

（5）手持式激光光源的各种工作状态都将在仪表的液晶上显示出来。

（6）关机：长按电源开关键(约 3s)，显示屏不显示，关机。

二、光功率计的使用方法

1. 面板介绍

光功率计面板如图 4-3-2 所示。

2. 按键说明

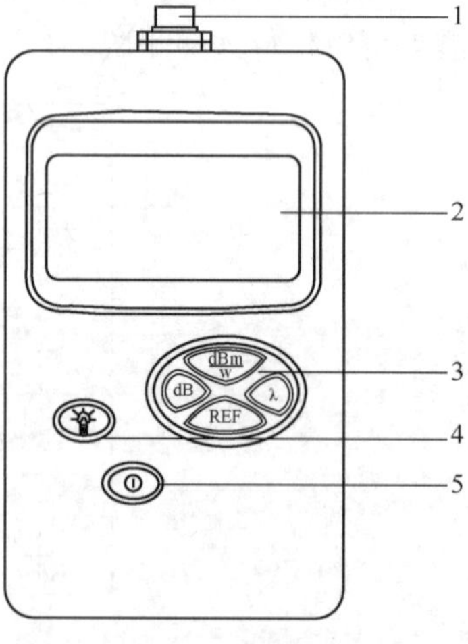

（1）λ——测量波长切换键。按下此键，测量波长在 780nm，850nm，980nm，1280nm，1300nm，1310nm，1490nm，1550nm 和 1680nm 之间切换。

（2）dBm/W——显示单位切换键。在绝对测量模式下按此键，测量显示单位在 dBm 和 mW 之间切换；在相对测量模式下按此键将回到绝对测量模式。

（3）REF——参考功率存储键。在 dBm 测量模式下按此键，测量值将作为参考功率被存储，按任何键返回波长模式。

（4）dB——相对/绝对测量模式切换键。在 dBm 测量模式下按此键一下，进入相对测量模式，测量将显示 dB 值。绝对测量模式：显示值为被测系统绝对测量值，以 dBm 为单位。相对测量模式：显示值为被测系统绝对测量值减去 REF 的差值，以 dB 为单位。

图 4-3-2　光功率计面板介绍

1—光探测器；2—液晶；3—功能键；4—背光；5—电源开关

（5）——背光开关键。按下打开，松手即关掉。

（6）——电源开关键。

3. 绝对光功率测量

（1）设置测量波长。

（2）如果当前显示测量单位为 dB，按 dBm/W 键，使显示单位变为 dBm。

（3）接入被测光纤，屏幕显示为当前测量值。

（4）按 dBm/W 键，可使显示单位在 dBm 和 mW 间切换。

4. 相对光功率测量

（1）设置测量波长。

（2）设置参考功率 REF 值。在绝对光功率测量模式下，按 REF 键一次，即可将当前测量的光功率值存储，作为当前参考功率 REF 值。

（3）设置测量显示单位为 dBm，按 dB 键，显示单位变为 dB。

（4）接入被测光，屏幕显示为当前测量的相对光功率值。

5. 测量损耗

（1）把光源输出光功率值作为参考 REF 值。

（2）在光源和光功率计之间接入待测光纤或无源器件。

（3）用相对测量方式测量，显示值为损耗值。

第四节　光衰减器的使用方法

一、应用光衰减器测量光功率计线性度

（1）如图 4-4-1 所示，连接仪表，预热并设置仪表的波长一致。开启光源。

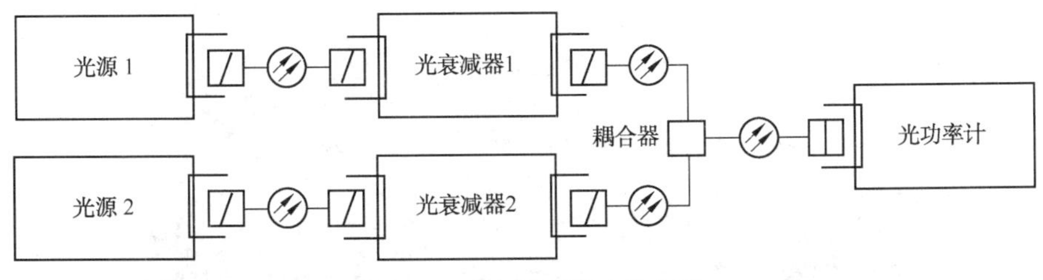

图 4-4-1　光衰减器连接方法

（2）开启光衰减器 1 的光路，关闭光衰减器 2 的光路，记录光功率计的读数 P_a。

（3）开启光衰减器 2 的光路，关闭光衰减器 1 的光路，记录光功率计的读数 P_b。

（4）同时开启光衰减器 1 和光衰减器 2，记录光功率计的读数 P_c。

（5）增加或降低光衰减器 1 和光衰减器 2 的衰减值，重复以上步骤。

理想情况下 $P_c=P_a+P_b$，如果有偏差就是由于光功率计的响应非线性造成的。这种方法实际是一种自校准方法，可以很好地判定光功率计的非线性度。

二、应用光衰减器测量光源对反射的灵敏度

如图 4-4-2 所示，连接仪表，预热并将光波长调整一致。选用 APC 连接器以减小反射，光衰减器设置为最大。逐渐减小光衰减器衰减值，当光功率计 2 显示值不稳定时，通过光功率计 1 的读数，可以推算出在多大的反射下，光源会受到影响。

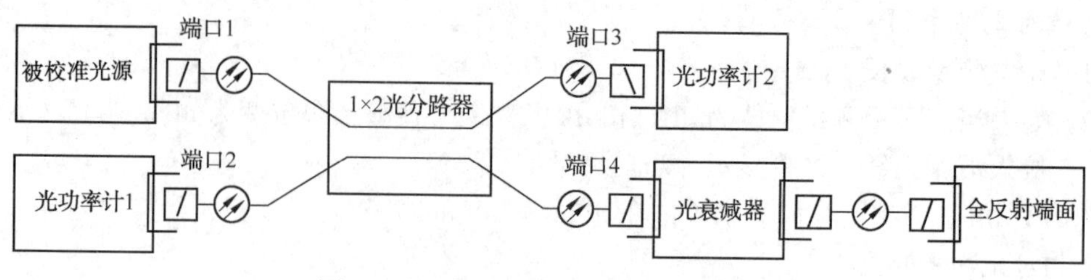

图 4-4-2　测试光源反射灵敏度的方法

第五节　频谱分析仪的使用方法

本节以 R3131A 频谱分析仪为例。

一、面板说明

频谱分析仪面板如图 4-5-1 所示。

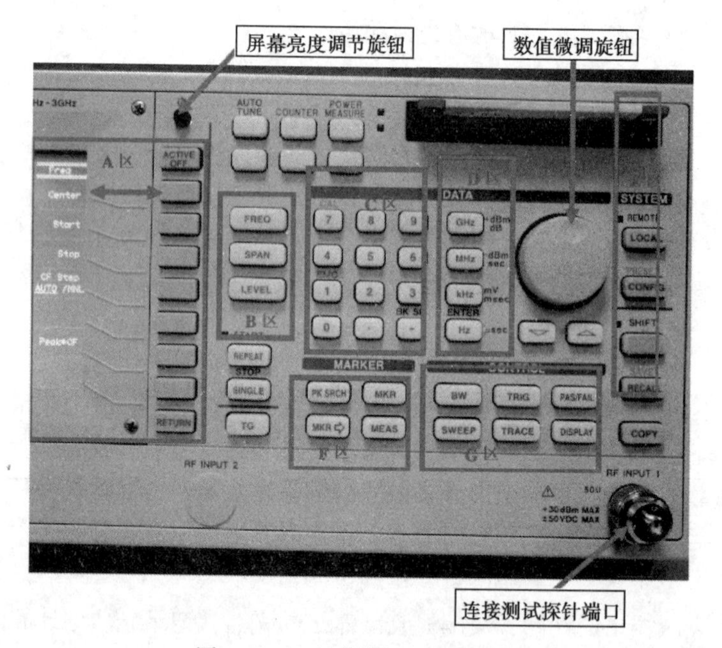

图 4-5-1　频谱分析仪面板说明

（1）A 区：此区按键是其他区功能按键对应的详细功能选择按键，例如按下 B 区的 FREQ 键后，会在屏幕的右边弹出一列功能菜单，要选择其中的“START”功能就可通过按下其对应位置的键来实现。

（2）B 区：此区按键是主要设置参数的功能按键区，包括：FREQ-中心频率、SPAN-扫描频率宽度、LEVEL-参考电平。此区中按键只需直接按下对应键输入数值及单位即可。

（3）C 区：此区是数字数值及标点符号选择输入区，其中“1”键的另一个功能是“CAL（校准）”，此功能要先按下“SHIFT（蓝色键）”后再按下“1”键进行相应选择才起作用；“-”是退格删除键，可删除错误输入。

（4）D 区：参数单位选择区，包括幅度、电平、频率、时间的单位，其中“Hz”键还有

“ENTER(确认)”的作用。

(5) E区：系统功能按键控制区，较常使用的有“SHIFT”第二功能选择键，“SHIFT+CONFIG(PRESET)”选择系统复位功能，“RECALL”调用存储的设置信息键，“SHIFT+RECALL(SAVE)”选择将设置信息保存功能。

(6) F区：信号波形峰值检测功能选择区。

(7) G区：其他参数功能选择控制区，常用的有“BW”信号带宽选择及“SWEEP”扫描时间选择，“SWEEP”是指显示屏幕从左边到右边扫描一次的时间。

二、操作方法

(1) 接上电源，按下仪表控制面板左上角的电源开关 POWER ON 键。

(2) 等待仪表进行内部检测(约 5s)，等频谱仪自检完后，旋动右方手调旋扭，直到右上方液晶面板显示的频率大致与所需测试的频率相同。

(3) 扫描频率带宽的设置：按 SPAN 键，输入扫描的频率带宽数值，然后键入单位(MHz 或 kHz 等)。

(4) 参考电平的设置：按 LEVEL 键，输入功率参考电平 REF 的数值，然后键入单位(+dBm或-dBm)。

(5) 按 SWEEP 键，再按 SWP Time AUTO 输入扫描时间，键入单位(s 或 ms)。

(6) 按 RECALL 键，选择需要调用信息的位置，按 ENTER 键，将需要的设置信息调出来。

(7) 频率的读取：按下 PK SRCH 键，通过 MARK 键可读取峰值数值。

第二部分　通信技术管理及相关知识

第五章　通信系统的日常管理

第一节　通信系统设备日常巡护管理

一、站场通信工程师日常巡护流程

（1）对站场的通信设备进行日常巡检，每周对站场所管辖阀室通信设备进行一次巡检。

（2）监督通信系统巡检工作质量，签字确认《站场、阀室巡检记录》。

（3）处理和报告巡护过程中发现的通信系统故障，并填写相关记录。

二、维修队通信工程师日常巡护流程

（1）根据中国石油管道公司《通信专业管理程序》所规定巡检内容及巡检频次（每月2次），对所辖站场及阀室进行巡检。

（2）完成通信系统相关测试工作。

（3）处理通信系统故障，并填写相关记录。

三、通信设备巡护管理要求

（1）牢固树立全程全网观念，实行统一组织，集中领导，分级维护管理，确保电路的畅通。

（2）熟练掌握通信系统及其附属设备的原理及操作，需能够正确、熟练使用各种仪器、仪表。

（3）熟练掌握各种通信设备的工作特性、技术指标、业务术语和测试方法，认真执行业务规定。

（4）巡护过程中应遵守安全规定，保证人身、设备安全：

① 认真仔细操作，不应人为中断电路；

② 调整光纤和电缆时，调整前应作标记，防止线序混乱，造成误接；

③ 不宜带电插拔设备部件，确认可以时方可操作。

（5）保证在用通信设备完好，性能符合标准。

（6）保证在用通信电路的通信质量符合标准。

四、通信设备日巡工作内容

可按照如下内容进行站场、阀室的日巡护工作(可根据站场、阀室实际情况进行增项或减项)：

(1) 检查机房电源，查看电源监控系统有无异常报警或测试电源输出电压是否正常。

(2) 检查机房内温度和湿度是否在正常范围值之内。

(3) 检查通信机柜顶端指示灯状态是否正常。

(4) 检查通信机柜风扇指示灯，观察风扇转动情况是否正常。

(5) 检查光通信、卫星通信、语音通信、DDN 等设备运行状态指示灯是否正常。

(6) 检查光通信、卫星通信、语音通信、DDN 等设备表面温度是否在正常值范围之内。

(7) 检查光通信、卫星通信、语音通信、DDN 等设备线缆标识是否缺失。

(8) 检查光通信、卫星通信、语音通信、DDN 等设备及 ODF 和 DDF 架线缆接头是否松动。

(9) 清洁光通信设备防尘网。

(10) 通信机柜、各种通信设备及 ODF 和 DDF 架表面除尘、除雪。

以下巡检项适合有卫星端站的站场：

(11) 检查卫星天线所有连接部位的紧固件是否松动，特别是经受过大风等冲击振动，如果发现有松动处应及时拧紧螺栓，有损坏或脱落时应及时用相同规格的紧固件更换。

(12) 检查卫星天线螺栓和结合处是否生锈，如有生锈情况，应及时除锈并做防锈处理。

(13) 检查卫星天线方位角、俯仰角撑杆转动部位是否需要润滑，如有需要，可适量添加润滑剂。

(14) 检查卫星天线支撑轴是否偏移，如有偏移，需重新对星。

(15) 检查馈源喇叭密封薄膜是否损坏，如有损坏应及时更换，以防喇叭进水。

(16) 检查卫星天线表面涂覆是否有损伤，如有破损应对破损处及时补涂白色醇酸磁漆。

(17) 检查卫星天线的防雷天线是否稳固，接地线接地是否良好，如有问题应进行紧固。

(18) 检查 ODU 与发射电缆及接收电缆接口处的防水措施是否完好，是否松动或脱落。

(19) 检查发射电缆及接收电缆接头是否松动或脱落。

(20) 检查 IDU 是否安全接地。

(21) 检查设备供电系统是否正常。

(22) 检查接收/发射电缆是否断裂、扭曲、打结，电缆弯曲半径应符合相关要求。

五、通信设备工作特性及技术指标

1. 通信机房温度、湿度指标

通信机房工作温度和湿度见表 5-1-1。

表 5-1-1　通信机房工作温度和湿度

工作温度(℃)	保证性能(站场)	5~40
	保证性能(阀室和无人清管站)	0~45
工作湿度(%)	保证性能(站场)	10~90(≤35℃)
	保证性能(阀室和无人清管站)	10~90(≤35℃)

2. 通信设备指示灯状态分析

(1) 通信机柜顶端指示灯状态：红色灯为紧急告警指示灯，黄色灯为主要告警指示灯，绿色灯为电源指示灯。红色灯亮表示设备当前正发生紧急告警，黄色灯亮表示设备当前正发生主要告警，绿色灯亮表示设备供电正常。

(2) 风扇指示灯状态：红色指示灯为风扇的告警指示灯，绿色指示灯为运行指示灯，指示灯状态的说明见表 5-1-2。

表 5-1-2　风扇指示灯说明

名称	颜色	状态描述	
		亮	灭
运行指示灯	绿色	风扇正常运行	风扇停止
告警指示灯	红色	风扇故障	风扇无故障

(3) 光端机单板运行指示灯状态。以华为和中兴光端机为例，其单板运行指示灯说明分别见表 5-1-3 和表 5-1-4。

表 5-1-3　华为单板运行指示灯说明

运行灯(绿色)	
单板未开工	每秒闪 5 次(快闪)
单板已经开工	每 2s 闪 1 次(慢闪)
单板脱机	每 4s 闪 1 次(与 ASCC 板通信中断)
告警灯(红色)	
单板无告警	常灭
单板有紧急告警	每隔 1s 闪烁 3 次
单板有主要告警	每隔 1s 闪烁 2 次
单板有次要告警	每隔 1s 闪烁 1 次

表 5-1-4　中兴单板运行指示灯说明

运行灯(绿色)	
绿色灯常亮	单板自检通过，但还未从主控板要到数据
闪烁	设备正常运行
灭	单板故障
告警灯(红色)	
单板无故障或正在复位、启动或下载版本	常灭
单板有紧急告警	每隔 1s 闪烁 5 次
单板有主要告警	每隔 1s 闪烁 5 次
单板有次要告警	每隔 1s 闪烁 1 次

(4) 卫星通信系统室内单元设备(IDU)指示灯状态。

iDirect IDU 指示灯包括 PWR(电源指示灯)、NET(入网状态指示灯)、STATUS(设备状态指示灯)、TX(信号发射指示灯)、RX(信号接收指示灯)，iDirect IDU 指示灯状态分析见表 5-1-5。

表 5-1-5　iDirect IDU 指示灯状态分析

LED 标签	LED 颜色	显示装置状态
PWR	关闭	卫星路由器断电，或者存在电源或设备故障
	绿色	卫星路由器加电
NET	常绿色	卫星路由器已经入网，上下行通信正常，此时 RX 和 TX 也常绿色。如果存在故障可能是接收或发射的信号质量差或者 BUC 工作状态不稳定（发生故障时，灯状态可能因为存在延时仍保持常绿色），判断故障的方式是端站和主站互 Ping，如果传输时延正常（600ms 左右），故障原因可能在端站侧，如果时延过高或不通，故障原因可能是网络拥挤
	持续黄色	设备刚启动时出现持续黄色灯（RX 也常黄色），此时设备正在等待接收主站信号，如果 RX 灯变绿色，正常情况是 NET 灯闪烁黄色，如果 NET 灯仍是常黄色，可能原因是设备存在软件故障
	闪烁黄色	卫星路由器正在尝试入网，此时 TX 闪烁绿色，RX 为常绿色。如果 NET 灯长时间闪烁黄色，可能原因是设备配置参数不正确（例如 TX 未供电）、端站经纬度设置不正确、硬件故障（卫星路由器、BUC、中频电缆故障或接触不良，应测试设备连接处电压值，最后的解决办法是让端站发送单载波）
	关闭	此时 TX 和 RX 灯为常绿色，如果此状态长时间不变，表面设备软件版本需要升级或主站原因导致端站不能入网
STATUS	关闭	设备工作正常
	闪烁绿色	设备正在启动，正在执行 DRAM 测试
	常绿色	① 表示设备正在加载程序。如果该状态持续 3min 以上，应重启，如果仍然为常绿色，需要返厂维修； ② 非启动时若 STATUS 灯亮，有可能设备有问题，需更换设备，或者是电源没有插好，多插拔几次即可，但应注意拔插的时间
	红色	表示软、硬件配置存在严重错误或者故障，DRAM 测试失败，需返厂维修
TX	绿色	卫星路由器发射状态正常，正常情况下此时 NET 和 RX 灯常绿色
	闪烁绿色	正常情况下，NET 同时闪烁黄色。如果长时间持续该状态，可能是发送端硬件存在故障（卫星路由器 IN 口、BUC、中频电缆故障或接触不良），可行的测试办法是用同型号正常设备逐级替换寻找故障点；或者是经纬度设置不正确、端站接收信号 SNR 偏低导致端站入网困难
RX	绿色	端站已经锁定下行载波并接收数据，但不能肯定所接收信号是否满足入网要求，如果 SNR 过低，信号强度不足，一旦遇到恶劣天气可能造成脱网
	闪烁绿色	解调器已经锁定下行载波，但 NCR 尚未锁定，端站还没有收到数据、线缆缆芯和屏蔽层发生接触或室内单元提供 10MHz 晶振信号不准。如果长时间持续该状态，应更换收发线缆，或者重新对星并检查是否为设备问题
	黄色	端站未接收到信号。可能的故障原因是对星不正确或接收侧故障（卫星路由器 RX 口、LNB、中频电缆故障或接触不良），可行的测试办法是用同型号正常设备逐级替换寻找故障点

注：（1）当 RX，TX 和 NET 灯均为常绿色，STATUS 灯关闭的时候，说明端站已入网可以正常工作；

（2）SNR 低的原因：天气状况恶劣；中频电缆接触不良；BUC、馈源、LNB 进水；馈源膜损坏；对星不准；主站原因。

linkstar IDU 指示灯包括 PWR(电源指示灯)、ALM(设备告警指示灯)、ODU(室外单元设备状态指示灯)、SAT(入网指示灯)，linkstar IDU 指示灯状态分析见表 5-1-6。

表 5-1-6　linkstar IDU 指示灯状态分析

LED 标签	LED 颜色	显示装置状态
PWR	关闭	IDU 断电，或者存在电源或设备故障
	绿色	IDU 正常加电
ALM	常黄色	① IDU 正在启动自检，此时 PWR，ODU 和 SAT 为常绿色，如果该状态持续不变，说明设备硬件存在故障，需返厂修理； ② 非启动时 ALM 灯亮，卫星路由器有问题
	关闭	设备正常运行，没有 IDU 自身硬件告警
ODU	关闭	正常情况下，IDU 尚未启动发送信号功能。如果此时 SAT 正处于慢闪烁绿色状态，说明设备正常；如果此时 SAT 快闪烁绿色或为常绿色，ODU 依旧关闭，可能原因是 ODU 灯故障或设备硬件故障。应检查设备灯工作状态，例如重启设备进行自检，如果 ODU 显示绿色，说明 ODU 灯正常，否则可以确定是设备硬件故障。如果 SAT 和 ALM 关闭，PWR 为绿色，说明接收侧存在故障，应检查 ODU 接收设备状态
	常绿色	IDU 允许发送上行信号，此时 SAT 应处于快闪(正在入网)或常绿色(已经入网)状态。此时，如果 SAT 长时间持续快闪，应检查 ODU 供电状态，发送端中频电缆、BUC 是否存在接触不良、故障或损坏
SAT	常绿色	如果此时 ODU 和 PWR 为常绿色，说明 IDU 已入网，发射状态正常
	黄色闪烁	可能的原因是：对星问题；线缆问题；LNB 问题
	慢闪烁绿色	正常情况下，此时 ODU 和 ALM 关闭，PWR 为常绿色，说明设备正在锁定下行载波。如果该状态长时间不变化，应打开对星软件或使用 telnet 命令查看 EsNo(信噪比)值，如果该值小于 12，应重新对星；若大于 12，应检查发送侧设备是否存在故障或损坏，测试办法是通知主站操纵端站发送单载波或在主站允许情况下端站主动发送单载波，如果问题依旧存在，应返厂维修
	快闪烁绿色	正常情况下，此时 ODU 和 PWR 为常绿色，ALM 关闭，说明已锁定下行载波，正在入网。如果 SAT 长时间持续快闪烁绿色，可能的原因是发送端硬件存在故障，应检查 ODU 供电状态，发送端中频电缆、BUC 是否存在接触不良、故障或损坏；或者是经纬度设置不正确，这时应通知主站修改端站经纬度
	关闭	如果此时 PWR 为常绿色，说明端站未配置或对星不正，解决办法是重新对星。如果对星正确后，仍无法排除故障，设备应返厂维修

注：ODU 故障与 ALM 灯无关。

(5) 语音交换系统指示灯状态。

塔迪兰语音交换设备主要包括综合接入设备、中继网关、网络交换机、服务器。各设备指示灯状态分析见表 5-1-7 至表 5-1-10。

表 5-1-7　塔迪兰综合接入设备状态指示灯分析

标识	功能	状态	说明
PWR	电源指示	绿色	电源开启
		熄灭	电源关闭

续表

标识	功能	状态	说明
STU	状态指示	熄灭	系统锁定，不工作
		绿色闪烁	正常运行
ALM	告警指示	熄灭	无告警
		红色闪烁	告警信息尚未予以确认
		红色持续	系统处于上电程序中，尚未进入正常运行状态
		红色	告警信息已确认

表 5-1-8　塔迪兰中继网关状态指示灯分析

标识	功能	状态	说明
PWR	电源指示	绿色	电源开启
		熄灭	电源关闭
STU	状态指示	熄灭	系统锁定，不工作
		绿色闪烁	正常运行
		红色持续	系统处于上电程序中，尚未做好运行准备
		红色闪烁	系统处于诊断模式，可进行有限度的运行
ALM	告警指示	绿色	无告警
		红色闪烁	告警信息尚未确认
		红色	告警信息已确认

表 5-1-9　塔迪兰网络交换机状态指示灯分析

面板标识	指示灯状态	指示灯含义
SYS/PWR	绿色灯常亮	交换机已经正常工作
	绿色灯闪烁	交换机正在上电自检
	红色灯常亮	系统上电自检失败、故障
	黄色灯闪烁	部分端口上电自检失败、功能失效
	灭	交换机断电

表 5-1-10　塔迪兰服务器状态指示灯分析

面板标识	指示灯状态	指示灯含义
通电指示灯	亮	当系统接通电源时，通电指示灯将亮起
硬盘驱动器活动指示灯	亮	使用硬盘驱动器时亮起
诊断指示灯	灭	用于指示系统启动时出现的错误代码
系统状态指示灯	亮	系统正常运行期间呈蓝色亮起

AVAYA 语音交换设备主要包括综合接入设备、单板、服务器。

① 综合接入设备：红色表示设备故障，当单板插入时，发光二极管也会亮，并会在此单板初始化后熄灭；绿色表示设备正在测试；黄色表示设备正在使用中。

② 单板：ALM 为告警指示灯；TST 为测试指示灯；ACT 为工作指示灯。

③ 服务器指示灯状态分析见表 5-1-11。

表 5-1-11　AVAYA 服务器指示灯状态分析

面板标识	指示灯状态	指示灯含义
电源按钮	亮	系统已通电并正常使用
	灭	系统未通电
电源状态	绿色	电源正常运行
电源故障	黄褐色	电源出现问题
交流线路状态	绿色	电源已连接到有效的交流电源
驱动器状态	灭	驱动器已准备就绪，可以插入或移除
	绿色恒亮	已装入驱动器
	绿色闪烁、黄褐色闪烁、熄灭	驱动器预报故障
	每秒以黄褐色闪烁 4s	驱动器发生故障
	每秒以绿色闪烁 2 次	识别驱动器/正在为移除做准备
	以绿色缓慢闪烁	驱动器正在重建
	以绿色闪烁 3s，以黄褐色闪烁 3s、熄灭 6s	终止重建
驱动器活动	绿色闪烁	驱动器有活动
网络活动(TX/RX)	灭	10BaseT 活动链路
	绿色	100BaseT 活动链路
	黄褐色	1000BaseT 活动链路
活动/备用状态指示灯	活动时亮起	主备用服务器使用情况

（6）通信电源指示灯状态分析见表 5-1-12。

表 5-1-12　通信电源指示灯状态分析

指示标识	正常状态	异常状态	异常原因
电源指示灯(绿色)	亮	灭	无交流输入或输入保险管损坏
		闪亮	后台监控对模块进行操作
保护指示灯(黄色)	灭	亮	交流输入电压或环境温度超过正常范围
		闪亮	模块通信中断
故障指示灯(红色)	灭	亮	模块内部有不可恢复的故障
		闪亮	模块风扇故障

3. 通信设备表面温度指标

通信设备表面温度正常值最高不应超过 40℃。

4. 通信设备联合接地地阻指标

通信设备联合接地地阻值应小于 1Ω。

5. 地线连接安全指标

（1）各连接处安全、可靠无腐蚀；

（2）地线无老化；

（3）地线排无腐蚀，防腐蚀处理得当。

6. 电源线连接安全指标

（1）各连接处安全、可靠无腐蚀；

（2）电源线无老化。

7. 电缆最小允许弯曲半径技术标准

电缆最小允许弯曲半径见表 5-1-13。

表 5-1-13　电缆最小允许弯曲半径[19]

<table>
<tr><th colspan="2" rowspan="2">电缆护套类型</th><th colspan="2">电力电缆</th><th rowspan="2">其他多芯电缆</th></tr>
<tr><th>单芯</th><th>多芯</th></tr>
<tr><td rowspan="3">金属护套</td><td>铅</td><td>25D</td><td>15D</td><td>15D</td></tr>
<tr><td>铝</td><td>30D</td><td>30D</td><td>30D</td></tr>
<tr><td>纹铝套和纹钢套</td><td>20D</td><td>20D</td><td>20D</td></tr>
<tr><td colspan="2">非金属护套</td><td>30D</td><td>15D</td><td>无铠装 10D
有铠装 15D</td></tr>
</table>

注：（1）D 为电缆外径。

（2）表中未说明者，包括铠装和无铠装电缆。

（3）电力电缆中包括浸纸绝缘电缆（不滴流电缆在内）和橡塑绝缘电缆，其他电缆指控制信号电缆。

第二节　通信系统年检管理

一、站场通信工程师通信系统年检工作流程

（1）参与年检方案的编制；

（2）配合年检工作的实施；

（3）参与通信系统故障处理；

（4）指导和参加通信系统年检工作的实施；

（5）参与年检报告的编制；

（6）配合和参加年检发现的问题处理。

二、维修队通信工程师通信系统年检工作流程

（1）参与年检方案及年检报告的编制；

（2）按照通信系统年检方案，进行年检作业，并填写测试记录；

（3）处理年检过程中发现的问题；

（4）组织编制年检方案及年检报告；

（5）审核年检测试记录；

（6）制定年检过程中发现问题的技术处理方案并组织实施；

（7）指导编制年检方案及年检报告；

（8）分析年检测试数据并提出技术建议。

三、通信系统年检管理要求

1. 通信系统年检内容

（1）光缆光纤线序检查。检查应根据现场实际情况核对光纤线序，并做标识和记录，测试时严格按照线缆顺序进行。

（2）光纤通道衰减检测。包括光缆所有在用及备用光纤的衰减测试。

（3）光纤线路反射衰减检测。包括光缆所有在用及备用光纤的反射衰减检测。

（4）直埋光缆线路对地绝缘检测。

（5）光通信设备告警功能检测。

（6）光通信设备公务电话功能检查。包括检查公务电话设置是否正确，是否能正常拨打、接听公务电话。

（7）卫星通信系统检测。包括 IDU 室内单元设备测试、ODU 室外单元设备测试；卫星天馈线系统测试。

（8）语音交换系统硬件检测。

（9）通信高频开关电源检查，包括 LED 屏、功能模块。

2. 通信系统年检测试要求

1）网络状态确认

系统测试前后必须与网管中心进行确认，确保网络正常运行。

2）OTDR 使用要求

使用 OTDR 测试光缆性能时，一定要确保被测光纤对端与光传输设备光接口板断开，避免光接口板激光器烧毁。

3. 光接口板的光接头和尾纤接头处理要求

（1）对于光接口板上未使用的光接口和尾纤上未使用的光接头应用光帽盖住，防止激光器发送的不可见激光照射到人眼；

（2）对于光接口板上正在使用的光接口，当需要拔下其上的尾纤时，应用光帽盖住光接口和与其连接的尾纤接头，避免沾染灰尘使光纤接口或者尾纤接头的损耗增加；

（3）不应直视光板的发光口；

（4）拔 MT-RJ 和 SC/PC 接头的光接口时，应使用专用工具（如拔纤器等），避免损坏尾纤；

（5）光连接器不应经常打开，以免损坏和污染。

4. 光接口板的光接头和尾纤接头的清洗要求

（1）清洁光纤接头和光接口板激光器的光接口，应使用专用的清洁工具和材料；

（2）对于小功率（小于等于 STM-4）的激光接口，在不能够取得专门的清洁工具、材料的情况下，可以用纯的无水酒精进行清洁；

（3）清洗光接口板的光接口时，要先将连接在板上的光纤拔下来，再将光接口板拔出进行操作。

5. 光接口板环回操作要求

用尾纤对光口进行硬件环回测试时应加衰耗器，以防接收光功率太强导致接收光模块损坏。

6. 更换光接口板操作要求

（1）在更换光接口板时，要注意在插拔光接口板前，应先拔掉线路板上的光纤，然后再拔线路板，不应带纤插拔光口板；

（2）不应随意调换光接口板，以免造成参数与实际使用不匹配。

7. 防静电要求

设备维护前应佩戴防静电手腕，并将防静电手腕的另一端良好接地。

8. 单板测试要求

（1）单板在不使用时要保存在防静电袋内；

（2）备用单板的存放必须注意环境中温度和湿度的影响。防静电保护袋中一般应放置干燥剂，用于吸收袋内空气的水分，保持袋内的干燥；

（3）当防静电封装的单板从一个温度较低、较干燥的地方拿到温度较高、较潮湿的地方时，至少需要等 30min 以后才能拆封；

（4）单板在运输中要避免强烈振动；

（5）设备操作中注意不应将设备母板上每个单板板位上的插针弄倒、弄歪，造成设备损坏；

（6）光通信设备告警声音切除测试后，严禁 MUTE 开关置于 OFF 状态。

9. 电源测试要求

（1）严禁带电安装、拆除电源设备；

（2）严禁带电安装、拆除设备电源线；

（3）在连接电缆之前，必须确认电缆、电缆标签与实际安装是否相符。

10. 光纤测试要求

（1）G.652 光纤测试波长均为 1550nm，其中 Metro 1000 所用的光纤测试波长为 1310nm。测试光源的输出光功率一般要求为 0dBm，100km 以上测试光源的输出光功率要求为 14dBm，40km 以内测试光源的输出光功率要求为-10dBm。测试中可采用可变光衰减器进行调节。

（2）光纤衰减综合指标要求为≤0.25dBm/km（含光接头、光终端盒损耗）。凡达不到上述指标要求的，应检查光纤接头衰减指标是否合格（该指标应≤0.08dBm），检查光终端盒法兰连接（法兰衰减指标应≤0.5dBm）及尾纤接头连接是否可靠。

（3）光纤通道衰减检测时，如果对端光源发射光功率过强，可用光衰减器分别连接光功率计与被测光纤。

（4）光纤线路反射衰减检测时，建议测试尾纤长度至少 1km。

（5）光通信设备告警功能检测时，更换单板宜选择在传输业务较少的时间进行。

11. 仪表使用要求

（1）仪表使用时应做良好接地，对干燥的地方进行测试时，应带防静电手镯，并将防静电手镯的另一端良好接地，避免对设备造成损坏。

（2）光功率计开机后不能立即使用，需要预热 5min 后才能正常使用。由于光源发射的不可见红外线对人眼有伤害，必须在使用过程中配备护眼罩。

(3) 凡是阀室内不能提供测试电源需自备发电机，此时光功率计和卫星测试用的频谱仪由于负荷功率较大，容易造成配电设备过载，因此建议不要同时使用。

12. VSAT卫星系统测试要求

(1) 端站IP地址获取方法。与卫星主站联系，告知VSAT名称、MAC地址和所在地经纬度，获取端站IP地址。

(2) linkstar系统IDU缺省IP地址计算方法。linkstar系统中，每个IDU都有唯一的MAC地址，见设备铭牌"Eth addr"项，如图5-2-1所示。通过MAC地址即可算得缺省IP地址，计算方法见表5-2-1。

表5-2-1 缺省IP地址的计算举例

地址	数值	说明
MAC地址	—.—.—.—.—.— 例：00. A0. 94. 03. 06. 40	见设备铭牌"Eth addr"项
缺省IP地址	10.？.？.？	IDU的缺省IP地址是以它的MAC地址为基础，MAC地址的最后三个十六进制数与缺省IP地址十进制数等效。 例：MAC=00. A0. 94. 03. 06. 40 翻译成缺省的IP=10. 3. 6. 64 03(十六进制)=3(十进制) 06(十六进制)=6(十进制) 40(十六进制)=64(十进制) 使用电脑内自带的计算软件即可求得
网络IP地址	—.—.—.— 例：10. 254. 1. 1	入网后由主站提供

注：缺省IP地址只在VSAT入网前和退网后有效。VSAT入网后，卫星主站会给该VSAT分配新的IP地址，同时缺省IP地址失效。

图5-2-1 VSAT卫星铭牌

(3) IDU参数配置时，端站IDU软件版本应与现网软件版本一致。

(4) VSAT对星时应注意：①测试中频电缆与频谱仪连接之前，必须要用万用表直流挡测试每一个端口，确认测试电缆端口没有直流电，方可与频谱仪连接，否则会损坏频谱仪；②如果仅通过信标无法确定正确的极化方向，联系卫星公司进行极化调整；③拧紧螺栓时要两边受力均衡，否则可能会在紧固的过程中使天线发生偏移。

13. 语音交换系统硬件检测

语音交换系统硬件检测时，接通率定义为中继线数量的30%×5次，用户线数量的10%×5次；话音质量定义：话音可懂度、清晰度、自然度。

第三节　通信系统设备维护检修管理

一、站场通信工程师通信系统设备维护检修工作流程

（1）根据通信系统日、月、年巡检结果，按照通信系统设备维护检修管理要求，向分公司通信主管提出必要的通信作业计划需求，由分公司通信主管决策是否向生产处进行通信作业计划申请工作。

（2）根据分公司通信主管提供的已批复通信作业计划申请单确认工作内容和时间，对维修队或通信代维单位进行明确要求，并监督工作质量，必要时辅助完成部分工作。维检修工作遇到困难或完成时，向分公司通信主管反馈。

（3）如需进行通信设备更新改造及大修理工作，应按照通信系统设备更新改造及大修理的管理要求进行相关工作。

（4）完成维检修工作事后的资料收集及归档。

（5）将维检修工作后的结果上报给分公司通信主管。

二、维修队通信工程师通信系统设备维护检修工作流程

（1）按照站场工程师对维检修工作要求，组织维修队对进行维检修作业；

（2）在维检修过程中需听取站场通信工程师有关通信系统设备维检修要求，维检修工作遇到困难或完成时，向站场通信工程师反馈；

（3）通信设备维护检修过程中，需对操作工进行必要的技术指导；

（4）通信设备维护检修过程中，需负责对现场人员及设备进行现场调拨管理；

（5）将维检修工作后的结果报告给站场通信工程师。

三、通信系统设备维护检修管理要求

通信设备更新改造及大修理的管理执行《站场设施更新改造大修理工程管理程序》。

1. 通信作业计划需求填报程序

（1）填写通信作业计划需求主题，主题应体现出本次作业的大概内容；

（2）填写通信作业计划需求内容，其中应包括作业开始及结束的具体时间、地点，申请作业的原因及作业的主要内容；

（3）填写站场联系人和联系方式。

2. 光通信系统维护检修管理要求

（1）保证设备正常运行，设备的性能及技术指标、机房环境条件符合标准；

（2）维护人员应迅速、准确地排除光通信设备故障，缩短故障历时；

（3）在保证光通信设备正常运行的前提下，降低运行维护成本、提高网络资源使用率；

（4）建立业务响应机制，制订并落实运行维护和服务保障制度，满足输油气生产的需要；

（5）熟练掌握光通信系统及光通信设备的原理及操作，正确使用各种仪器、仪表及专用工具；

（6）熟练掌握各种通信设备的工作特性、技术指标、业务术语和测试方法，认真执行业务规定。

注：OTN 及 SDH 光通信设备常用板卡的型号和技术参数见附录 B。

3. 光通信设备与其他设备维护管理界面要求

（1）光通信设备与其他设备维护管理界面，以光通信设备业务数据接口板及 DDF 架为界，光通信设备业务数据接口板及 DDF 架内侧为光通信设备维护；

（2）光通信设备与光缆线路之间的运行维护责任界面，以 ODF 架为界，内侧为光通信设备维护，外侧为光缆线路维护。

4. 卫星通信系统维护管理要求

（1）熟悉 VSAT 卫星通信系统主站、网管中心、端站设备及附属设备的原理及操作方法，正确、熟练使用各种仪器、仪表；

（2）卫星通信设备运行维护管理工作的基本任务包括以下内容：

① 保证在用设备和电路的性能符合标准；

② 保证卫星通信电路畅通和通信质量；

③ 迅速、准确地排除卫星通信故障。

5. 语音通信系统维护管理要求

（1）熟悉语音交换通信设备及附属设备的原理及操作，正确、熟练使用各种仪器、仪表；

（2）保证语音交换通信设备通信质量符合国家要求，各项通信服务功能正常，在用设备和机房布线的性能符合规定；

（3）熟悉设备和网络的数据配置和运行状况，对于可能影响或限制将来设备和网络稳定快速运行的地方，应制订升级或改进方案并上报；

（4）遇到语音交换设备故障时，应及时向本单位和上级业务主管部门汇报。

第四节　光缆线路维护管理

一、站场通信工程师光缆线路维护工作流程

（1）根据光缆维护管理要求，配合协助并指导维修队进行光缆技术性维护。光缆技术性维护包含光缆传输性能指标测试，光缆故障抢修，光缆接头盒、人手孔、光缆井组装和清洁等技术性维护工作。

（2）在光缆维护过程中若发现所辖光缆线路故障，应根据光缆抢修流程进行处理。

（3）汇总并上报所辖通信光缆线路隐患情况和光缆技术指标。

（4）根据光缆线路隐患情况，向分公司通信主管提出必要的通信作业计划需求，由分公司通信主管决策是否向生产处进行通信作业计划申请工作。

（5）根据分公司通信主管提供的已批复通信作业计划申请单确认工作内容和时间，对维修队或通信代维单位进行明确要求，并监督工作质量，必要时辅助完成部分工作。光缆线路作业计划工作遇到困难或完成时，应向分公司通信主管反馈。

（6）完成光缆线路隐患整改作业事后的资料收集及归档。站场所辖光缆线路技术资料档

案应按照如下要求进行管理：

① 光缆线路的技术档案和资料要完整、准确；

② 按规定的图例和符号绘制光缆路由图及路由变更图；

③ 及时修改和补充线路改迁、扩建等有关的技术资料。

(7) 将光缆线路隐患整改作业的结果上报给分公司通信主管。

二、维修队通信工程师光缆线路维护工作流程

(1) 根据光缆维护管理要求，组织进行通信光缆技术性维护。光缆技术性维护包含光缆传输性能指标测试，光缆故障抢修，光缆接头盒、人手孔、光缆井组装和清洁等技术性维护工作。

(2) 光缆维护过程中，操作工进行光缆线路各项指标的测试和其他技术性维护工作，包括光缆接地装置、接地电阻测试、直埋接头盒电极间绝缘电阻测试、光纤线路衰耗测试、光缆金属护套对地绝缘测试等。

(3) 在光缆维护过程中若发现所辖光缆线路故障，应根据光缆抢修流程进行处理。

(4) 将所辖通信光缆线路隐患情况和光缆技术指标汇报站场通信工程师。

(5) 根据站场通信工程师的要求，组织进行通信线路隐患整改作业计划。

(6) 通信线路隐患整改过程中，应指导操作工进行相关操作。

(7) 通信线路隐患整改过程中，需听取站场通信工程师有关光缆线路作业计划工作要求，光缆线路作业计划工作遇到困难或完成时，向站场通信工程师反馈。

三、光缆线路维护管理原则

(1) 贯彻“预防为主、防抢结合”的方针，坚持“预检预修”的原则，精心维护、科学管理，积极主动采取有效措施，消除隐患，保持线路设施完整；

(2) 光缆线路的维护工作分为维护方案编制、日常巡查、定期测试、防护措施、故障处理。

四、光缆线路的维护管理要求

(1) 通信维护管理人员要熟悉光缆通信系统的原理及操作并熟练使用各种通信仪器、仪表，持证上岗；

(2) 光缆维护工作要求：

① 保证在用光缆的性能指标符合公司体系文件规定；

② 保证光纤光缆的畅通和传输质量；

③ 迅速、准确地排除各种光缆故障；

④ 延长光缆使用寿命，节约维护费用。

五、光缆线路维护技术性要求

1. 光缆一般性维护要求

(1) 光缆线路(含埋地和架空光缆)定期巡检，特殊地段和汛期内要增加巡检次数；

(2) 发现光缆标识或光缆架线杆丢失、损坏应及时补充、修复，发现危害光缆线路安全

的情况应及时处理并上报；

（3）发现有与光缆交叉施工的情况，按照中国石油管道公司《管道线路第三方施工监督管理规定》执行。

2. 直埋光缆线路路面维护要求

（1）发现光缆埋深不符合中国石油管道公司《通信线路工程验收规范》的 2/3 时，应将光缆下落埋深并采取加固措施；

（2）光缆线路上新填永久性土方，其填土厚度不宜超过原光缆埋深标准 1m；

（3）光缆线路上应无严重坑洼、无挖掘冲刷、无光缆裸露、无腐蚀性物质及易燃易爆物品等，发现问题应及时处理；

（4）发现下列问题应增设标识，并绘入维护图：

① 处理后的故障点；

② 与后建的管线、建筑物的交越点；

③ 更换短段光缆处。

3. 管道同沟敷设光缆维护要求

（1）光缆技术维护应每月进行一次，特殊季节应增加频次；

（2）检查人孔内光缆托架、托板是否完好，光缆外护套、接头盒有无腐蚀、损伤或变形情况，发现问题应及时处理或上报；

（3）人孔内光缆走线合理、排列整齐，余留光缆安装牢固符合规范，光缆弯曲半径符合规范；

（4）及时抽出人孔积水及清除污垢，保证人孔内清洁无积水；

（5）管道或人孔若发生沉陷、破损及井盖丢失等情况应及时采取修复措施，保证管道内光缆完好，人孔内设备设施完好；

（6）在输油气管道混凝土连续覆盖区域、梯田区域和大坡度敷设区域，光缆抢修所新敷设的硅管和光缆宜敷设在输油气管道底部。

4. 架空光缆维护要求

（1）徒步巡检每月不得少于 1 次，暴风雨后或有外力影响可能造成线路故障时应立即加强巡护。有外部施工影响时要适时监督。

（2）及时整理、更换缺损的挂钩、标识牌，清除架空线路上和吊线上杂物；光缆标识牌齐全、清晰可见，接头盒挂靠安全，光缆余留和弯曲半径符合标准。

（3）检查光缆架线杆是否安全可靠，包括杆上拉线、横担、挂钩、地锚等。

（4）检查吊线与电力线、广播线等其他线路交越处的防护装置是否齐全、有效及符合规定。

（5）架空线路的接头盒和预留处的固定应牢靠。

（6）架空光缆应有可靠地防雷措施；与高压线路同行时，要将挂缆钢绞线接地以消除感应电。

（7）架空光缆应无明显下垂，光缆保护层、光缆接续箱无异常。当光缆垂度或外护层发生异常时，应及时查明原因，予以处理。

（8）核对架空光缆设备实物是否与资料相符。对于设备丢失应及时处理并报送主管部门。

5. 室内光缆维护要求

（1）及时更换缺损的光缆尾纤标识，光缆尾纤标识齐全清晰，光缆防护措施得当；

（2）保持光缆设施清洁，确保进线孔、地下室无渗水或漏水情况。

6. 水下光缆的维护要求

（1）穿越通航河道的光缆应设立水线标识；

（2）岸滩光缆易受洪水冲刷，应经常巡护；

（3）新开河渠与光缆交越时，交越处光缆采取下落措施，通航河道光缆埋深一般不小于1.5m，并在河道段对光缆进行人工加铠，不通航河道光缆埋深不应小于1.2m；

（4）水底光缆的埋深除了依据标准的有关规定外，还要结合河流的水深、通航及河床土质等情况确定；

（5）水底光缆的敷设应结合现场情况、施工方法、技术装备水平综合考虑进行估算，并选择合适长度的水底光缆，避免浪费；

（6）光缆通过河堤的方式和保护措施，应保证光缆和河堤的安全，并严格符合相关堤防管理部门的技术要求；

（7）水底光缆的终端固定方式，应根据不同情况采取合理的措施。

7. 光缆线路的防腐蚀管理要求

（1）及时清除堆放在光缆线路上的腐蚀性物质，光缆路由与化工厂排污池、坟墓等腐蚀源的隔距应符合规定；

（2）防止白蚁和老鼠损坏光缆；

（3）应每6个月至少测试检查一次光缆金属护套对地绝缘情况，发现光缆塑料护套受损应及时进行修理，埋设后的单盘直埋光缆的金属护套对地绝缘电阻维护指标应不低于2MΩ[20]。

8. 光缆线路的防雷管理要求

（1）直埋光缆接头处采取3种连接方式防雷：

① 光缆接头处及光缆终端处，金属护套与金属加强芯互相连通，并进行系统接地；

② 接头两端的金属护套及金属加强芯不连通，在光缆的A端或B端处将金属护套与金属加强芯电气连接后作接地处理；

③ 接头处两端光缆的金属护套与金属加强芯在电气上互相绝缘，终端处也对地绝缘。

（2）光缆出现雷击后应作详细记录，对已经发生过雷击的地段，应分别测试光缆线路上深度为2m和10m的土壤电阻率，且在该地段加装防雷线、消弧线等，防止重复发生雷击。

（3）凡在长途光缆线路附近设立电力杆、通信杆、铁塔或盖房都必须符合间距要求。

（4）长途光缆的防雷设施在每月巡线过程中应进行测试、保证性能良好。

9. 光缆线路的防强电要求

（1）有金属加强芯但无铜线的光缆线路防强电措施：

① 在光缆接头处，对两端光缆的金属加强芯、金属护套不做电气连通；

② 在接近交流电气铁路的地段实行光缆施工或检修作业时，应将光缆中的金属构件做临时接地，以保证人身安全；

③ 在接近发电厂、变电站的地段，不应将光缆的金属构件接地，避免将高电位引入光缆。

（2）有铜线的光缆线路的防强电措施：

① 光缆外套金属管道，且金属管道接地；

② 安装电磁感应抑制管；

③ 凡长途光缆线路与强电线路平行接近，交叉跨越或与地下电气设备平行、交叉时，须采取符合规定的防护措施和隔离，在与强电线路平行地段进行光缆检修时，应将光缆内的金属构件临时接地。

10. 光缆（硅芯管）埋深指标要求

光缆（硅芯管）埋深指标要求见表5-4-1。

表5-4-1　光缆（硅芯管）敷设深度[19]

敷设地段及土质		光缆（硅芯管）埋深（m）
普通土、硬土		≥1.2
沙砾土、半石质、风化石		≥1.0
全石质、流砂		≥0.8
市郊、村镇		≥1.2
市区人行道		≥1.0
公路边沟	石质（坚石、软石）	边沟设计深度以下0.4
	其他土质	边沟设计深度以下0.8
公路路肩		≥0.8
穿越铁路（距路基面）、公路（距路面基地）		≥1.2
购渠、水塘		≥1.2
河流		按水底光缆要求

11. 光缆平行净距离指标要求

同沟敷设的不同光缆，缆间的平行净距离不小于100mm[20]。

12. 光缆套管要求

穿越道路、沟渠、鱼塘等地的光缆宜采用套管保护，套管长度应伸出道路路基排水沟、沟渠、鱼塘两侧外1m。

13. 光缆（硅芯管）与已有地下管线和建筑物的间距指标要求

表5-4-2为光缆（硅芯管）与已有地下管线和建筑物之间的最小净距[19]。

表5-4-2　光缆（硅芯管）与已有地下管线和建筑物之间的最小净距

序号	其他地下管线或建筑物名称	平行净距（m）	交越净距（m）
1	通信管道边线（不包括人手孔）	0.75	0.25
2	非同沟的直埋通信光、电缆	0.5	0.25
3	埋式电力电缆（35kV以下）	0.5	0.5
4	埋式电力电缆（35kV及以上）	2	0.5
5	给水管（管径小于300mm）	0.5	0.5
6	给水管（管径300~500mm）	1	0.5
7	给水管（管径大于500mm）	1.5	0.5

续表

序号	其他地下管线或建筑物名称	平行净距(m)	交越净距(m)
8	高压油管、天然气管	10	0.5
9	热力管、下水管	1	0.5
10	燃气管(压力小于300kPa)	1	0.5
11	燃气管(压力300~1600kPa)	2	0.5
12	通信管道	0.75	0.25
13	其他通信线路	0.5	—
14	排水沟	0.8	0.5
15	房屋建筑红线或基础	1	—
16	树木(市内、村镇大树、果树、行道树)	0.75	—
17	树木(市外大树)	2	—
18	水井、坟墓	3	—
19	粪坑、积肥池、沼气池、氨水池等水池	3	—
20	架空杆路及拉线	1.5	—

14. 光缆穿放要求

光缆在各类管材中穿放时，光缆的外径宜不大于管孔内径的90%。光缆敷设安装后，管口应封堵严密。

15. 光缆敷设安装的最小曲率半径技术指标

光缆同沟敷设允许的最小曲率半径见表5-4-3。

表5-4-3　光缆同沟敷设允许的最小曲率半径[20]

光缆外护层形式	无外护层或04型	53型、54型、33型、34型	333型、43型	备注
静态弯曲	10*D*	12.5*D*	15*D*	*D*为光缆外径
动态弯曲	20*D*	25*D*	30*D*	

16. 光缆敷设安装的重叠和预留长度技术指标

光缆增长和预留长度参考值见表5-4-4。

表5-4-4　光缆增长和预留长度参考值[20]

项目	敷设方式			
	直埋	管道	架空	水底
接头每侧预留长度(m)	5~10	5~10	5~10	
人手孔内自然弯曲增长(m)		0.5~1		
光缆沟或管道内弯曲增长(‰)	7	10		按实际
架空光缆自然弯曲增长(‰)			7~10	
地下局站内每侧预留(m)	5~10(可按实际需要适当调整)			
地面局站内每侧预留(m)	10~20(可按实际需要适当调整)			
因水利、道路、桥梁等建设规划导致的预留	按实际需要确定			

17. 光缆线路的测试指标要求

（1）光缆线路衰耗的测试值应在工程设计的允许范围之内。

（2）单模光纤(1550nm)中继段每公里最大平均衰减应不大于0.23dBm，单模光纤(1310nm)中继段每公里最大平均衰减应不大于0.38dBm。单盘光缆测试时，其每根光纤的每公里衰减应不大于0.22dBm。

（3）使用的光缆及接续器件应具有邮电部门的入网许可证。

（4）光缆及接续器件应具有1310nm和1550nm两个窗口。

（5）光纤接头损耗测试平均值不大于0.08dB/头。

（6）对纤号后应及时粘贴标签或者核对线色，ODF架必须标明光缆名称、通达地点及束管号、纤号排列图标，以便于技术人员查找纤号，避免造成施工故障。

（7）光缆线路测试技术指标见表5-4-5。

表5-4-5　光缆线路的测试指标和测试周期

序号	项目		技术指标	维护周期
1	直埋光缆防护接地装置地线电阻	$\rho\leqslant 100\Omega\cdot m$	≤5Ω	半年(雷雨季节前、后各一次)
		$100\Omega\cdot m<\rho\leqslant 500\Omega\cdot m$	≤10Ω	
		$\rho>500\Omega\cdot m$	≤20Ω	
	直埋光缆金属护套对地绝缘电阻		≥2MΩ/单盘	
2	直埋光缆接头盒电极间绝缘电阻		≥5MΩ	半年(按需求适当缩短周期)，在监测标石上测试
3	直埋光缆对地绝缘电阻	金属护套	≥2000MΩ·km/单盘(2MΩ/单盘)	
		接头盒	≥20000MΩ	
4	光纤线路衰耗指标		≤0.38dB/km(1310nm)； ≤0.23dB/km（1550nm）	按需(备用系统一年一次)
5	光纤接头衰减指标		≤0.08dB	
6	光终端盒法兰衰减指标		≤0.5dB	

注：ρ为2m深的土壤电阻率，单位为$\Omega\cdot m$。

18. 光缆线路及标识要求

（1）光缆线路巡护人员应准确掌握光缆线路情况，熟悉、掌握光缆线路埋设位置和埋设深度。

（2）光缆线路标识设置间距应符合中国石油管道公司《油气管道地面标识设置规范》的要求，达不到要求时应采取措施进行整改或补充。

（3）光缆线路的标识应准确完整、编号正确、字迹清楚：

① 标识尽量埋在不易变迁的位置上。直线标识埋在直埋线路的正上方，面向传输方向，当线路沿公路敷设且其间距较近时，可面向公路；接头处的标识埋在直线线路上，面向接头；转角处的标识埋在线路转角的交点上，面向内角；余留标识埋设在余留处的直线线路上；地下故障物标识面向始端。

② 标识的编号以一个中继段为独立编号单位。编号顺序自A端至B端，或遵照设计文件、竣工资料的规定。

③ 监测金属护套对地绝缘电阻和直埋接头盒监测电极间绝缘电阻的接头处应采用监测

标石。

19. 标石制作技术指标

（1）标石可采用钢筋混凝土或复合材料制作；在土质松软、植物茂密的特殊地段宜采用加长标石。

（2）标石编号应沿油（气）流的输送方向编排，一般以两个输油（气）站（光通信站）之间的路由为一个中继段进行独立编号。标石编号及符号应一致，可参考图 5-4-1 的要求。

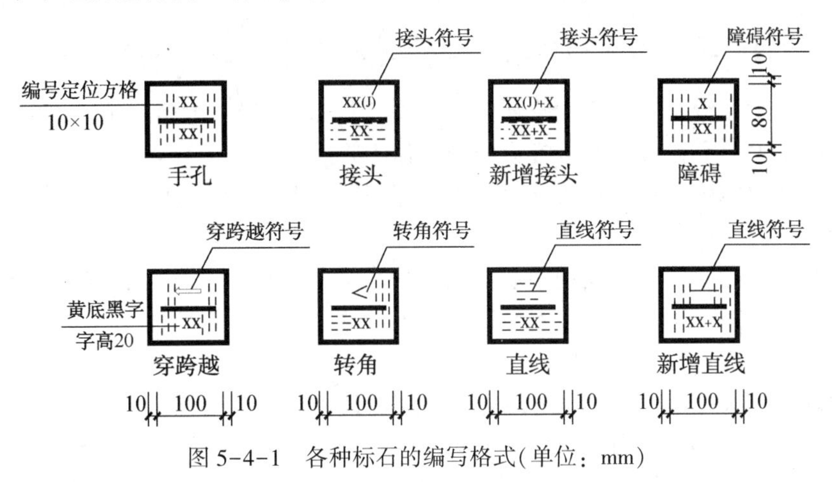

图 5-4-1　各种标石的编写格式（单位：mm）

（3）标石编号中的分母表示一个中继段总标石的编号，分子表示同类别标石的序号；每新增接头，标石编号的分子和分母同时+1；每新增一个直线标石，标石编号的分母+1，分子不变[19]。

20. 标石设置技术要求[19]

（1）管道和光缆同沟敷设时，管道标志桩和通信标石宜合并设置。

（2）在光缆上方每 100m 处设置一个通信标石。高后果区内应按 50m 间距设置。山区、丘陵、冲沟等特殊地段，应根据通视性的要求，加密设置通信标石。人烟稀少的沙漠、戈壁等地区，可适当增加通信标石的间距，但不应大于 250m。

（3）在光缆（硅芯管）的光缆接头、拐弯点、接续点、预留处、穿跨越点、手孔处应埋设标石。

（4）同沟敷设直埋光缆的接头处应设置监测标石，此时接头处可不设置普通标石。

（5）标石的埋设深度不应小于 0.6m，标石的周围土壤应夯实。

（6）标石宜埋设在光缆（硅芯管）的正上方。接头处的标石应埋设在光缆（硅芯管）线路的路由上，转弯处的标石应埋设在线路转弯的交点上。标石应埋设在不易变迁、不影响交通与耕作的位置。如埋设位置不易选择，可在附近增设辅助标记，以三角定标方式标定光缆（硅芯管）位置。

21. 标志带埋设技术要求[19]

（1）光缆（硅芯管）宜与输油（气）管道共用标志带，共用标志带时，应保证标志带能够覆盖光缆（硅芯管）线路上方的区域，标志带上应含有光缆（硅芯管）信息内容；

（2）标志带应埋设在光缆（硅芯管）上方 0.3m 处的同一管沟内；

（3）标志带可采用聚乙烯材料，其颜色可采用橘红色等醒目色，厚度为 0.15~0.20mm，有文字面应覆膜；

(4) 标志带应采用黑色字体印制，文字内容应包含工程名称、下有光缆、注意保护等警示语，或类似内容的警示信息。

第五节　通信系统故障处理

一、站场通信工程师通信系统故障处理流程

(1) 通过通信系统巡护或者网管通知，发现并记录所管辖站场、阀室通信系统的故障，初步判断故障的性质和位置，并上报分公司通信主管。

(2) 当确认故障为光缆线路故障时，应迅速判明故障位置，及时通知维修队或通信代维单位进行处理。

(3) 非光缆故障时，应对发现的通信系统故障进行分析，判断是否能够现场进行处理。光通信系统常见故障分析与处理、卫星通信系统常见故障分析与处理、语音交换系统常见故障分析与处理详见附录 C。

(4) 对现场能够处理的通信系统故障，根据通信系统故障处理要求，指导维修队操作工进行处理。

(5) 对现场不能处理的通信系统故障，应编制通信作业计划并上报分公司通信主管，由分公司通信主管决策是否向生产处进行通信作业计划申请工作。

(6) 根据分公司通信主管提供的已批复通信作业计划申请单确认工作内容和时间，对维修队或通信代维单位进行明确要求，并监督工作质量，必要时辅助完成部分工作。维检修工作遇到困难或完成时，向分公司通信主管反馈。

(7) 通信故障处理结束后，应详细记录故障现象、性质、位置、时间、影响范围、处理过程、结果、处理人等信息。

(8) 通信故障处理完毕，应向分公司通信主管反馈结果，并应认真分析故障原因总结经验教训。

二、维修队通信工程师通信系统故障处理流程

(1) 通过通信系统巡护，发现并记录所管辖站场、阀室通信系统的故障，同时汇报给站场通信工程师，由站场通信工程师上报分公司通信主管。

(2) 当确认故障为光缆线路故障时，应迅速判明故障位置，及时组织维修队进行处理。

(3) 非光缆故障时，应对发现的通信系统故障进行分析，判断是否能够现场进行处理。光通信系统常见故障分析与处理、卫星通信系统常见故障分析与处理、语音交换系统常见故障分析与处理详见附录 C。

(4) 对现场能够处理的通信系统故障，根据通信系统故障处理要求，组织维修队进行处理。

(5) 故障处理过程中，需对维修队操作工进行必要的指导以完成故障处理工作。

(6) 对现场不能处理的通信系统故障，应汇报站场通信工程师，由站场通信工程师负责向上级主管单位进行汇报。

（7）根据站场通信工程师的反馈，组织进行关于此故障的通信作业。

（8）通信作业过程中，应指导维修队操作工进行相关操作。

（9）通信作业完成时，应向站场通信工程师反馈作业结果。

三、通信系统故障处理要求

1. 光缆故障处理要求

（1）发现故障后，应及时上报网管和上级业务主管部门。收到故障通知后，迅速做好抢修的各项准备，并在3h内赶到故障现场，故障处理完毕后上报网管确认电路运行情况，并将故障处理情况报网管及上级业务主管部门。

（2）当光缆接续现场情况复杂时，故障处理应首先采取措施，优先抢通在用光纤，恢复通信业务；然后再根据故障实际情况，提出修复方案，经主管部门批准后，进行光缆线路修复工作。

（3）光缆故障处理必须在相关业务部门的密切配合下进行。

（4）故障处理中介入或更换的光缆，其长度不得小于200m，尽可能采用同一厂家、同一型号的光缆。故障处理后和迁改后光缆的弯曲半径应不小于15倍缆径。

（5）处理故障过程中，要做到单点接续损耗不得大于0.02dB。

（6）处理故障完成后，在光缆回填的位置埋设光缆标志桩。

（7）故障排除后，需对修复后的光缆进行严格的测试，测试合格后通知网管中心对线路的传输质量进行确认。

（8）故障排除后，站场通信工程师应及时组织相关人员对故障的原因进行分析，完善《故障记录》，整理技术资料，总结经验教训，提出改进措施。

（9）光缆线路发生中断故障后，应按照《通信专业管理程序》中规定在8h内抢通。

（10）为尽快排除故障，业务联络工具应随时保持畅通、良好。维护工具应处于可使用状态。

（11）光缆线路故障的实际次数及历时均应记录，作为分析和改进维护工作的依据。

2. 语音交换设备故障处理要求

（1）维护人员发现故障或接到故障报告后，应立即详细记录故障现场和发生时间，然后前往故障现场或者登录系统网管和监控系统，检查核实故障，并分析判断故障原因。

（2）及时将核实和分析判断的结果上报，并制订故障解决方案。

（3）解决方案经批准后，应严格按照各项规范要求进行实施操作，并将结果上报。

（4）如果无法准确判断故障原因，应立即联系厂方技术人员请求支持，经过讨论协商后确定故障解决方案。

（5）如果判断故障是由于光传输或网络故障产生，应立即联系网管中心，并配合他们尽快解决故障。

（6）如果发现语音交换设备与公网电信的中继线路出现故障，应立即联系公网电信维护人员，双方协同检查故障原因。

（7）对于可能危害语音交换设备硬件安全的严重故障，应按流程迅速关闭语音交换设备并切断电源。当确认故障排除后，再恢复电源重启语音交换设备。

3. 卫星通信设备故障处理要求

(1) 故障处理应经网管中心同意，根据故障情况提出处理方案；

(2) 对于一般性的卫星通信故障，应在故障发现 24h 内处理完毕；

(3) 设备故障处理过程中，出现设备更换和送修后，应由通信工程师或部门主管填写在设备台账中。

4. 光通信设备故障处理要求

(1) 故障定位的一般原则是“先光缆、后设备；先单站、后单板；先高级、后低级”，即临时抢通传输系统，然后再尽快恢复；

(2) 当光通信传输设备发生故障时，应设法将业务倒换到备用系统；

(3) 站队工程师发现通信设备出现故障时，应及时联系设备厂家，并从最近的备品备件库提取备件，用以更换故障设备。

第六章　通信专业应急与安全管理

第一节　光缆抢修管理

一、站场通信工程师光缆抢修流程

（1）通知维修队或通信代维单位进行光缆抢修前准备工作；

（2）通知巡线工在故障中继段进行巡查；

（3）配合网管及巡线工完成故障点的确认工作；

（4）配合维修队通信工程师判断故障抢修难易程度，上报分公司通信主管；

（5）根据光缆线路抢修管理要求，指导维修队操作工完成光缆抢修作业；

（6）确认故障原因并上报分公司通信主管；

（7）故障处理完毕后上报网管确认电路运行情况，并将故障处理情况报上级业务主管部门。

二、维修队通信工程师光缆抢修流程

（1）根据站场通信工程师的要求，准备光缆故障抢修物资，进行抢修前准备工作。

（2）在故障点最近站场或 RTU 阀室进行光缆中继段测试。

（3）配合站场工程师完成故障点的确认工作。

（4）判断故障抢修难易程度。

（5）当光缆抢修现场情况复杂时，应首先采取措施，优先抢通在用光纤，恢复通信业务；然后，再根据故障实际情况，提出修复方案，经主管部门批准后，进行光缆线路修复工作。

（6）根据光缆线路抢修管理要求，组织操作工完成光缆抢修作业。

（7）光缆抢修过程中，需指导操作工完成光缆抢修作业。

（8）故障处理完毕后汇报站场通信工程师。

三、光缆线路抢修管理要求

1. 光缆线路抢修的一般性原则

（1）执行先干线后支线，先主用后备用和先抢通后修复的原则；

（2）抢修光缆线路故障必须在网管部门的密切配合下进行；

（3）抢修光缆线路故障应先抢修恢复通信，然后尽快修复；

（4）光缆故障修复或更换宜采用同厂家同型号的光缆，减少光缆接头数量；

（5）处理故障过程中，单点接续损耗不得大于 0.02dB；

（6）处理故障完成后，在光缆回填的位置埋设光缆标标识；

（7）光缆故障抢修时，替换光缆长度不能少于 200m。

2. 光缆线路故障点的计算及判断的主要因素

（1）判断光缆线路故障点的计算：

$$L=\frac{(L_1-\sum L_2)/(1+P)-\sum L_3-\sum L_4-\sum L_5}{1+a}$$

式中 L——测试点到故障点的地面长度，m；

L_1——OTDR 测出的测试点到故障点的光纤长度，m；

L_2——每个接头盒内盘留的光纤长度，m；

P——光纤在光缆中的绞缩率；

L_3——每个接头处光缆的盘留长度；

L_4——测试点与故障点间各种盘留长度；

L_5——测试点至故障点之间光缆敷设增加的长度；

a——光缆的自然弯曲度。

（2）影响光缆线路故障点准确判断的主要因素：

① OTDR 测试仪表存在的固有偏差；

② 测试仪表操作不当产生的误差；

③ 设定仪表的折射率偏差产生的误差；

④ 量程范围选择不当的误差；

⑤ 游标位置放置不当造成的误差；

⑥ 光缆线路竣工资料的不准确造成的误差。

3. 光缆线路不同故障的修复方法

（1）接头盒进水的修理：打开接头盒后，观察分析进水原因，有针对性地进行处理；移开接头盒外壳，倒出积水，做清洁处理，吹干或晾干盒内部件，然后做相应的密封处理，对损坏部位进行合理修复后，再装配接头盒；密封处理时，自粘胶带和密封胶条的用量要适当。

（2）接头盒内个别光纤断纤的修复：松开接头点附近的余留光缆，将接头盒外部及余留光缆做清洁处理。端站建立 OTDR 远端监测。将接头盒两侧光缆在操作台做临时绑扎固定，打开接头盒，寻找光纤故障点。在 OTDR 的检测下，利用接头盒内的余纤重新制作端面和融接，并用热缩保护管予以增强保护后重新盘纤；用 OTDR 做中继段全程衰耗测试，测试合格后装好接头盒并固定。整理现场。修复完毕。

（3）光缆故障在接头坑内，但不在盒内的修复：故障在接头处，但不在盒内时，要充分利用接头点余留的光缆，取掉原接头，重新做接续即可；当余留的光缆长度不够用时，按非接头部位的情况修复处理。

（4）光缆非接头部位的修复：

① 如果故障点只是个别点，可用线路的余缆修复。

② 当光缆受损为一段范围，或者 OTDR 检出故障为一个高衰耗区时，需要更换光缆处理。更换光缆的长度除考虑足以排除故障段外，还应考虑如下因素：

a. 考虑到不影响单模光纤在单一模式稳态条件下工作，以保证通信质量，介入或更换光缆的最小长度应大于100m；

b. 考虑到光缆修复施工中须用OTDR监测，或者日常维护中便于分辨邻近两个接头的障碍，介入或更换光缆的最小长度应大于OTDR的两点分辨率，一般宜大于200m；

c. 介入或更换光缆的长度接近接头盒时，如现场情况允许，可以将接头盒盘留光缆延伸至断点处，以便减少一处接头盒。

（5）当光纤连接器在场站成端处断纤，可用熔接机重新进行接头。

4. 硅芯管光缆的抢修要求

（1）光缆线路故障抢修时，应先准备好备用光缆、通信硅芯管等抢修物资，然后进行正式光缆接续；

（2）光缆故障抢修时，应同时更换已损坏的通信硅芯管，硅芯管应引入人孔内；

（3）硅芯管道光缆抢修接头时，应设置两个人孔，人孔尺寸按管道公司通信硅芯管工程的人孔尺寸设计，两个人孔间距离可根据现场实际情况适当调整；

（4）人孔内盘留光缆长度一般不得少于8m；

（5）故障光缆在人孔内完成接续后，应封闭好光缆接头盒、硅芯管，盖好预制的钢筋混凝土盖板，在盖板上放置电子标识；

（6）人孔内硅芯管应采用防水胶泥封堵；

（7）人孔埋设深度：人孔顶部距自然地面一般不小于60cm；

（8）埋设地面标石：光缆故障点处应埋设地面标石，标石应位置准确、埋设正直、齐全完整、编写正确、字迹清晰。

5. 直埋光缆的抢修要求

（1）光缆线路故障抢修时，应先准备好备用光缆等抢修物资，然后进行正式光缆接续；

（2）光缆在接头坑内盘留长度一般不小于8m；

（3）光缆接头盒埋设深度：光缆接头盒顶部距离自然地面深度一般不小于100cm；

（4）光缆接头盒正上方应埋设电子标识，电子标识埋设深度一般为60~80cm；

（5）埋设地面标石：光缆故障点处应埋设地面标石，标石应位置准确、埋设正直、齐全完整、编写正确、字迹清晰。

6. 光缆接续要求

（1）光缆接续前，应检查在用光缆光纤和所更换的光缆光纤传输特性是否良好，绝缘地阻是否满足要求，若不合格应找出原因并做必要的处理。

（2）光缆接续的方法和工序标准，应符合施工规程和接续护套的工艺要求。

（3）光缆接续时，应创造良好的工作环境，以防止灰尘影响；当环境温度低于零度时，应采取升温措施，以确保光纤的柔软性和熔接设备的正常工作。

（4）接头处光缆的余留和接头盒内光纤的余留应留足，光缆余留一般不少于2m，接头盒内最终余长一般不少于60cm。

（5）光缆接续注意连续作业，对于当日无条件结束连接的光缆接头，应采取措施，防止受潮和确保安全。

（6）抢修故障过程中，要做到单点接续损耗不得大于0. 02dBm。

7. 光缆接续流程

（1）光缆接续准备(包括技术、器具和光缆的准备)；

（2）接续位置的确定；
（3）光缆护套开剥处理；
（4）加强芯、金属护层等接续处理；
（5）光纤的接续；
（6）光纤断面的处理；
（7）光纤的对准及熔接；
（8）接头的增强和保护；
（9）光纤接续损耗的监测、评价；
（10）光纤余留长度的收容处理；
（11）光缆接头盒的密封处理(封装)(包括封装前各项性能的监察)；
（12）光缆接头盒的安装固定；
（13）各种监测线的引上和安装(直埋光缆)；
（14）管道光缆的人孔制作，直埋光缆接头坑的挖掘及埋设；
（15）光缆接头处电子标识和标识桩的埋设和安装。

第二节　通信系统维护安全管理

一、站场通信工程师关于通信系统维护安全管理流程

（1）根据通信设备维护安全管理要求及设备防静电和高压防护要求，对所辖站场和阀室通信设备进行日常维护管理；

（2）根据光缆维护安全管理要求，对所辖光缆线路进行日常维护管理。

二、维修队通信工程师关于通信系统维护安全管理流程

（1）根据通信设备维护安全管理要求及设备防静电和高压防护要求，对所辖站场和阀室通信设备进行日常维护管理；

（2）根据光缆维护安全管理要求，对所辖光缆线路进行日常维护管理。

三、通信设备维护安全管理要求

（1）维护人员应具有一定得专业技术知识，经过系统培训后方可操作通信设备。无关人员禁止操作通信设备。

（2）维护人员应熟悉安全操作规程，凡对人身及系统危险性较大、操作复杂工作时，应制订安全保护措施。

（3）在维护、装载、测试、故障处理等工作中，应采取预防或隔离措施，防止通信中断和人为事故的发生。

（4）新增或关闭卫星远端站以及各站增减电路，需经上级部门批准后方可实施。

（5）在对软件进行修改操作前应对软件进行备份，软件修改后系统运行正常，应对软件重新备份，并做好详细记录。

（6）新软件、新功能、新设备的上线测试应在网上无业务时进行。确属需要，应经通信

主管批准。

（7）语音交换系统数据和配置的修改、增加、删除需经批准后，并选择合适的时机方可实施；操作时需确认方案合适无误后，方可操作；未经批准，维护人员不得随意登录系统、改变系统参数和相关配置。

（8）语音交换系统操作前，应做好数据备份工作，在操作中必须对所有操作命令和系统提示信息进行跟踪记录。当操作中出现异常情况时，应立即停止操作，恢复到操作前的数据，并上报，操作结束后，需检查结果是否正确，确认无误后，立即对数据存盘，并退出系统。

（9）语音交换系统数据和配置有变动后，应密切持续观察一段时间，并做好相应的测试。如有异常情况，应立即上报详细情况。情况严重的，立即将数据和配置恢复到变动之前。

（10）未经许可，严禁将外来 U 盘、软盘、光盘放入系统设备中使用。确属需要，应在部门主管批准和确保无病毒的情况下进行使用，并严密监视系统及设备运行状态。

（11）增强保密观念，严格执行集团公司保密制度。各种图纸、资料、文件等，应严格管理，认真履行登记手续。系统资料未经允许不应进行外借、复制和摘抄。

四、光缆线路维护安全管理要求

（1）业务管理单位应加强安全生产教育和检查，建立和健全光缆线路运行维护及操作的规章制度。

（2）光缆的储运、挖沟、布放及杆上作业等应遵守安全操作规定。

（3）光缆维护作业应防范各种伤亡事故(如电击、中毒、倒杆或坠落致伤等)的发生。

（4）在市区、水面、涵洞等特殊区域作业时，应遵守相关安全操作规定，确保作业和人身的安全。

（5）严禁在架空光缆线路附近和桥洞、涵洞内长途线路附近堆放易燃、易爆物品，发现后应及时处理。

（6）在人孔中进行作业之前，应先查实有无有害气体。当发现时，应采取合适的措施方可下人孔。事后应向有关部门报告并督促其杜绝危害气源。

（7）维护人员在使用明火和自然、可燃或易燃物品时，应予以高度重视，谨防火灾的发生。一旦发生火情，应立即向消防部门报警，迅速组织人员，采取行之有效的灭火措施，减少火灾引起的损失。

五、通信设备防静电和高压防护要求

（1）机房内静电防护设施应符合国家有关规定；

（2）操作者应进行静电防护培训后才能操作；

（3）在机架上插拔电路板或连接电缆时，应佩带防静电手镯，如果没有防静电手镯，在接触设备和卡板前，应先触摸下金属导体；

（4）操作中使用的工具应防静电；

（5）通信设备的静电缆、终端操作台地线应分别接到总地线母体的汇流排上；

（6）外来中继线必须经过安装高压防护设备后，方可接入通信设备；

（7）通信设备供电路由应严禁其他高功率设备接入。

第七章　通信基础管理

第一节　通信系统台账管理

一、维修队通信工程师通信系统台账管理流程

(1) 建立并维护光通信设备台账；
(2) 建立并维护光缆线路台账(包括在用和备用光纤使用情况、技术指标、隐患)；
(3) 建立并维护光通信设备的端口业务台账；
(4) 建立并维护卫星通信设备台账；
(5) 建立并维护语音交换设备台账；
(6) 建立并维护工业电视设备台账。

二、通信系统台账管理要求

(1) 设备标签要与各种通信设备台账相符；
(2) 各类台账应按规定放置整齐、稳妥，确保正确完整；
(3) 台账应认真填写，做到齐全、准确、清楚；
(4) 设备更改后应及时更新相关台账。

第二节　通信技术资料管理

一、站场通信工程师通信技术资料管理流程

(1) 收集通信竣工资料、设计图纸；
(2) 收集通信系统技术说明书、操作手册；
(3) 建立通信系统技术档案、资料和原始记录；

二、维修队通信工程师通信技术资料管理流程

(1) 收集通信竣工资料、设计图纸；
(2) 收集通信系统技术说明书、操作手册；
(3) 建立通信系统技术档案、资料和原始记录。

三、通信技术资料管理要求

(1) 各输油气站场应建立必要的通信专业技术档案、资料和原始记录，指定专人妥善保

管，专柜集中存放，并定期整理，保持技术资料完整、准确。

（2）技术档案资料不得任意抽取涂改。

（3）设备更改后相关资料要作相应的更改，实现资料与实物相符。

（4）设备调拨时，图纸、说明书及相关资料应随机移交，不得截留和抽取。

（5）各种报表和原始记录应认真填写，做到齐全、准确、清楚。

（6）按规定的图例和符号绘制光缆路由图及路由变更图。

（7）及时修改、补充线路改迁、扩建等有关的技术资料。

（8）原始记录包括如下内容：

① 值班日志；

② 障碍处理记录；

③ 检修测试记录；

④ 设备档案(设备和主要测试仪器)；

⑤ 各种配线记录；

⑥ 仪表及工具使用记录；

⑦ 其他相关记录。

（9）通信技术资料包括如下内容：

① 设备及仪器仪表、工器具维护说明书、维护手册、原理图；

② 人机命令手册；

③ 光通信系统图、中继方式图；

④ 故障处理流程图；

⑤ 电路和通路组织图、光纤线序表、公务电话号码、DDF 架和设备的标签等；

⑥ 机房配线系统图；

⑦ 机房平面图；

⑧ 工程竣工验收资料和验收记录；

⑨ 光缆出厂技术文件；

⑩ 光缆走向图；

⑪ 光缆及光纤组成示意图；

⑫ 人手孔位置记录；

⑬ 光纤在用情况示意图；

⑭ 维护规程；

⑮ 责任制度；

⑯ 操作方法；

⑰ 其他技术资料和技术文件。

（10）通信维护资料包括如下内容：

① 站场、阀室巡检记录；

② 通信故障处理上报表；

③ 通信系统年检方案；

④ 通信系统年检报告；

⑤ 通信设备台账；

⑥ 硬件更换记录表；
⑦ 配线资料、电路资料；
⑧ 其他相关维护资料。

第三节　外租线路与设备管理

一、站场通信工程师通信技术资料管理流程

（1）做好外租线路、设备台账登记；
（2）检查外租线路的运行状态；
（3）外租线路出现问题后，应及时通知运行商进行故障处理；
（4）配合运营商完成故障处理工作；
（5）故障排除后，做好故障处理记录。

二、外租线路、设备管理要求

（1）所租用公网电路必须是具有国家资质且符合管道公司网络要求的运营商提供的电路；
（2）做好与地方相关通信部门的业务协调和联系工作，保证所租用公网电路的畅通；
（3）对租用公网电路进行严格管理，要求运营商对频繁发生故障的电路予以更换。

第四节　备品备件管理

一、维修队通信工程师通信技术资料管理流程

（1）按期盘查备品备件库房，做好相关记录；
（2）根据所需备件型号，按需上报采购计划；
（3）根据备品备件管理要求，按期检查备品备件存放情况；
（4）根据相关检测规范，指导备品备件到库检测。

二、备品备件管理要求

（1）用于维护、应急、抢修用的备品备件应设专人负责管理，定期检查清理，做到账物相符，确保完好。

（2）应及时补充备品备件，确保其满足日常维护抢修要求。

（3）备品备件实行分散存放，并服从公司生产处调拨。

（4）备品备应分别建立台账、机历薄及相应的图纸资料，并做好出入库登记。

（5）备品备件的调拨、报废、停用、拆除或转让等应经有关部门批准后方可办理，并及时办理资产移交手续。

（6）通信设备板卡存放时保存在防静电保护袋内，防静电保护袋中应放置干燥剂，存放的环境温度和湿度应满足备品备件存放规定；当防静电封装的备板从一个温度较低、较干燥

的地方拿到温度较高、较潮湿的地方时，至少需要等 30min 以后才能拆封，防止潮气凝聚在板卡表面损坏器件。

(7) 使用华为、中兴光通信设备的所属各单位无需新增备品备件，根据公司分别与华为技术有限公司和中兴通讯股份有限公司的代理公司签署的《管道分公司光通信系统设备维保技术服务合同》内容，需申请备品备件时，应联系管道公司通信网管。

(8) 卫星通信系统中的 BUC，LNB 和 IDU 设备应按照 10(在用设备)∶1(备用设备)的比例进行备品备件储备，在用设备不足 10 个的，每种类型的备品备件至少储备 1 个。

第五节　仪器仪表管理

一、站场通信工程师仪器仪表管理流程

(1) 根据仪器仪表管理要求，对常用仪器仪表进行日常维护；
(2) 定期对仪器仪表进行送检；
(3) 使用前对常用仪器仪表的参数设置进行检查。

二、维修队通信工程师仪器仪表管理流程

(1) 根据仪器仪表管理要求，对常用仪器仪表进行日常维护；
(2) 定期对仪器仪表进行送检；
(3) 使用前对常用仪器仪表的参数设置进行检查。

三、仪器仪表管理要求

(1) 各输油气站场应配备必要的维护用仪器仪表、工具、车辆和通信联络工具。
(2) 使用仪器仪表和工具的人员应经过严格培训，严禁违章使用。
(3) 仪器仪表应分别建立台账、机历簿及相应的图纸资料。
(4) 仪器仪表应保持完好，包括以下方面：
① 主要技术指标、机械、电气和传输性能符合规定要求；
② 结构完整、部件齐全，设备清洁、运行正常；
③ 技术资料齐全、完整、图纸与实物相符。

(5) 仪器仪表的调拨、报废、停用、拆除或转让等应经有关部门批准后方可办理，并及时办理资产移交手续。

(6) 定期对仪器仪表电池进行充放电检验以及对仪器仪表及其附件进行通电检查，并认真做好记录。

(7) 按照技术监督规定，定期对仪器仪表进行校表，检定周期应为一年。

(8) 仪器仪表的借出应经主管部门批准，并履行相关手续，仪表归还时应对主要性能作必要的交接检查；凡借出给维护部门以外的单位使用，由于外单位原因造成仪表损坏，要照价赔偿。

(9) 各种仪器仪表发生障碍后，应及时维修、返修，并有详细的维修、返修记录。

第六节　通信机房管理

一、站场通信工程师通信机房管理流程

（1）熟悉通信机房设计规范，掌握通信机房及其配套设备管理要求；

（2）根据通信机房及其配套设备管理要求，定期对通信机房进行巡检；

（3）对通信机房不符合规定的项目进行整改。

二、通信机房管理要求

（1）机房应做到密封、防尘、防火、防水、人机分开，应采取防静电措施。机房内不准吸烟，不准大声喧哗，不准把水杯、饮料、食品等带进机房。机房内禁止存放易燃易爆及腐蚀性物品。

（2）机房内严禁烟火。非特殊需要，不得使用明火。若确属需要动用明火时，应经部门主管同意，并采取严格防火措施。

（3）机房应地面清洁、设备无尘、排列正规、布线整齐、仪表正常、工具就位、资料齐全。

（4）外来人员未经批准不得进入机房，确属需要，应经批准，并进行登记。

（5）机房保持照明良好，备有应急照明设备，应急照明设备应由专人负责定期维护检修。

（6）通信机房室内温度应保持在5~40℃（阀室和无人清管站0~45℃）；温度≤35℃时，相对湿度保持在10%~90%（阀室和无人清管站10%~90%）。

（7）机房内工程施工及增减设备应经部门主管批准，并确保不影响系统正常运行。

（8）非机房内系统用电设备（如各种试验和测试设备、电烙铁、吸尘器等）严禁使用UPS电源。

（9）未经容许，不得在机房内拍照或摄像。

（10）安装工业电视系统硬盘刻录机、视频服务器的站队机房，应按照涉密场所由专人负责。

三、通信机房配套设备管理要求

（1）通信机房内配套设施和设备包括直流电源供给、市电照明、空调设备、地线保护装置、各类配线架等，对机房配套设备的维护管理工作应与其他通信设备同等重视，并应将其维护责任落实到位，定期进行检查。

（2）机房地线接地电阻的要求：

① 机房地线接地电阻≤1Ω；

② 外线引入设备接地电阻：电缆引入设备接地电阻≤1Ω，光缆引入设备接地电阻≤1Ω。

（3）光配线架（ODF）管理要求：

① 进入机房的光缆和尾纤应采取保护措施，与电缆适当分开敷设以防挤压。

② 确保 ODF 设备资料的完整性、准确性、统一性。ODF 标签共分 3 种：光缆路由标签、光纤连接位置标签、光跳线标签(两端)。

(4) 通常光衰减器应安装在接收端设备侧。光纤连接器应接触良好，不得随意插拔，严禁采用人为松开光纤连接器或轴向偏离等手段介入衰减。连接器经维护操作后，应经验证其衰减值正常后方可投入使用。

(5) 各级数字信号在 ODF 和 DDF 上进行转接时，应标明所转接电路的通达地点和电路代号。重要电路应以不同颜色作为明显标志进行区分。

(6) 线路维护人员在检修和割接时，被测光纤与 OTDR 连接前，线路维护人员应通知该中继段对端局站的传输维护人员断开 ODF 架上与之对应的连接，以免损坏光板。

(7) 根据业务开放的增删、修改情况，及时更新 ODF 和 DDF 设备资料，确保资料的准确性。

附录A　站场、阀室巡检记录

地点：　　　　　　　　巡检人：　　　　　　　　维护时间：

序号	项目	检查状况	备注	
1	设备运行环境	温度(0~45℃；建议为15~30℃)		
		湿度(10%~90%；建议为40%~65%)		
		机房清洁度(好、差)		
2	光传输设备运行状态检查	检查设备声音告警		(1) 指示灯根据开关状态打“√”； (2) 维护人员需详细了解各单板每个指示灯不同状态的含义
		检查机柜上MUTE开关是否置于ON上	是□　　否□	
		检查ASCC板的“ALM CUT”开关是否置于向上的位置	是□　　否□	
		机柜顶端指示灯状态	红色□　　黄色□ 绿色□	
		单板指示灯状态	运行灯(绿色灯)□ 告警灯(红色灯)□	
		设备表面温度(正常、不正常)		
		设备风扇清洁是否完成		
		风扇子架的开关指示灯状态	正常□　不正常□	
		防尘网清洁是否完成		
		公务电话状态		
		ODF和DDF架清洁是否完成		
		ODF和DDF架配线检查和配线登记		
3	机柜、设备清洁检查	机柜、设备除尘是否完成		
		风扇清理是否完成		
4	设备线路状态检查	地线连接状态		联合接地地阻小于1Ω
		电源线、数据线连接检查		
5	交换机设备	检查室内线路是否正常	正常□　不正常□	
		交换机指示灯状态	正常□　不正常□	
6	电源设备	整流模块指示灯状态	正常□　不正常□	
		AL175NT状态	正常□　不正常□	
		协议转换器运行状态	正常□　不正常□	
		告警蜂鸣器告警功能	正常□　不正常□	
		供电模式切换检查	正常□　不正常□	
		检查室内线路是否正常	是□　否□	

续表

序号	项目	检查状况	备注	
6	电源设备	输出总电压(V)		
		负载电流(A)		
		电池电流(A)		
		电池室温度(℃)		
		告警指示灯状态	正常□　不正常□	
		运行指示灯状态	正常□　不正常□	
		蓄电池连接条螺丝紧固	完成□　未完成□	
7	卫星设备	IDU 状态灯检查	正常□　不正常□	
		BUC 工作状态检查	正常□　不正常□	
		LNB 工作状态检查	正常□　不正常□	
		馈源工作状态检查	正常□　不正常□	
		电缆检查(接触不良、破损、弯折)	正常□　不正常□	
		接头防水检查	正常□　不正常□	
		卫星天线紧固件检查	正常□　不正常□	
		检测方位、仰角撑杆转动部位是否需要润滑	正常□　不正常□	
		检查馈线连接情况是否完好	正常□　不正常□	
		检查支撑轴是否有偏移	正常□　不正常□	
		检查固定螺栓和销钉是否完好	正常□　不正常□	
		检查撑杆套是否磨损	正常□　不正常□	
		检查天线对星是否需要调整	正常□　不正常□	
		检查电缆连接是否完好	正常□　不正常□	
		检查天线表面是否完好	正常□　不正常□	
8	语音设备	话路检测	正常□　不正常□	
		设备指示灯状态	正常□　不正常□	
9	仪器仪表	仪表通电检查	正常□　不正常□	

记录保存地点：分公司生产科；保存年限：一年；保存形式：纸质；

站场、阀室值班员签字确认：　　　　巡检人签字确认：

分公司生产科人员签章：　　　　日期：

附录B　OTN及SDH光通信设备常用板卡的型号和技术参数

附表B-1　华为光通信设备单板技术指标

光口速率	光接口类型	发送光功率（dBm）	接收灵敏度（dBm）	过载光功率（dBm）
STM-1	OI2S/OI2D(S-1.1)	-15~-8	-28	-15
STM-1	OI2S/OI2D(L-1.1)	-5~0	-34	-8
STM-1	OI2S/OI2D(L-1.2)	-5~0	-34	-8
STM-1	SL1/SLQ1(S-1.1)	-15~-8	-28	-8
STM-1	SL1/SLQ1(L-1.1)	-5~0	-34	-10
STM-1	SL1/SLQ1(L-1.2)	-5~0	-34	-10
STM-1	SL1/SLQ1(Ve-1.2)	-3~0	-34	-10
STM-4	SL4/CXL4(I-4)	-15~-8	-23	-8
STM-4	SL4/CXL4(S-4.1)	-15~-8	-28	-8
STM-4	SL4/CXL4(L-4.1)	-3~2	-28	-8
STM-4	SL4/CXL4(L-4.2)	-3~2	-28	-8
STM-4	SL4/CXL4(Ve-4.2)	-3~2	-34	-13
STM-16	SL16A/CXL16(S-16.1)	-5~0	-18	0
STM-16	SL16A/CXL16(L-16.1)	-2~3	-27	-9
STM-16	SL16A/CXL16(L-16.2)	-2~3	-28	-9
STM-16	SL16(L-16.2Je)	5~7	-28	-9
STM-16	SL16[V-16.2Je(BA)]	不加BA：-2~3，加BA：13~15	-28	-9
STM-16	SL16[U-16.2Je(BA+PA)]	不加BA和PA：-2~3，加BA：15~18	不加PA和BA：-28，加PA：-32	不加PA和BA：-9，加PA：-10
STM-64	SL64(S-64.2b)	-1~2	-14	-1
STM-64	SL64[L-64.2b(BA)]	不加BA：-4~2，加BA：13~15	-14	-1
STM-64	SL64(Le-64.2)	2~4	-21	-8
STM-64	SL64(Ls-64.2)	4~7	-21	-8
STM-64	SL64[V-64.2b(BA+PA+DCU)]	不加BA、PA和DCU：-4~-1，加BA：13~15	不加BA、PA和DCU：-14，加PA：-26	-1

续表

光口速率	光接口类型	发送光功率（dBm）	接收灵敏度（dBm）	过载光功率（dBm）
STM-64	SF64{Ue-64.2c[FEC+BA(14dB)+PAb+DCU(60+80)]}	-4~-1	-14	-1
STM-64	SF64{Ue-64.2d[FEC+BA(17dB)+PA+DCU(80×2)]}	-4~-1	-14	-1
STM-64	SF64{Ue-64.2e[FEC+BA(17dB)+RA+PA+DCU(60×3)]}	-4~-1	-14	-1

附表 B-2　中兴光通信设备单板技术指标

光口速率	光接口类型	发送光功率（dBm）	接收灵敏度（dBm）	过载光功率（dBm）
STM-1	OL1(S-1.1)	-15~-8	-28	-8
STM-1	OL1(L-1.1)	-5~0	-34	-8
STM-1	OL1(L-1.2)	-5~0	-34	-8
STM-1	OL1(Ve-1.2)	-3~0	-34	-8
STM-4	OL4(I-4)	-15~-8	-23	-8
STM-4	OL4(S-4.1)	-15~-8	-28	-8
STM-4	OL4(L-4.1)	-3~2	-28	-8
STM-4	OL4(L-4.2)	-3~2	-28	-8
STM-4	OL4(Ve-4.2)	-3~2	-34	-13
STM-16	OL16(S-16.1)	-5~0	-18	0
STM-16	OL16(L-16.1)	-2~3	-27	-9
STM-16	OL16(L-16.2)	-2~3	-28	-8
STM-16	OL16(L-16.2Je)	4~6	-28	-8
STM-16	OL16[V-16.2Je(BA)]	不加 BA：-2~1，加 BA：13~14	-28	-8

附录C 通信设备故障分析与处理

一、光通信系统常见故障分析与处理

光传输设备常见故障和处理步骤见附表C-1。

附表C-1 光传输设备常见故障与处理步骤

常见故障现象	故障处理步骤
以太网数据中断	(1) 检查光缆线路是否正常； (2) 检查对应设备光接口板是否故障； (3) 查看光端机以太网指示灯状态； (4) 测试光端机与其他设备的连接线的通断状态； (5) 检查出现故障业务的数据配置； (6) 用电脑直接连接光端机相应以太网口，用笔记本电脑两端互 Ping 测试业务通断
以太网数据出现误码	(1) 检查线路损耗是否过大； (2) 光接口板是否有故障； (3) 检查支路板网线接口是否接好； (4) 检查设备接地是否良好，设备附近有无大的干扰源； (5) 检查设备工作温度是否过高； (6) 更换故障单板
光板出现告警灯闪烁	(1) 检查告警单板的接收光功率； (2) 检查板上接头有无松动； (3) 查看单板数据配置； (4) 更换告警单板
以太网板告警灯闪烁	(1) 检查网口接头是否良好； (2) 检查和网口对接设备运行状态； (3) 检查出现故障单板数据配置； (4) 更换出现故障单板
公务电话故障	(1) 检查光缆是否中断； (2) 检查公务电话数据配置； (3) 更换故障单板

二、卫星通信系统常见故障分析与处理

VAST 常见故障判断及处理方法见附表C-2。

附表 C-2 VSAT 常见故障判断及处理方法

序号	故障现象	故障处理步骤
1	设备在线，端站不能上网	(1) 确定网线有没有问题； (2) 确定网线连接是否正常，正常连接顺序为：IDU—交换机—语音设备或者电脑； (3) 确定 IP 地址设置是否有问题或者是否有 IP 冲突； (4) 确定是否使用路由器，如果内网无法使用，上内网只能用主站分配的 IP 地址； (5) 如果外网上不了，确定主站是否开通外网(通过代理)，查代理是否申请外网，如果申请，一般查端站的配置或重启 IDU(可与信息中心沟通申请代理)； (6) 主站问题(一般发生概率很低)
2	设备不在线	iDirect 系统： (1) 检查线缆是否损坏、接头是否松动、防水处理是否损坏、线路是否符合正常连接顺序：BUC-TX OUT. LNB-RX IN；检查 IDU 的状态灯 STATUS 是否亮绿色灯，如果不亮或者亮红色灯，测试 Tx OUT 线缆电压是否为直流 24V(测试时应注意避免中频电缆的缆芯和线缆屏蔽层发生接触，否则直接影响测试结果)，如果是 24V，则说明中频线缆没有问题；如果不是 24V，则说明故障在室内设备或者电缆上；最后可通过更换收发线缆检测是否为线缆问题(卫星设备所使用线缆不能为电视屏蔽线)； (2) 检查 IDU 设备状态灯(表 5-1-5)
		linkstar 系统： (1) 检查线缆是否损坏、接头是否松动、防水处理是否损坏、线路是否符合正常连接顺序：BUC-TX OUT. LNB-RX IN(卫星设备所使用线缆不能为电视屏蔽线)； (2) 检查 IDU 设备状态灯(表 5-1-6)
3	设备无法加电	如果加电后 IDU 指示灯均不亮，应检查交流电源、保险丝、交流电缆是否出现问题，如果无问题，IDU 需要返厂维修或者更换设备
4	无卫星信标信号	用频谱仪查看信标频率，或者扫描频段观察是否可以接收到信号。如果可以接收到信号，说明 LNB 正常工作，否则应做下列详细检查： (1) 断开连接 LNB 的 Rx 中频电缆，在 LNB 输入端电缆上，用电压表检查 15~24V 直流电压是否存在，如果未测出电压，应在 IDU 的 Rx In 端口测量，如果测到有正常电压，说明 Rx 中频电缆有问题，应进行更换，如仍未测到电压，应联系厂家进行维修或更换 IDU； (2) 与主站操作员一起检查信标频率，方位角和俯仰角是否正确； (3) 检查频谱仪是否设置正确； (4) 检查 LNB 的频率范围是否正确； (5) 如完成以上检查后，频谱仪还观察不到信号，则需更换 LNB
5	通信中断(设备无法正常接收或发送同步)	(1) 天气原因：当雨雪天气时，卫星通信端站易出现信号减弱或掉网的情况。一般分两种情况：一种是主站侧天气原因，此时现象是端站侧天气正常，突然出现大范围掉网现象。如果是主站侧天气原因造成掉网，可直接由主站采取相应技术处理措施。另一种是端站侧天气原因。当端站侧天气原因造成掉网时，冬季应及时清扫积雪，夏季雨天一般不用处理，天气变好后会自动恢复。 (2) 自然现象：如星蚀和日棱中断现象，这种情况卫星公司一般会提前检测并通知各部门。 (3) 电源问题：当电源设备出现故障时，应立即通知电气专业进行处理。 (4) 天线偏离位置：如遇大风等极端天气，方向调整杆松动或地基下陷时，须重新对天线进行对星。 (5) 检查设备是否存在故障。 (6) 检查各类电缆接头是否松动。 (7) 用手触摸 BUC，一般情况下该设备正常运行时表面发热，BUC 出现故障时的现象比较有规律，如突然掉网，一段时间后自动恢复，且恢复后各参数显示正常，之后又一次掉网，并长时间反复出现，此时应更换 BUC。 (8) 检查 IDU 的状态指示灯，以此判断故障的可能原因。

续表

序号	故障现象	故障处理步骤
6	设备同步以后指标较差	(1) 检查卫星天线有无遮挡，如果有遮挡需搬移遮挡物； (2) 检查电缆接头是否有松脱现象，如果有松动，应拧紧电缆头(但不能过紧)或者重做电缆头； (3) 检查电缆线是否衰减过大，如有必要需更换中频电缆并重新布线； (4) 检查 LNB. BUC 或者 IDU 是否有故障，如果存在故障需更换 LNB. BUC 或者 IDU 设备； (5) 检查是否存在干扰，如果天线周围存在干扰源，需搬移干扰源或者架屏蔽网

注：表中故障处理步骤未说明者，同时适用于 iDirect 系统和 linkstar 系统。

三、塔迪兰语音交换系统常见故障分析与处理

1. 局域网内无法进行 Web 页面登录设备

(1) 通过维护终端 Ping 设备 IP，检查是否能 Ping 通。

(2) 若 Ping 不通服务器，请检查维护终端的 IP 地址是否与服务器在同一个网段，是否已配置默认路由，然后检查线路连接是否正确。

(3) 若能 Ping 通服务器，却无法通过 Web 界面登录设备，应更换浏览器。

(4) 若更换浏览器后但依然无法通过 Web 界面登录设备，应联系厂家解决，禁止自行断电重启操作。

2. 话机不显示主叫号码(没有来电显示)

(1) 检查话机电池是否松动，可尝试更换新电池；

(2) 更换不同型号话机；

(3) 进入“用户→用户列表→用户 xxxx→属性设置”页面，检查 Aeonix 主叫用户的功能设置属性(附图 C-1)。

ANI 限制：如果选中限制身份显示，主叫号码就不会在被叫话机上显示。

检查用户接入网关配置(附图 C-2)。

端口位置：话机的物理端口。对应于用户网关前面板上的网线接口，顺序是从左到右、从上到下。

来电显示：只有当选中来电显示时，主叫号码才会在被叫话机上显示。

3. 话机打不出电话

(1) 登录 Aeonix 系统 Web 页面，检查话机是否注册成功；

(2) 检查该话机的呼叫限制等级是否做了限制；

(3) 检查跳线是否正确，其他线路连接是否正常。

4. 话机不振铃

(1) 登录 Aeonix 系统 Web 页面，检查话机和用户注册是否成功；

(2) 确认话机号码是否正确；

(3) 尝试更换话机；

(4) 检查跳线是否正确，其他线路连接是否正常。

5. 主叫挂机，被叫不能正常挂机

(1) 检查交换机端口指示灯是否正常。正常运行时，各种指示灯都是绿色，但出现故障

附图 C-1　Aeonix 主叫用户的功能设置属性

时，指示灯是红色长亮。

（2）检查话机当前注册的 Aeonix 服务器是否能 Ping 通 AG 网关和 TG 网关的 IP 地址。

（3）重新拔插 AG 网关和 TG 网关网线。

（4）如果仍然存在问题，应联系厂家。

6. 话机摘机有电流音，串线

（1）检查话机，用另一部话机替换测试；

（2）检查网线和跳线，是否存在网线串线的问题；

（3）观察用户网关指示灯状态，如果摘机有两部或是多部话机的指示灯亮，那可以确认网络或是跳线串线，需对其做更换操作。

7. License 授权过期

在登录网页时，如果出现附图 C-3 所示的授权过期提示，则意味该服务器与加载有 license 的服务器断连了。应检查网络连接，网络正常后，该提示会自动消失，不需要人为干预。

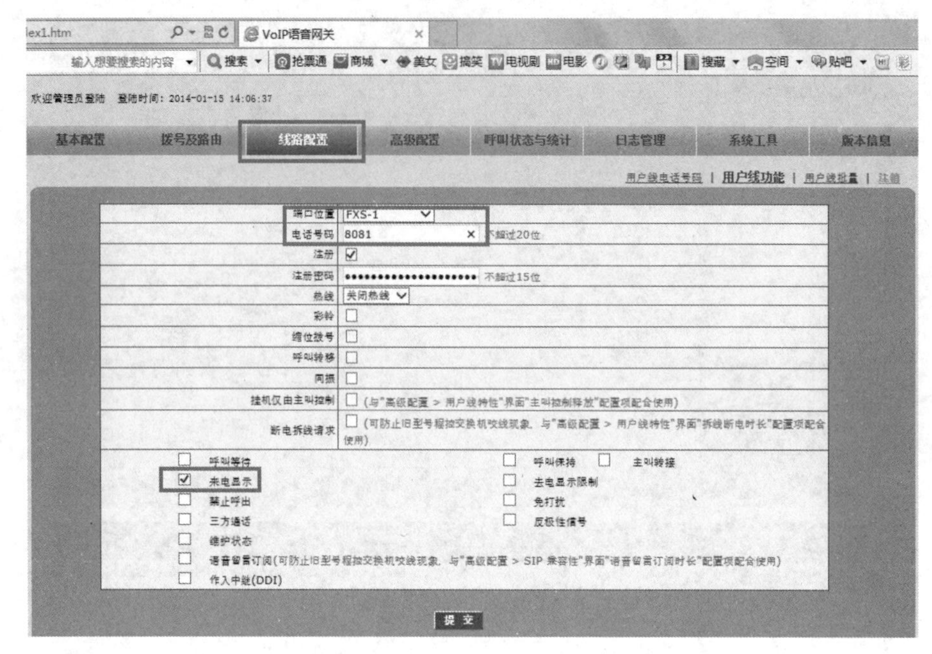

附图 C-2　检查用户接入网关配置

附图 C-3　License 授权过期

8. 话机没有注册自己归属的 Aeonix 服务器

如果系统中存在多台 Aeonix 服务器并且服务器归属于不同地理区域而且区号也不一致，则每部话机默认有个归属的服务器。如果话机归属的服务器不是与自己位置相同的服务器，意味着此话机的注册服务器发生了切换，需要检查原因(附图 C-4)。切换原因如下：

(1) 话机归属服务器宕机，或是运行不正常。通过 Aeonix 服务器 Web 页面检查集群运行状态。

(2) 话机或是话机连接的用户网关与归属服务器的网络不通。通过 Ping 服务器检查网络是否可达。

附图 C-4　话机没有注册自己归属的 Aeonix 服务器

圆圈：绿色表示话机和用户注册成功；红色表示话机和用户没有注册成功；一半红色一半绿色表示话机注册成功，但用户没有注册成功，需要在话机或是用户网关上检查用户 ID 和密码是否设置正确。

ID：话机的 ID。

已在…上注册：该话机当前注册的服务器，如果为空，表示话机没有注册。

9. 集群中服务器异常

如果出现网络异常或是服务器异常，集群中的服务器会脱离集群，通过 AeonixWeb 页面可以查询到集群状态(附图 C-5)。红色表示服务器异常。

附图 C-5　集群状态

处理方法如下：

（1）两个服务器互 Ping，确认网络是否可达；

（2）通过 ssh 客户端用 root 用户登录服务器，执行 service aeonix status 查询状态，如果进程异常，执行 service aeonix restart 重启进程。

10. Aeonix server 进程不能正常启动

1）问题现象

Aeonix 执行了 service aeonix start 启动进程，启动过程中没有报错，日志中也没有报错，但 server 这个进程不能启动。启动后进程状态如下：

```
[root@HHDD_XD2 ~]# service aeonix status
Aeonix server dead but pid file exists
Aeonix web server(pid 5743)is running...
Aeonix MP(pid 5849)is running...
Aeonix Watchdog(pid 4905)is running
```

2）问题原因

检查/etc/hosts 文件，

```
[root@HHDD_XD2 home]# more /etc/hosts
# Do not remove the following line, or various programs
# that require network functionality will fail.
127.0.0.1    localhost.localdomain localhost
::1    localhost6.localdomain6 localhost6
192.168.0.10 HHDD_XD1
192.168.0.11 HHDD_XD2
```

HHDD_XD2 后面缺少 wserv.tadirantele.com。按 Aeonix 的配置要求，必须添加该段字符串。

3）解决方案

修改/etc/hosts，在 192.168.0.11 HHDD_XD2 后面添加 wserv.tadirantele.com 后进程自动启动正常。修改后的配置文件如下：

```
[root@HHDD_XD2 home]# more /etc/hosts
# Do not remove the following line, or various programs
# that require network functionality will fail.
127.0.0.1    localhost.localdomain localhost
:1    localhost6.localdomain6 localhost6
192.168.0.10 HHDD_XD1
192.168.0.11 HHDD_XD2 wserv.tadirantele.com
```

四、AVAYA 语音交换系统常见故障分析与处理

1. AVAYA 语音设备故障常用测试命令和方法

（1）“status health”查看系统状态，确认机柜与主服务器连接正常。

（2）“display alarms”查看告警级别和所在位置。

（3）“display errors”查看告警错误代码。通过文档查找错误解决方法。

（4）“status trunk”查看中继状态。正常状态下显示 in-service/idle，不正常显示 out-of-service。

（5）“test board 01a05”“test station 38001”“test port 01a0201”检测板卡的好坏。

（6）“BUSY board/port，RELEASE board/port”对板卡进行至忙和释放。

（7）通过查看板卡的前面板的警示灯来判断板卡的状态（第一个灯红色为故障，第二个灯绿色为检测，第三个灯黄色为工作正常）。

（8）联系设备厂家寻求支持。

2. 告警处理

告警类型及相应处理办法见附表 C-3。

附表 C-3　告警类型及处理

类型	描述	操作	备注
Warning 告警	Warning 告警是级别最低的告警，不影响系统的正常运行。例如：E1 板做了设置，但没有插入板卡	Warning 告警一般不做进一步处理。确系应插入板卡或应连接话机再做进一步处理	
MIN 告警	MIN 告警是级别中等的告警，有可能影响到系统的运行，但影响在局部范围内，需要及时做处理	Display alarm 查看详细的 MIN 告警信息，根据报警信息，查阅 AVAYA 文档《AVAYA 数字用户交换基本诊断手册》，做相应的测试，确系硬件存在故障，联系技术工程师远程支持	
MAJOR 告警	MAJOR 告警是级别系统最高级别的告警，有可能影响到系统的运行，且影响在全部范围内，需要及时做处理	Display alarm 查看详细的 MAJOR 告警信息，根据报警信息，查阅 AVAYA 文档《AVAYA 数字用户交换基本诊断手册》，做相应的测试，确系硬件存在故障，或故障不可恢复，请立即联系技术工程师远程支持	
板卡告警	观察交换机各板卡，板卡状态指示灯为红色，表明改板卡不能正常运行，或未初始化	（1）确认板卡是否初始化； （2）Display alarm 查看相应的告警； （3）根据以上告警进行处理	

3. 紧急情况处理

紧急情况处理见附表 C-4。

附表 C-4　紧急情况处理

类型	紧急情况描述	应急措施	恢复	备注
电源断电	电源失去保护，或电池即将用尽，服务器电源掉电	将机柜电源断开，以免重新来电时，语音交换系统遭受电源冲击	（1）确认电源供电之后，接通 GXXX 电源，按下 S8XXX 电源开关开关； （2）整个启动过程约 3min； （3）待完全起来之后，再打开其他相关设备电源； （4）继续进行其他设备的恢复操作	

续表

类型	紧急情况描述	应急措施	恢复	备注
软件故障	CTI 或录音系统故障，但能基本工作，对语音交换设备无大影响	语音交换设备不做处理，进行 IVR 或 CTI 的故障处理	恢复 CTI 或录音系统	
	CTI 系统瘫痪或大部分不能工作，对语音交换设备有较大影响	在该情况下为了避免语音交换设备资源耗尽，应将来话改变路由即可。更改路由：change vector	恢复路由：change vector	

4. 断电、加电流程

1）准备工作。

（1）分析断电、加电的原因和目的，确定具体的时间。

（2）通知上端局交换机将要进行断电、加电交换机操作，并可能有报警信息仍然存在。通知坐席退出登录，等待通知再重新登录。

（3）分析语音交换系统断电是否对 CTI 系统有影响，预先做好相应处理。

（4）在服务器上闭塞 ISDN 中继线路：busyout trunkgroup。

（5）备份服务器的系统数据；备份系统数据，在监控计算机终端上输入命令：save transaction，回车。

2）设备断电流程

在 Web 页面中 shut down（关闭）服务器（附图 C-6）。

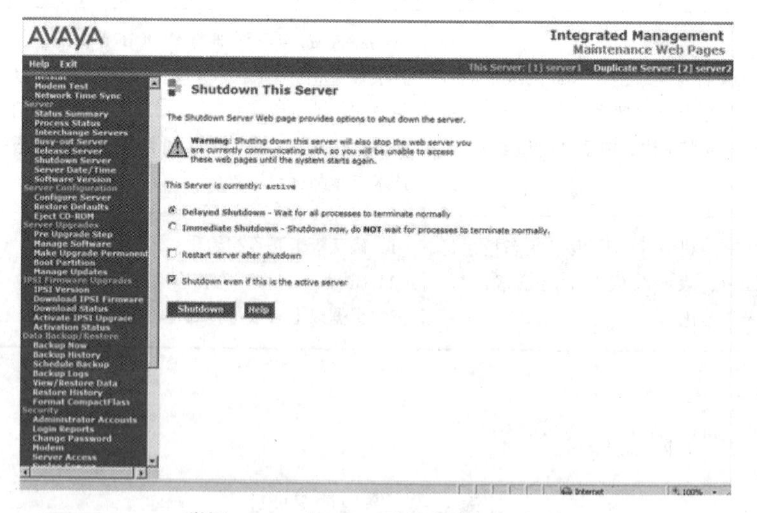

附图 C-6　在 Web 页面中关闭服务器

如仅需重启，选中 Restart after shutdown。确认服务器电源指示灯熄灭，即可切断电源。关闭 G650 电源：G50 无电源开关，直接切断电源线即可。

3）设备加电流程。

（1）接通 GXXX 电源线；

（2）接通 S8XXX 电源，按下电源开关按钮，确认电源指示灯为绿色；

（3）在系统启动过程中，各板卡指示灯为红色，启动完成以后，红色指示灯将关闭；

（4）启动时，系统将进行初始化和测试操作，整个系统启动过程大约需要 10min。

4）恢复操作

（1）CTI、录音系统等自动恢复连接，观察是否已经重新连接，否则进行 CTI 等系统的相应恢复操作；

（2）通知坐席可以重新登录；

（3）确认所有分机状态正常；

（4）通知上端局断电、加电交换机操作完毕，询问是否有报警信息仍然存在。

5）启动后系统状态确认

（1）观察交换机各板卡，是否有红色故障指示灯亮；

（2）观察 CTI LINK 是否建立；

（3）登录交换机观察是否存在 MAJ 和 MIN 告警。

6）服务器数据备份

（1）硬盘备份。在 ASA 管理软件中进行了操作之后，在一定间隔时间里，要使用 save translation 命令将保存在服务器内存中的数据备份到服务器的硬盘上。

（2）备份到 FLSAH 卡。

（3）备份到媒体服务器。

（4）自动备份。进入"data backup/restore-schedule backup"页面，点击 ADD，将文件备份到本机上。

5. 中继故障

当出现分机不能正常拨打外线的情况时，可输入命令"status trunk *X*(对应的 Trunk number)"观察中继状态是否正常(附图 C-7)。

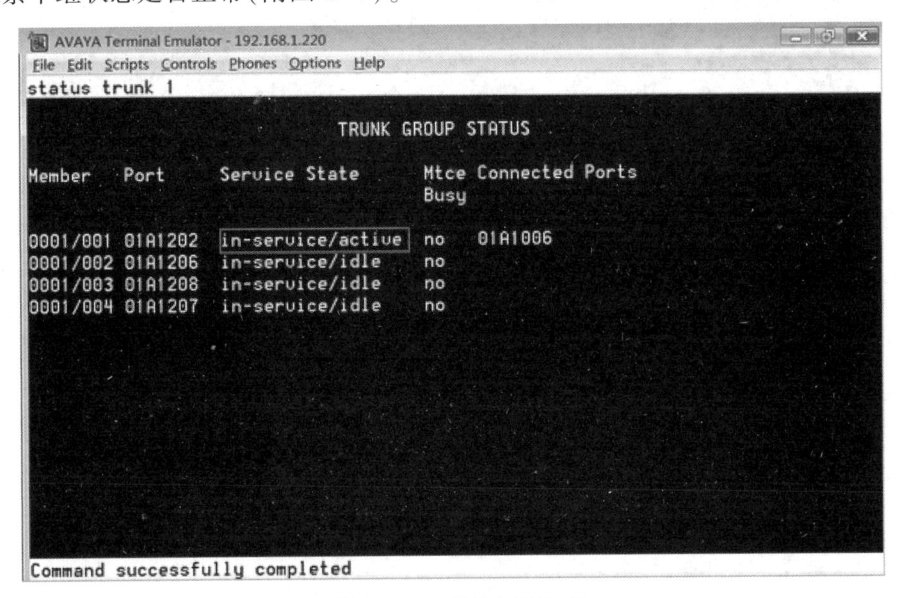

附图 C-7　观察中继状态

其中 in-service 为正常，out-of-service 为断线情况。

6. 电话故障

查看电话连接线是否正常或是电话机硬件问题；若接线和硬件均正常则需查看是否是系

统配置问题或 IAD 板卡是否被损坏。

（1）查看电话状态，输入命令“status station xxx”（附图 C-8）。

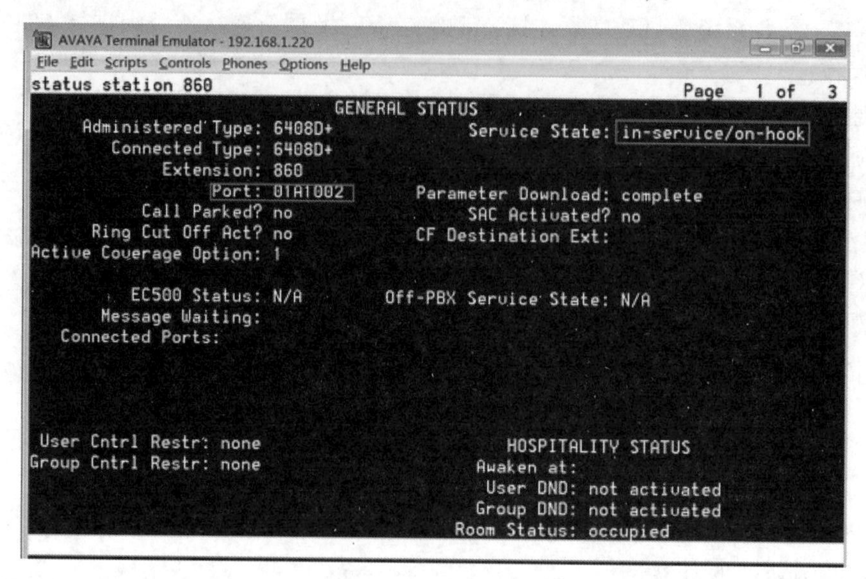

附图 C-8　查看电话状态

（2）测试板卡，输入命令“test board xxxx”（附图 C-9）。

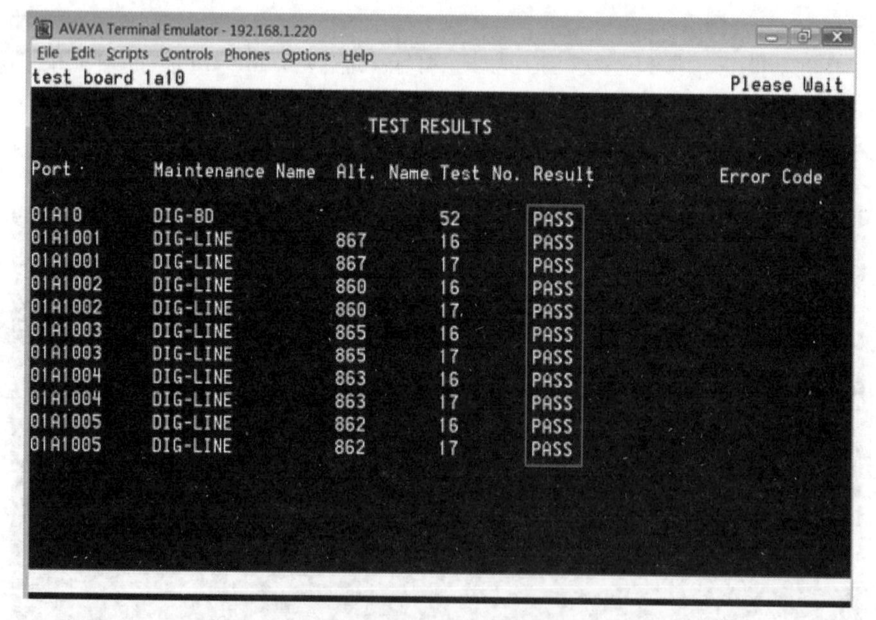

附图 C-9　测试板卡

7. 语音效果差、单通或无声

（1）登录 Gxxx，执行命令 reset voipvX，重起响应的 VOIP 模块，并执行 show voip 命令查看 VOIP 状态。

（2）如果仍然有问题，建议查看网络情况。

第三部分　通信工程师资质认证试题集

初级资质理论认证

初级资质理论认证要素细目表

行为领域	代码	认证范围	编号	认证要点
基础知识A	A	通信系统基础知识	01	光通信系统
			02	卫星通信系统
			03	语音通信系统
	B	通信系统设备知识	01	光通信设备知识
			02	卫星通信设备知识
			03	语音通信设备知识
	C	通信仪器仪表工作原理	01	光纤熔接机工作原理
			02	光时域反射仪(OTDR)工作原理
			03	光源工作原理
			04	光功率计工作原理
			05	光衰减器工作原理
	D	通信仪器仪表使用方法	01	光纤熔接机的使用方法
			02	光时域反射仪(OTDR)的使用方法
			03	光源的使用方法
			04	光功率计的使用方法
专业知识B	A	通信系统的日常管理	01	通信系统设备日常巡护管理
			02	通信系统年检管理
			03	通信系统设备维检修管理
			04	光缆线路维护管理
			05	通信系统故障处理
	B	通信专业应急与安全管理	01	光缆抢修管理
			02	通信系统维护安全管理
	C	通信专业基础管理	01	通信系统台账管理
			02	通信技术资料管理
			03	外租线路、设备管理
			04	备品备件管理
			05	仪器仪表管理

初级资质理论认证试题

一、单项选择题(每题4个选项，将正确的选项号填入括号内)

第一部分 基础知识

通信系统基础知识部分

1. AA01 SDH 表示(　　)。

A. 网络管理系统　B. 同步数字体系　C. 准同步数字体系　D. 光传送网

2. AA01 在 SDH 系统中，RSOH 指(　　)。

A. 再生段开销　B. 复用段开销　C. 再生段通道开销　D. 复用段通道开销

3. AA01 光纤通信是以(　　)为传输媒介。

A. 电线　B. 空气　C. 水　D. 光导纤维

4. AA01 光纤通信是以(　　)为载频的通信。

A. 光波　B. 微波　C. 声波　D. 电波

5. AA01 WDM 是指(　　)。

A. 时分复用　B. 频分复用　C. 波分复用　D. 码分复用

6. AA01 在一秒时间周期有一个或多个比特差错，称为(　　)。

A. 误码秒　B. 严重误码秒　C. 误块秒　D. 严重误块秒

7. AA01 在一秒时间周期有一个或多个误块，称为(　　)。

A. 误码秒　B. 严重误码秒　C. 误块秒　D. 严重误块秒

8. AA01 当接收光信号功率在给定的时间内(10μs 或更长)一直低于某一设定的门限值 P_d(P_d 对应的 BER≥10^{-3})，则设备进入(　　)状态。

A. LOF　B. LOS　C. LOP　D. LOSS

9. AA01 根据光纤放大器在光纤线路中的位置和作用，一般分为(　　)、前置放大和功率放大3种。

A. 后置放大　B. 后馈放大　C. 中继放大　D. 反馈放大

10. AA01 (　　)是数字复用设备之间，数字复用设备与程控交换设备或数据业务设备等其他专业设备之间的配线连接设备。

A. PDH　B. SDH　C. ODF　D. DDF

11. AA02 IDU 表示(　　)。

A. 室内单元　B. 室外单元　C. 卫星天线　D. 双工器

12. AA02 TDMA 是以(　　)的不同来区分地址的。

A. 频道　B. 时隙　C. 码型　D. 天线方向性

13. AA02 在卫星通信的多址联接中，采用不同工作频带来区分不同地球站的方式称为(　　)。

A. FDMA　B. TDMA　C. SDMA　D. CDMA

14. AA02 在卫星通信的多址联接中，采用不同的工作时隙来区分不同地球站的方式称为(　　)。

A. FDMA　　B. TDMA　　C. SDMA　　D. CDMA

15. AA02 VSAT 指的是(　　)。

A. 超短波小口径地球站　　B. 甚小口径卫星地球站

C. 超短波通信终端　　D. 垂直/水平极化选择器

16. AA02 LNB 指的是(　　)。

A. 双工器　　B. 上下行转换器　　C. 高功率放大器　　D. 低噪声放大器

17. AA02 在通信卫星的转发器中使用双工器的原因是(　　)。

A. 为了提高天线发射和接收信号时的增益

B. 为了实现收发共用一付天线时的信号分离

C. 为了实现极化复用，提高频谱利用率

D. 为了保证卫星上的通信天线更准确地指向地球

18. AA02 由地球站发射给通信卫星的信号常被称为(　　)。

A. 前向信号　　B. 上行信号　　C. 上传信号　　D. 上星信号

19. AA02 由通信卫星转发给地球站的信号常被称为(　　)。

A. 下行信号　　B. 后向信号　　C. 下传信号　　D. 下星信号

20. AA02 对 Ku 波段卫星通信可靠性影响最大的气候现象是(　　)。

A. 长期干旱　　B. 秋冬季的浓雾天气

C. 夏季长时间的瓢泼大雨　　D. 沙尘暴

21. AA03 在 IP 网上传送的具有一定服务质量的语音业务的设备称之为(　　)。

A. 语音交换设备　　B. IP 话机　　C. 模拟话机　　D. 语音交换服务器

22. AA03 中继网关是在(　　)之间的网关。

A. 电路交换网和计算机网络　　B. 电路交换网和模拟网络

C. 模拟网络和数字网络　　D. 电路交换网和 IP 分组网络

23. AA03 综合接入设备属于(　　)。

A. 用户接入层设备　　B. 中继接入设备

C. 网络网关接入设备　　D. 以上均正确

24. AA03 语音交换系统中的中继板负责与专用企业网络或公网中继线的(　　)连接。

A. 模拟链路　　B. 数字链路　　C. PCM　　D. E1 和 T1

25. AA03 语音交换系统中的用户接口板提供接入的业务不包括以下哪项(　　)。

A. 数字通信协议(DCP)接入　　B. 光纤接入

C. LAN 接入　　D. 模拟话机接入

通信系统设备知识部分

26. AB01 对于多点的 SDH 网络，网管是通过设备的(　　)通道对网元进行管理。

A. DCA　　B. DC　　C. DCC　　D. DCD

27. AB01 下图中左侧开关键按到什么位置时告警音将切除(　　)。

A. ALM_ ON　　B. ALMCUT

C. 任意位置均可切出告警音　　　　　　　　D. 告警音不能被人工切除

HUAWEI
OptiX 155/622H
ALM_ON ALM_OUT
EIN RLN R Y FAN ALM

28. AB01 对 OSN 9500 产品内部通信说法正确的是：(　　)。

A. OSN 9500 采用的 485 通信方式为共享总线型

B. OSN 9500 包括以太网通信和 485 通信，并且无法从告警区分是哪种方式出现故障

C. OSN 9500 采用的以太网通信方式对告警和性能的正常上报无影响

D. OSN 9500 以太网和单板在位线故障可以通过告警参数加以区别

29. AB01 下列说法正确的是：(　　)。

A. OSN 3500 的交叉、时钟、主控主备是绑定倒换的

B. OSN 2500 的交叉、时钟、主控主备可以不绑定倒换

C. OSN 9500 的交叉、时钟主备可以不绑定倒换

D. 绑定与否可以通过设置控制

30. AB01 单板能够正常启动，但是却有 NO_ BDSOFT 告警的原因是：(　　)。

A. OSN 系列产品单板都存在两套软件，如第一套丢失，则会上报此告警

B. 告警误报

C. 软件都保存在主控板的 FLASH 中，一上电，单板就会自动去取软件

D. 因为单板存在扩展 BIOS，所以可以正常启动

31. AB01 OSN 2500 的公务由那块单板提供：(　　)。

A. SAP　　　　B. SEI　　　　C. CXL16　　　　D. TSB8

32. AB01 2. 2m 机柜安装一个 OSN 3500 和一个 OSN 2500 子架存在的最大问题是：(　　)。

A. 满配置电源容量不够　　　　　　　　B. 告警灯和告警量无法正常输出

C. 满配置 2M 信号时无法上走线　　　　D. 满配置 2M 信号时无法下走线

33. AB01 以下关于 OSN 3500/2500 板间通信的说法中错误的是(　　)。

A. OSN 3500 AUX 板上的以太网口和 COM 口对交叉网线和标准网线是自适应的

B. A 路 485 通道用于复用段保护的 SF 事件，K 字节，倒换页面的传递

C. 当单板上报 bdstatus 告警时，可以判断是以太网通信部分出现故障

D. OSN 2500 SAP 板上的以太网口和 COM 口对交叉网线和标准网线是自适应的

34. AB01 下列告警灯表明 OSN 2500 交叉主备状态的指示灯为(　　)。

A. STAT　　　　B. ACTX　　　　C. ACTC　　　　D. SRVX

35. AB01 以下关于 OSN 3500 主备主控备份的说法中正确的是(　　)。

A. 主备主控之间完全热备份

B. 主备主控之间的备份方式包括批量备份和实时备份

C. 主备主控之间会自动复制单板软件

D. 主备主控之间不会自动复制网元 ID

通信仪器仪表工作原理部分

36. AC01 (　　)是由高压源、放电电极、光纤调节装置、控制器、显微器及加热器等部分组成。

A. 光时域反射仪　　B. 光纤熔接机　　C. 光功率计　　D. 光衰减器

37. AC01 光纤熔接机是通过(　　)激发出高温电弧熔融光纤以获得低损耗、低反射、高机械强度以及长期稳定可靠的光纤熔接接头的。

A. CPU　　B. 光纤调节装置　　C. 加热器　　D. 放点电极

38. AC02 关于 OTDR 名称解释最正确的是(　　)。

A. 光反射仪　　B. 光空间反射仪　　C. 光时域反射仪　　D. 光时域数字仪

39. AC02 OTDR 的工作原理是通过接受光在光纤中传播时产生的(　　)和菲涅耳反射光来获取光纤的信息。

A. 后向散射光　　B. 拉曼散射光　　C. 折射光　　D. 前向散射光

40. AC03 光缆中继段的光纤全程衰减测量应(　　)。

A. 用 OTDR(光时域反射仪)进行测量　　B. 用光源、光功率计进行测量

C. 对地绝缘故障测试仪　　D. 用光衰测量

41. AC04 光衰减器一般分为哪两大类(　　)。

A. 固定式光衰减器；光可变衰减器

B. 适配器型光纤固定衰减器；在线式光纤固定衰减器

C. 手调光可变衰减器；微电机械式光可变衰减器

D. 固定式光衰减器；非固定式光衰减器

通信仪器仪表使用方法部分

42. AD01 持熔接机显微镜头的整洁是十分必要的，在清洁显微镜头时可用棉签棒沾少量(　　)。

A. 无水酒精　　B. 蒸馏水　　C. 汽油　　D. 高浓度酒精

43. AD02 下列 OTDR 不可以测量的是(　　)。

A. 光缆重量　　B. 光纤损耗　　C. 光纤距离　　D. 光纤断点位置

44. AD03 在光纤线路损耗测量中，哪两种仪表不可缺少(　　)。

A. 熔接机、光源　　B. 光功率计、OTDR

C. 光源、光功率计　　D. OTDR、熔接机

45. AD03 光功率计的最大接收功率应(　　)光源的输出功率。

A. 大于　　B. 小于　　C. 等于　　D. 两者无关系

第二部分　专业知识

通信系统的日常管理部分

46. BA01 站场通信机房温度应在(　　)范围之内，才能保证各类通信设备正常工作。

A. +5～+40℃　　B. ≤+40℃　　C. ≥+5℃　　D. 无要求

47. BA01 站场通信机房温度应在(　　)范围之内，才能保证各类通信设备正常工作。

A. 20%～80%(≤35℃)　　B. 10%～80%(≤35℃)

C. 10%～90%(≤35℃)　　D. 20%～90%(≤35℃)

48. BA01 iDirect 卫星通信系统室内单元设备 NET 灯闪烁黄色，表明(　　)。

A. 卫星路由器正在尝试入网　　B. 卫星路由器正在等待接收主站信号

C. 卫星路由器已经入网　　D. 卫星路由器故障

49. BA01 iDirect 卫星通信系统室内单元设备 STATUS 灯闪烁绿色，表明(　　)。

A. 表示软、硬件配置存在严重错误或者故障

B. 设备正常工作

C. 表示设备正在加载程序

D. 设备正在启动

50. BA01 iDirect 卫星通信系统正常工作时指示灯状态为(　　)。

A. RX、TX 灯均为常绿色，STATUS、NET 灯关闭

B. RX、NET 灯均为常绿色，STATUS、TX 灯关闭

C. RX、TX、NET 灯均为常绿色，STATUS 灯关闭

D. TX、NET 灯均为常绿色，RX、STATUS 灯关闭

51. BA01 linkstar 卫星通信系统正常工作时指示灯状态为(　　)。

A. PWR 灯为常绿色、ALM 灯关闭、ODU 灯为常绿色、SAT 灯为常绿色

B. PWR 灯关闭、ALM 灯关闭、ODU 灯为常绿色、SAT 灯为常绿色

C. PWR 灯为常绿色、ALM 灯关闭、ODU 灯关闭、SAT 灯为常绿色

D. PWR 灯为常绿色、ALM 灯关闭、ODU 灯为常绿色、SAT 灯慢闪烁绿色

52. BA02 对于小功率(小于等于 STM-4)的激光接口，在不能够取得专门的清洁工具、材料的情况下，可以用(　　)进行清洁。

A. 纯的无水酒精　　B. 水　　C. 干布　　D. 无要求

53. BA03 光通信设备与光缆线路之间的运行维护责任界面，以(　　)为界，内侧为光通信设备维护，外侧为光缆线路维护。

A. DDF　　B. ODF　　C. 光端机　　D. 路由器

54. BA05 光缆线路故障处理中所接入或更换的光缆，其长度不得小于(　　)，且应采用同一厂家、同一型号的光缆。

A. 50m　　B. 200m　　C. 1000m　　D. 100m

55. BA05 光缆线路发生故障后，应按照《通信专业管理程序》中规定在(　　)内抢通。

A. 4h　　B. 6h　　C. 8h　　D. 10h

通信专业应急与安全管理部分

56. BB01 光缆线路抢修原则不包括以下哪项(　　)。

A. 先干线后支线　　B. 先主用后备用　　C. 先抢通后修复　　D. 先备用后主用

57. BB01 光缆抢修处理故障过程中，单点接续损耗不得大于(　　)。

A. 0. 02dB　　B. 0. 05dB　　C. 0. 08dB　　D. 0. 1dB

58. BB01 光缆故障抢修时，替换光缆长度不能小于(　　)。

A. 1000m　　B. 500m　　C. 100m　　D. 50m

59. BB01 光缆故障修复或更换宜采用(　　)的光缆。

A. 不同厂家同型号　　B. 相同厂家相同型号

C. 不同厂家不同型号　　D. 相同厂家不同型号

60. BB01 当光缆受损为一段范围，或者 OTDR 检出故障为一个(　　)时，需要更换光缆处理。

A. 高衰耗区　　B. 低衰耗区　　C. 中等衰耗区　　D. 任意衰耗区

61. BB01 修复光缆非接头部位时，如果故障点只是个别点，可用(　　)修复。

A. 线路余缆　　B. 备用光缆　　C. 主用光缆　　D. 接头盒内余纤

62. BB01 修复接头盒内个别光纤断纤时，可用(　　)修复。

A. 线路余缆　　B. 备用光缆　　C. 主用光缆　　D. 接头盒内余纤

63. BB01 下列哪项的要求是错误的(　　)。

A. 光缆抢修应执行先干线后支线、先主用后备用和先抢通后修复的原则

B. 修复光缆非接头部位时，可用线路的余缆修复

C. 光缆故障修复可使用不同厂家的光缆

D. 当光纤连接器在场站成端处断纤，可用熔接机重新进行接头

64. BB02 除(　　)之外，其余都应采取预防或隔离措施，防止通信中断和人为事故的发生。

A. 设备维护　　B. 设备测试　　C. 故障处理　　D. 资料管理

65. BB02 下列哪项的要求是错误的(　　)。

A. 维护人员应具有一定的专业技术知识，经过系统培训后方可操作通信设备

B. 维护人员应熟悉安全操作规程，凡对人身及系统危险性较大、操作复杂工作时，应制订安全保护措施

C. 在维护、装载、测试、故障处理等工作中，应采取预防或隔离措施，防止通信中断和人为事故的发生

D. 新增或关闭卫星远端站以及各站增减电路，无需上级部门批准

通信专业基础管理部分

66. BC01 通信系统台账不包括(　　)。

A. 光通信系统台账

B. 光缆线路台账(包括在用和备用光纤使用情况、技术指标、隐患)

C. 卫星通信设备台账

D. SCADA 系统台账

67. BC01 下列有关通信系统台账管理要求哪一项是错误的(　　)。

A. 设备只有大修后才有必要更新相关台账

B. 设备标签要与各种通信设备台账相符

C. 各类台账应按规定放置整齐、稳妥，确保正确完整

D. 台账应认真填写，做到齐全、准确、清楚

68. BC02 下列有关通信技术资料管理要求哪一项是错误的(　　)。

A. 各输油气站场应建立必要的通信专业技术档案、资料和原始记录，指定专人妥善保管，专柜集中存放，并定期整理，保持技术资料完整、准确

B. 设备调拨时，图纸、说明书及相关资料无需随机移交

C. 技术档案资料不得任意抽取涂改

D. 设备更改后，相关资料要进行相应的更改，实现资料与实物相符

69. BC02 通信专业原始记录不包括以下哪一项(　　)。

A. 设备档案　　B. 仪表及工具使用记录

C. 检修测试记录　　D. SCADA 操作手册

70. BC02 通信技术资料不包括以下哪一项(　　)。

A. 设备及仪器仪表、工器具维护说明书、维护手册、原理图

B. 通信系统年检方案

C. 机房配线系统图

D. 光缆走向图

71. BC02 通信维护资料不包括以下哪一项(　　)。

A. 站场、阀室巡检记录　　B. 通信系统年检方案

C. 设备档案(设备和主要测试仪器)　　D. 通信系统年检报告

72. BC04 所属各单位可以对(　　)电路要求运营商予以更换。

A. 频繁发生故障　　B. 管理有漏洞　　C. 无备用光纤　　D. 偶尔发生故障

73. BC04 对于外租线路的管理要求，下列哪项是错误的(　　)。

A. 租用的公网电路必须是具有国家资质的运营商的电路

B. 做好与地方相关通信部门的业务协调和联系工作，保证所租用公网电路的畅通

C. 对外租电路不能予以更换

D. 对发现故障和问题应尽快与公网电路运营商沟通，予以排除，并做好相关记录

74. BC05 对于备品备件的管理要求，下列哪项是错误的(　　)。

A. 备品备件的调拨、报废、停用、拆除、转让等应经有关部门批准后方可办理，并及时办理资产移交手续

B. 卫星通信系统中的 BUC、LNB 和 IDU 设备应按照 5(在用设备)∶1(备用设备)的比例进行备品备件储备

C. 备板存放时保存在防静电保护袋内

D. 使用华为光通信设备的所属各单位无需新增备品备件

75. BC05 卫星通信系统中的 BUC、LNB 和 IDU 设备应按照(　　)的比例进行备品备件储备。

A. 1(在用设备)∶1(备用设备)　　B. 100(在用设备)∶1(备用设备)

C. 5(在用设备)∶1(备用设备)　　D. 10(在用设备)∶1(备用设备)

二、判断题(对的画“√”，错的画“×”)

第一部分　基础知识

通信系统基础知识部分

(　　)1. AA01 中继器由光检测器、光源、光衰和判决再生电路组成。

(　　)2. AA01 SDH(异步数字体系)是一种将复接、线路传输及交换功能融为一体、并由统一网管系统操作的综合信息传送网络。

(　　)3. AA01 MSTP 是指基于 SDH 平台，同时实现 TDM、ATM、以太网等业务的接入、处理和传送，提供统一网管的多业务节点。

(　　)4. AA01 OTN 是以频分复用技术为基础、在光层组织网络的传送网，是下一代的骨干传送网。

(　　)5. AA01 当一秒包含不少于 20%的误码或者至少出现一个严重扰动期(SDP)时认为该秒为严重误码秒。

(　　)6. AA01 在一秒中含有不小于 20%的误块，或至少有一个缺陷(严重扰动期 SDP)时认为该秒为严重误块秒。

(　　)7. AA01 可以承载 PDH、以太网、ATM 等业务，用于提供各种速率信号的接口，实现多种业务的接入和处理功能的板卡称之为线路板。

(　　)8. AA01 接入并处理高速信号(STM-1/STM-4/STM-16/STM-64 的 SDH 信号)，为设备提供了各种速率的光/电接口以及相应的信号处理功能的板卡称之为支路板。

(　　)9. AA01 主控板的主要功能是实现对系统的控制和通信，主控单元收集系统各个功能单元产生的各种告警和性能数据，并通过网管接口上报给操作终端，同时接收网管下发的各种配置命令。

(　　)10. AA01 辅助板的主要功能是为系统提供公务电话、串行数据的相关接口，并为系统提供电源接入和处理、光路放大等功能。

通信系统设备知识部分

(　　)11. AB01 OSN 3500/2500 的 PD3 板可以处理 6 路 E3/T3 业务，配合使用的转接板为 D34S。

(　　)12. AB01 OSN 3500 AUX 板支持 8 路告警开关量输入，支持 4 路告警开关量输出。

(　　)13. AB01 OSN 3500 业务槽位丰富，最多支持 16 个业务处理板槽位。

(　　)14. AB01 OSN 3500 支路业务上下能力强，有 16 个支路出线槽位，单子架上下 504 个 2M、32 个 E4、48 个 E3/DS3、68 个 STM-1e，提供 STM-1/4/16/64 的群路速率。

(　　)15. AB01 OSN 3500 支持 1 个公务电话接口；2 个出子网电话接口。

(　　)16. AB01 OSN 3500 中接口板向处理板送在位信号，处理板不在能查询到接口板在位情况。

(　　)17. AB01 当时钟板工作在跟踪模式时，主备时钟板同时跟踪同一个参考源；当时钟板工作在保持或自由振荡模式时，备板跟踪时钟主板的时钟。

(　　)18. AB01 OSN 3500 中，2 号板的对偶板位 16 号板位。

(　　)19. AB01 OSN 3500 的光接口都是 LC/PC 的。

(　　)20. AB01 OSN 3500 的光模块均支持热插拔。

通信仪器仪表工作原理部分

(　　)21. AC01 光纤连接采用激光连接方式。

(　　)22. AC01 在光纤进行熔接前不需要剥离涂敷层。

(　　)23. AC02 OTDR 的光源 1310nm 和 1550nm 波长用于多模光纤。

(　　)24. AC02 入射电平越低，后向散射电平越高，曲线越清晰，测试距离越长，动态范围越高。

(　　)25. AC02 如果入射电平低，OTDR 迹线很快被噪声淹没，造成测试不准，甚至无法测量。

(　　)26. AC03 LED 光源的峰值波长，是由形成 PN 结材料决定的。

(　　)27. AC03 LD 光源与 LED 光源的主要差别在于材料不同。

(　　)28. AC03 光功率计的主要用途就是测量光缆的断点。

(　　)29. AC03 光功率值也可用相对单位分贝(dB)和绝对单位分贝瓦(dBw)表示。

(　　)30. AC04 光衰减器可按要求将光功率进行预期的衰减。

通信仪器仪表使用方法部分

(　　)31. AD01 使用剥线钳剥去光纤涂覆层，使用的涂覆外径要与剥线钳的槽一致。

(　　)32. AD01 光纤熔接机在使用中和使用后应及时取出熔接机中的灰尘。

(　　)33. AD01 用光纤专用剥线钳剥去光纤纤芯上的涂覆层后，需用沾水的清洁棉在裸纤上擦拭几次。

(　　)34. AD01 为便于光纤的接续，无需将光纤预先盘入盘留板内。

(　　)35. AD01 熔接机的电极一般不可更换。

(　　)36. AD01 光纤熔接出现气泡时不需重新接续。

(　　)37. AD02 OTDR 测光纤长度时，测试范围应设置为光纤全长略长。

(　　)38. AD02 在实际测试中，对于给定的动态范围，在同一条光纤上，采用 1550nm 波长比采用 1310nm 波长能够检测更长的距离。

(　　)39. AD03 光源和光功率计在光缆施工和维护中一般是在一起使用，可以测出光纤的衰减沿长度的分布情况。

(　　)40. AD03 光纤接续完成后使用光功率计对光纤进行检测。

第二部分　专业知识

通信系统的日常管理部分

(　　)41. BA01 维护管理人员巡视机房设备时应观察各通信设备指示灯是否正常。

(　　)42. BA01 通信机房工作温度有要求，工作湿度没有要求。

(　　)43. BA02 系统测试前后无需与网管中心进行确认。

(　　)44. BA02 使用 OTDR 测试光缆性能时，一定要确保被测光纤对端与光传输设备光接口板断开，避免光接口板激光器烧毁。

(　　)45. BA02 仪表使用时应做良好接地，对干燥的地方进行测试时，应带防静电手镯，并将防静电手镯的另一端良好接地，避免对设备造成损坏。

(　　)46. BA02 光功率计开机后应立即使用。

(　　)47. BA03 光通信设备与其他设备维护管理界面，以光通信设备业务数据接口板及 DDF 架为界，光通信设备业务数据接口板及 DDF 架内侧为光通信设备维护。

(　　)48. BA03 光通信设备与光缆线路之间的运行维护责任界面，以 DDF 架为界，内侧为光通信设备维护；外侧为光缆线路维护。

( )49. BA04 监测金属护套对地绝缘电阻和直埋接头盒监测电极间绝缘电阻的接头处应采用监测标石。

( )50. BA05 光缆线路故障处理中所接入或更换的光缆，其长度不得小于 100m，且应采用同一厂家、同一型号的光缆。

通信专业应急与安全管理

( )51. BB01 抢修光缆线路故障必须在网管部门的密切配合下进行。

( )52. BB01 抢修光缆线路故障应先抢修恢复通信，然后尽快修复。

( )53. BB01 光缆故障修复可使用不同厂家的光缆。

( )54. BB01 光缆抢修应执行先干线后支线、先备用用后主用和先抢通后修复的原则。

( )55. BB01 光缆抢修处理故障过程中，单点接续损耗不得大于 0.08dB。

( )56. BB01 光缆抢修处理故障完成后，在光缆回填的位置埋设光缆标石标识桩。

( )57. BB01 修复光缆非接头部位时，可用线路的余缆修复。

( )58. BB01 当光缆受损为一段范围，或者 OTDR 检出故障为一个高衰耗区时，需要更换光缆处理。

( )59. BB01 光缆抢修时，介入或更换光缆的长度接近接头盒时，如现场情况允许可以将接头盒盘留光缆延伸至断点处，以便减少一处接头盒。

( )60. BB01 当光纤连接器在场站成端处断纤，可用熔接机重新进行接头。

通信专业基础管理部分

( )61. BC01 通信系统台账包括光通信设备台账、光缆线路台账(包括在、备用光纤使用情况、技术指标、隐患)、光通信设备的端口业务台账、卫星通信设备台账、语音交换设备台账、工业电视设备台账。

( )62. BC01 通信系统设备更改后应及时更新相关台账。

( )63. BC02 通信系统设备调拨时，图纸、说明书及相关资料可不随机移交。

( )64. BC02 各输油气站场应建立必要的通信专业技术档案、资料和原始记录，指定专人妥善保管，专柜集中存放，并定期整理，保持技术资料完整、准确。

( )65. BC02 设备更改后，相关资料要做相应的更改，实现资料与实物相符。

( )66. BC02 应及时修改、补充线路改迁、扩建等有关的通信技术资料。

( )67. BC03 所属各单位不能对运营商予以更换。

( )68. BC03 所属各单位所租用公网电路可以是国内任意运营商的电路。

( )69. BC03 各单位对发现的公网电路故障和问题应与公网电路运营商沟通，予以排除，并做好相关记录。

三、简答题

第一部分 基础知识

通信系统基础知识部分

1. AA01 请简述光通信系统中复用段保护和 SNCP 子网保护的定义？

2. AA01 请简述光通信系统中 REG 和 ADM 的定义？

通信系统设备知识部分

3. AB01SDH 设备单板主要分成几类？
4. AB02 写出下图中 linkstar 室内单元设备各指示灯的作用？

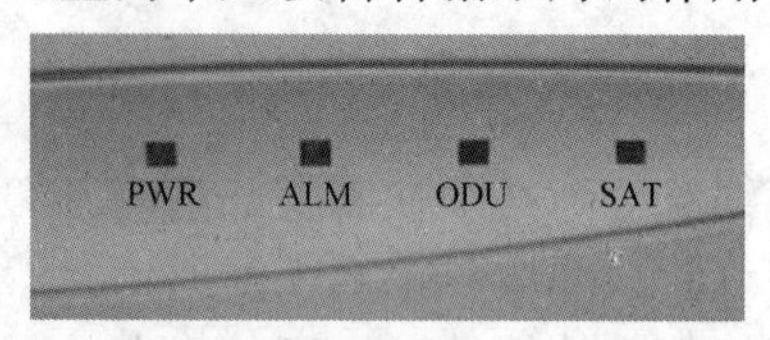

5. AB02 写出 iDirect 室内单元设备各指示灯(RX, TX, NET, STATUS, POWER)的作用？
6. AB02 写出卫星室外单元设备的组成结构？
7. AB03 写出塔迪兰语音通信系统主要组成设备？
8. AB03 写出 AVAYA 语音系统综合接入设备主要作用？
9. AB03 写出至少 4 种 AVAYA 语音系统单板？

通信仪器仪表工作原理部分

10. AC01 说出你所知道的光缆施工中接续工具和测试仪表的名称？
11. AC01 在光缆施工过程中造成光纤衰减的主要因素有哪些？
12. AC03 光源主要分为哪几种？

通信仪器仪表使用方法部分

13. AD01 请写出光纤熔接的步骤？
14. AD01 降低光纤熔接损耗的措施有哪些？
15. AD02 请简述 OTDR 使用的两个步骤？

第二部分　专业知识

通信系统的日常管理部分

16. BA02 简述通信电源维护要求？
17. BA02 通信年检时对仪器仪表的使用有哪些要求？
18. BA03 简述光通信设备维护管理要求？

通信专业应急与安全管理部分

19. BB01 简述光缆线路抢修的一般性原则？
20. BB01 简述影响光缆线路故障点准确判断的主要因素？

通信专业基础管理部分

21. BC01 请简述通信系统台账管理要求？
22. BC02 请简述通信技术资料管理要求？

初级资质理论认证试题答案

一、单项选择题答案

1. B	2. A	3. D	4. A	5. C	6. A	7. C	8. B	9. C	10. D
11. A	12. A	13. A	14. B	15. B	16. D	17. B	18. B	19. A	20. C
21. B	22. D	23. A	24. D	25. B	26. C	27. B	28. D	29. C	30. A
31. A	32. D	33. C	34. B	35. B	36. B	37. D	38. C	39. A	40. B
41. A	42. A	43. A	44. C	45. A	46. A	47. C	48. A	49. C	50. C
51. A	52. A	53. B	54. D	55. C	56. D	57. C	58. C	59. B	60. A
61. A	62. D	63. C	64. D	65. D	66. D	67. A	68. B	69. D	70. B
71. C	72. A	73. C	74. B	75. D					

二、判断题答案

1. ×中继器由光检测器、光源和判决再生电路组成。　2. ×SDH(同步数字体系)是一种将复接、线路传输及交换功能融为一体、并由统一网管系统操作的综合信息传送网络。3. √　4. ×OTN是以波分复用技术为基础、在光层组织网络的传送网，是下一代的骨干传送网。　5. ×当一秒包含不少于30%的误码或者至少出现一个严重扰动期(SDP)时认为该秒为严重误码秒。　6. ×在一秒中含有不小于30%的误块，或至少有一个缺陷(严重扰动期SDP)时认为该秒为严重误块秒。　7. ×可以承载PDH、以太网、ATM等业务，用于提供各种速率信号的接口，实现多种业务的接入和处理功能的板卡称之为支路板。　8. ×接入并处理高速信号(STM-1/STM-4/ STM-16/ STM-64的SDH信号)，为设备提供了各种速率的光/电接口以及相应的信号处理功能的板卡称之为线路板。　9. √　10. √　11. √　12. ×3500 AUX板支持16路告警开关量输入。　13. ×最多支持15个业务处理板槽位。　14. √　15. √　16. ×处理板不在不能查询到接口板在位情况。　17. √　18. ×OSN 3500中，2号板的对偶板位是17号板位。　19. √　20. ×OSN 3500的光模块不是都支持热插拔。

21. ×光纤连接采用熔接方式。　22. ×在光纤进行溶解前需要剥离涂敷层。　23. ×OTDR的光源1310nm和1550nm波长用于单模光纤。　24. ×入射电平越高，后向散射电平越高，曲线越清晰，测试距离越长，动态范围越高。　25. √　26. √　27. ×LD光源与LED光源的主要差别在于限制光和电流产生激光的器件结构，以及激光光源需要更高的驱动电流。28. ×光功率计的主要用途是测量光衰。　29. √　30. √

31. √　32. √　33. ×用光纤专用剥线钳剥去光纤纤芯上的涂覆层后，需用沾酒精的清洁棉在裸纤上擦拭几次。　34. ×为便于光纤的接续，需将光纤预先盘入盘留板内。　35. ×熔接机的电极可更换。　36. ×光纤熔接出现气泡时需要重新接续。　37. √　38. √　39. ×光源和OTDR在光缆施工和维护中一般是在一起使用，可以测出光纤的衰减沿长度的分布情况。　40. ×光纤接续完成后使用OTDR对光纤进行检测。

41. √ 42. ×站场通信机房湿度应在10%～90%(≤35℃)范围之内，才能保证各类通信设备正常工作。 43. ×系统测试前后必须与网管中心进行确认，确保网络正常运行。 44. √ 45. √ 46. ×光功率计开机后不能立即使用，需要预热5min后才能正常使用。 47. √ 48. ×光通信设备与光缆线路之间的运行维护责任界面，以ODF架为界，内侧为光通信设备维护；外侧为光缆线路维护。 49. √ 50. √

51. √ 52. √ 53. ×光缆故障修复或更换宜采用同厂家同型号的光缆，减少光缆接头数量。 54. ×光缆抢修应执行先干线后支线、先主用后备用和先抢通后修复的原则。 55. √ 56. √ 57. √ 58. √ 59. √ 60. √

61. √ 62. √ 63. ×通信系统设备调拨时，图纸、说明书及相关资料应随机移交，不得截留和抽取。 64. √ 65. √ 66. √ 67. ×所属各单位可以对频繁发生故障的电路要求运营商予以更换。 68. ×所属各单位所租用公网电路必须是具有国家资质的运营商的电路。 69. √

三、简答题答案

1. AA01 请简述光通信系统中复用段保护和SNCP子网保护的定义？

答：①(Multiplexer Section Protection，复用段保护)SDH光纤通信的一种保护方法，保护的业务量是以复用段为基础的，倒换与否按每一节点间复用段信号的优劣而定。当复用段出现故障时，整个节点间的复用段业务信号都转向保护段。②SNCP子网保护指对某一子网连接预先安排专用的保护路由，一旦子网发生故障，专用保护路由便取代子网承担在整个网络中的传送任务。

评分标准：答对①②各占50%。

2. AA01 请简述光通信系统中REG和ADM的定义？

答：①ADM(Add Drop Multiplexer，分插复用器)利用时隙交换实现宽带管理，即允许两个STM-N信号之间的不同VC实现互联，并且具有无需分接和终结整体信号，即可将各种G. 703规定的接口信号(PDH)或STM-N信号(SDH)接入STM-M($M>N$)内作任何支路。

②REG(Regenerator，再生器)传输线路上的再生、中继设备，用于克服光通路中对信号损伤的累积如色散引起的波形畸变。REG可分为1R，2R和3R三种类型。

评分标准：答对①②各占50%。

3. AB01SDH设备单板主要分成几类？

答：①SDH接口单元；②PDH接口单元；③以太网接口单元；④交叉时钟单元；⑤主控单元；⑥辅助单元。

评分标准：答对①～⑥各占20%。

4. AB02 写出下图中linkstar室内单元设备各指示灯的作用？

答：①PWR：电源指示灯。长亮表示直流电源开关在开的位置上，直流电源开关位于RCST的后面。

②ALM：告警指示灯。

③ODU：ODU状态指示灯。长亮表示RCST正在向ODU提供电压。

④SAT：入网指示灯。未亮表示接收不同步，闪烁表示接收同步，长亮表示接收和传输均同步。

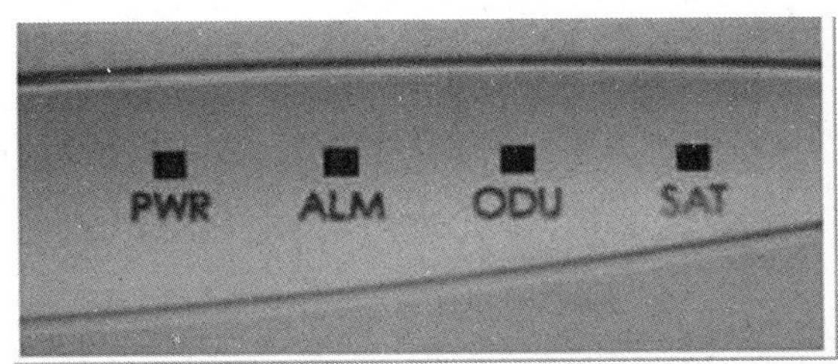

评分标准：答对①~④各占25%。

5. AB02 写出 iDirect 室内单元设备各指示灯（RX，TX，NET，STATUS，POWER）的作用？

答：①RX：接收指示灯；②TX：发射指示灯；③NET：网络指示灯；④STATUS：状态指示灯；⑤POWER：电源指示灯。

评分标准：答对①~⑤各占20%。

6. AB02 写出卫星室外单元设备的组成结构？

答：①卫星天线。主要包括天线主反射体、天线座架、天线付面组合以及馈电系统四大部分。

②变频器。包括上变频器 BUC 和下变频器 LNB。

③双工器 OMA。

④馈源。由馈源喇叭、波导管组成。

⑤直流融冰装置。

评分标准：答对①~⑤各占20%。

7. AB03 写出塔迪兰语音通信系统主要组成设备？

答：①塔迪兰语音通信系统服务器；②中继网关（TG）；③综合接入设备；④网络交换机。

评分标准：答对①~④各占25%。

8. AB03 写出 AVAYA 语音系统综合接入设备主要作用？

答：①提供接入接口。接入接口包括两种方式的接入：a. 终端用户的接入，如模拟话机接入、数字话机接入、IP 话机接入、媒体网关接入；b. 各种中继的接入，如局方的中继接入，子公司中继的接入。

②提供控制接口。控制接口包括两种方式的控制：a. 接受来自服务器的控制，通过 IPSI 板卡实现；b. 控制下级，如网关、话机等。

评分标准：答对①②各占50%。

9. AB03 写出至少4种 AVAYA 语音系统单板？

答：①中继板；②模拟分机板；③数字分机板；④语音宣告板。

评分标准：答对①~④各占25%。

10. AC01 说出你所知道的光缆施工中接续工具和测试仪表的名称？

答：①光源；②光功率计；③OTDR；④光纤熔接机。

评分标准：答对①~④各占20%。

11. AC01 在光缆施工过程中造成光纤衰减的主要因素有哪些？

答：①本征；②弯曲；③挤压；④杂质；⑤不均匀；⑥对接。

评分标准：答对①～⑥任意一个占 20%。

12. AC03 光源主要分为哪几种？

答：主要可以分为受激辐射的半导体(LD)激光光源、自发辐射的半导体发光二极管(Light Emitting Diode，LED)光源和非半导体激光光源(如气体激光光源、固体激光光源等)。

评分标准：答对占 100%。

13. AD01 请写出光纤熔接的步骤？

答：开启熔接机—清洁光纤的涂覆层—将光纤穿入热缩保护套管—开剥光纤 40mm—用无水酒精清洁光纤—切割光纤—将光纤置于熔接机上—合上防风罩开始熔接—取出光纤—将热缩套管置于加热炉中部—移动光纤使熔接点为宜热缩套管中心处—关闭加热炉开始加热—完成。

评分标准：答对任意一项占 10%。

14. AD01 降低光纤熔接损耗的措施有哪些？

答：①一条线路上尽量采用同一批次的优质名牌裸纤；②光缆架设按要求进行；③挑选经验丰富训练有素的光纤接续人员进行接续；④接续光缆应在整洁的环境中进行；⑤选用精度高的光纤端面切割器来制备光纤端面；⑥正确使用熔接机。

评分标准：答对①～⑥各占 20%。

15. AD02 请简述 OTDR 使用的两个步骤？

答：①采样。OTDR 能够以数值或者图形的方式读取数据与显示结果，也就是曲线的生成。②测量。技术人员基于结果，分析数据，操作曲线，找到自己所要的测试结果。

评分标准：答对①②各占 50%。

16. BA02 简述通信电源维护要求？

答：①严禁带电安装、拆除电源设备；②严禁带电安装、拆除设备电源线；③在连接电缆之前，必须确认电缆、电缆标签与实际安装是否相符。

评分标准：答对①②各占 30%，答对③占 40%。

17. BA02 通信年检时对仪器仪表的使用有哪些要求？

答：①仪表使用时应做良好接地，对干燥的地方进行测试时，应带防静电手镯，并将防静电手镯的另一端良好接地，避免对设备造成损坏。②光功率计开机后不能立即使用，需要预热 5min 后才能正常使用。由于光源发射的不可见红外线对人眼有伤害，必须在使用过程中配备护眼罩。③凡是阀室内不能提供测试电源需自备发电机，此时光功率计和卫星测试用的频谱仪由于负荷功率较大，容易造成配电设备过载，因此建议不要同时使用。

评分标准：答对①②各占 30%，答对③占 40%。

18. BA03 简述光通信设备维护管理要求？

答：①保证设备正常运行，设备的性能及技术指标、机房环境条件符合标准；②维护人员应迅速、准确排除光通信设备故障，缩短故障历时；③在保证光通信设备正常运行的前提下，降低运行维护成本、提高网络资源使用率；④建立业务响应机制，制订并落实运行维护和服务保障制度，满足输油气生产的需要；⑤熟练掌握光通信系统及光通信设备的原理及操作，正确使用各种仪器、仪表及专用工具。

评分标准：答对①～⑤各占 20%。

19. BB01 简述光缆线路抢修的一般性原则？

答：①执行先干线后支线、先主用后备用和先抢通后修复的原则；②抢修光缆线路故障必须在网管部门的密切配合下进行；③抢修光缆线路故障应先抢修恢复通信，然后尽快修复；④光缆故障修复或更换宜采用同厂家同型号的光缆，减少光缆接头数量；⑤处理故障过程中，单点接续损耗不得大于0.08dB；⑥处理故障完成后，在光缆回填的位置埋设光缆标石标识桩；⑦光缆故障抢修时，替换光缆长度不能少于100m。

评分标准：答对①~⑦各占20%，答对5个占100%。

20. BB01 简述影响光缆线路故障点准确判断的主要因素?

答：①OTDR测试仪表存在的固有偏差；②测试仪表操作不当产生的误差；③设定仪表的折射率偏差产生的误差；④量程范围选择不当的误差；⑤游标位置放置不当造成的误差；⑥光缆线路竣工资料的不准确造成的误差。

评分标准：答对①~⑥各占20%，答对5个占100%。

21. BC01 请简述通信系统台账管理要求?

答：①设备标签要与各种通信设备台账相符；②各类台账应按规定放置整齐、稳妥，确保正确完整；③台账应认真填写，做到齐全、准确、清楚；④设备更改后应及时更新相关台账。

评分标准：答对①~④各占25%。

22. BC02 请简述通信技术资料管理要求?

答：①各输油气站场应建立必要的通信专业技术档案、资料和原始记录，指定专人妥善保管，专柜集中存放，并定期整理，保持技术资料完整、准确；②技术档案资料不得任意抽取涂改；③设备更改后相关资料要作相应的更改，实现资料与实物相符；④设备调拨时，图纸、说明书及相关资料应随机移交，不得截留和抽取；⑤各种报表和原始记录应认真填写，做到齐全、准确、清楚；⑥按规定的图例和符号绘制光缆路由图及路由变更图；⑦及时修改、补充线路改迁、扩建等有关的技术资料。

评分标准：答对①~⑦各占20%，答对5个占100%。

初级资质工作任务认证

初级资质工作任务认证要素细目表

模块	代码	工作任务	认证要点	认证形式
一、通信系统的日常管理	S-TX-01-C01	通信系统设备日常巡护管理	站场、阀室通信设备日巡检	步骤描述
	W-TX-01-C01	通信系统设备日常巡护管理	站场、阀室通信设备月巡检	步骤描述
	S-TX-01-C02	通信系统年检管理	编制年检方案	方案编制
	W-TX-01-C02	通信系统年检管理	组织进行通信系统年检作业	步骤描述
	S-TX-01-C03	通信系统设备维检修管理	通信系统设备维检修的事前准备及事后归档工作	步骤描述 方案编制
	W-TX-01-C03	通信系统设备维检修管理	组织完成通信系统设备维检修作业	步骤描述
	S-TX-01-C04	光缆线路维护管理	光缆线路隐患整改作业的事前准备及事后归档工作	步骤描述 方案编制
	W-TX-01-C04	光缆线路维护管理	组织进行光缆线路隐患整改工作	步骤描述
	S-TX-01-C05	通信系统故障处理	通信系统故障处理的事前准备及事后归档工作	步骤描述
	W-TX-01-C05	通信系统故障处理	汇报通信系统巡护过程中所发现的问题	步骤描述
二、通信专业应急与安全管理	S-TX-02-C01	光缆抢修管理	光缆抢修前准备工作	步骤描述
	W-TX-02-C01	光缆抢修管理	光缆抢修事前准备及事后汇报	步骤描述
	S/W-TX-02-C02	通信系统维护安全管理	站场和阀室通信设备日常安全管理	步骤描述
三、通信基础管理	S-TX-03-C01	通信系统台账管理	各种通信设备及光缆线路的台账编制	方案编制
	S/W-TX-03-C02	通信技术资料管理	通信技术资料的收集与建立	步骤描述
	S-TX-03-C03	外租线路、设备管理	外租线路检查及设备资料的整理和更新	步骤描述
	S-TX-03-C04	备品备件管理	备品备件的日常管理	步骤描述
	S/W-TX-03-C05	仪器仪表管理	仪器仪表日常管理	步骤描述
	S-TX-03-C06	通信机房管理	通信机房日常巡检	步骤描述

初级资质工作任务认证试题

一、S-TX-01-C01 通信系统设备日常巡护管理——站场、阀室通信设备日巡检

1. 考核时间：30min。
2. 考核方式：步骤描述。
3. 考核评分表。

考生姓名：______________　　　　单位：______________

序号	工作步骤	工作标准	配分	评分标准	扣分	得分	考核结果
1	准备站场、阀室日巡护记录本	记录巡护过程中所发现的通信设备问题	10	未描述此项扣10分			
2	对无卫星设备站场、阀室进行日巡护	叙述通信设备日巡检工作内容： ①检查机房电源，查看电源监控系统有无异常报警或测试电源输出电压是否正常； ②检查机房内温、湿度是否在正常范围值之内； ③检查通信机柜顶端指示灯状态是否正常； ④检查通信机柜风扇指示灯，观察风扇转动情况是否正常； ⑤检查光通信、卫星通信、语音通信、DDN、工业电视设备运行状态指示灯是否正常； ⑥检查光通信、卫星通信、语音通信、DDN、工业电视设备表面温度是否在正常值范围之内； ⑦检查光通信、卫星通信、语音通信、DDN、工业电视设备线缆标识是否缺失； ⑧检查光通信、卫星通信、语音通信、DDN、工业电视设备及ODF和DDF架线缆接头是否松动； ⑨清洁光通信设备防尘网； ⑩通信机柜、各种通信设备设备及ODF和DDF架表面除尘、除雪； ⑪检查工业电视监视器画面	50	至少描述出5项无卫星站场、阀室通信设备日巡检工作内容，缺一项扣10分			

续表

序号	工作步骤	工作标准	配分	评分标准	扣分	得分	考核结果
3	对有卫星设备站场、阀室进行日巡护	叙述卫星设备日巡检工作内容： ①检查卫星天线所有连接部位的紧固件是否松动，特别是经受过大风等冲击振动，如果发现松动处应及时拧紧螺栓，有损坏或脱落时应及时用相同规格的紧固件更换； ②检查卫星天线螺栓和结合处是否生锈，如有生锈情况，应及时除锈并做防锈处理； ③检查卫星天线方位角、俯仰角撑杆转动部位是否需要润滑，如有需要，可适量添加润滑剂； ④检查卫星天线支撑轴是否偏移，如有偏移，需重新对星； ⑤检查馈源喇叭密封薄膜是否损坏，如有损坏应及时更换，以防喇叭进水； ⑥检查卫星天线表面涂覆是否有损伤，如有破损应对破损处及时补涂白色醇酸磁漆； ⑦检查卫星天线的防雷天线是否稳固，接地线接地是否良好，如有问题应进行紧固； ⑧检查 ODU 与发射电缆及接收电缆接口处的防水措施是否完好； ⑨检查发射电缆及接收电缆接头是否松动或脱落； ⑩检查 ODU 接头的防水情况和自熔胶带的老化情况； ⑪检查 IDU 和其所连设备(例如以太网路由器)的外壳间相连的导线是否脱落，如有脱落应重新连接； ⑫检查 IDU 的供电系统是否正常； ⑬检查接收/发射电缆和保护套管的磨损情况； ⑭检查接收/发射电缆是否断裂、扭曲、打结，电缆弯曲半径应符合表	30	至少描述出 3 项无卫星站场、阀室通信设备日巡检工作内容，缺一项扣 10 分			
4	保存站场、阀室日巡护记录	站场、阀室日巡护记录以纸质形式保存	10	未描述此项扣 10 分			
		合计	100				

考评员　　　　　　　　　　　　　　　　　　　　年　　月　　日

二、W-TX-01-C01 通信系统设备日常巡护管理——站场、阀室通信设备月巡检

1. 考核时间：30min。
2. 考核方式：步骤描述。
3. 考核评分表。

考生姓名：________　　　　单位：________

序号	工作步骤	工作标准	配分	评分标准	扣分	得分	考核结果
1	准备站场、阀室月巡检记录表格	月巡检记录表格应按照体系文件中所规定《站场、阀室巡检记录》拟定	20	未描述此项扣 20 分			
2	对所辖站场、阀室进行月巡护	叙述《站场、阀室巡检记录》中规定的通信设备月巡检工作内容： ①设备运行环境检查； ②光传输设备运行状态检查； ③机柜、设备清洁检查； ④设备线路状态检查； ⑤交换机设备检查； ⑥电源设备检查； ⑦卫星设备检查； ⑧语音设备检查； ⑨仪器仪表检查。 其中光传输设备运行状态检查包括： ①检查设备声音告警； ②检查机柜上 MUTE 开关是否置于 ON 上； ③检查 ASCC 板的“ALM CUT”开关是否置于向上的位置； ④机柜顶端指示灯状态； ⑤单板指示灯状态； ⑥设备表面温度(正常、不正常)； ⑦设备风扇清洁是否完成； ⑧风扇子架的开关指示灯状态； ⑨防尘网清洁是否完成； ⑩公务电话状态； ⑪ODF 和 DDF 架清洁是否完成； ⑫ODF 和 DDF 架配线检查和配线登记	70	(1)缺少一项应检查项目扣 5 分； (2)光传输设备运行状态检查项目缺一项扣 5 分			
3	记录站场、阀室月巡检记录表格并存档	将《站场、阀室巡检记录》表格以纸质形式存档	10	未描述此项扣 10 分			
	合计		100				

考评员　　　　　　　　　　　　年　　月　　日

三、S-TX-01-C02 通信系统年检管理——编制年检方案

1. 考核时间：60 min。
2. 考核方式：方案编制、步骤描述。
3. 考核评分表。

考生姓名：______________　　单位：______________

序号	工作步骤	工作标准	配分	评分标准	扣分	得分	考核结果
1	编制所属分公司通信系统年检概况介绍	内容包括：光传输系统、卫星通信系统、语音交换系统、工业电视监控系统及周界报警系统、视频会议系统简介	10	分公司通信系统简介内容缺一项扣2分			
2	对年检的风险进行识别	主要的年检风险包括：年检过程可能对在用设备及线路进行测试，造成通信中断；测试备用纤时，可能触碰到在用纤，导致通信中断；对主备设备线性保护完好性测试时，可能导致主备通信都中断；使用光仪器测试时，可能烧坏光板；巡线人员的安全问题；在光源使用时可能危害人的眼睛；在对设备操作过程中，可能造成静电危害设备和人身安全	20	主要风险内容至少写4项，缺一项扣5分			
3	编制年检的风险控制及措施	对在用设备进行操作，必须提前申请作业计划； 必须严格控制通信中断时间。 测试时要尽量远离在用纤； 测试完毕，要检查所有纤的连接情况。 确定主备的正确性； 尽量远离在用设备； 测试完毕，要检查所有纤的连接情况和在用设备的在位状态。 使用OTDR测试时光纤必须断开光板或者必须加光衰； 人员配合必须到位。 外出车辆严格按照相关规定行驶； 巡线时间选择非雨雪天气，为车辆和人员提供更安全的保障。 在有光源使用的过程中，必须配备护眼罩。 必须戴防静电手腕	20	主要风险控制及措施内容至少写4项，缺一项扣5分			
4	编制年检组织	内容包括：年检工作组织结构和年检人员、年检时间、所需工具	10	年检组织内容缺一项扣2分			

续表

序号	工作步骤	工作标准	配分	评分标准	扣分	得分	考核结果
5	编制年检内容	年检内容包括：光通信系统检测；卫星通信系统检测；语音交换系统检测；工业电视检测；周界报警检测；视频会议系统检查；通信高频开关电源检查；各类设备保养检查；技术资料整理	40	年检工作主要内容缺一项扣4分			
合计			100				

考评员　　　　　　　　　　　　　　　　　　　　　　年　　月　　日

四、W-TX-01-C02 通信系统年检管理——组织进行通信系统年检作业

1. 考核时间：60 min。
2. 考核方式：步骤描述。
3. 考核评分表。

考生姓名：_______________　　　　　　　　　　　　　　单位：_______________

序号	工作步骤	工作标准	配分	评分标准	扣分	得分	考核结果
1	组织并指导维修队完成通信系统年检作业	根据北京油气调控中心安排的时间，按照通信系统年检方案和通信系统年检管理要求，组织并指导维修队对所辖通信设备和光缆线路进行年检作业	60	未描述此项步骤扣60分，未说明根据北京油气调控中心安排的时间扣30分			
2	反馈年检工作进展	年检过程中需听取站场通信工程师有关通信系统年检的要求，年检工作遇到困难或完成时，向站场通信工程师反馈	20	未描述此项步骤扣20分			
3	填写通信年检测试表格	完成各项通信年检测试表格的填写工作，并在测试表格上进行签字确认	20	未描述此项步骤扣20分			
合计			100				

考评员　　　　　　　　　　　　　　　　　　　　　　年　　月　　日

五、S-TX-01-C03 通信系统设备维检修管理——通信系统设备维检修的事前准备及事后归档工作

1. 考核时间：30 min。
2. 考核方式：步骤描述。
3. 考核评分表。

考生姓名：________ 单位：________

序号	工作步骤	工作标准	配分	评分标准	扣分	得分	考核结果
1	提出通信作业计划需求	根据通信系统日、月、年巡检结果，按照通信系统设备维护检修管理要求，向分公司通信主管提出必要的通信作业计划需求，由分公司通信主管决策是否向生产处进行通信作业计划申请工作	60	未描述此项步骤扣60分；未说明向分公司通信主管提出必要的通信作业计划需求，由分公司通信主管决策是否向生产处进行通信作业计划申请工作扣30分			
2	资料收集及归档	将《通信作业计划申请》以纸质版形式存档	20	未描述此项步骤扣20分			
3	上报维检修工作结果	将维检修工作后的结果上报给分公司通信主管，再由分公司通信主管向上级管理单位进行汇报	20	未描述此项步骤扣20分			
合计			100				

考评员 年 月 日

六、W-TX-01-C03 通信系统设备维检修管理——组织完成通信系统设备维检修作业

1. 考核时间：30 min。
2. 考核方式：步骤描述。
3. 考核评分表。

考生姓名：________ 单位：________

序号	工作步骤	工作标准	配分	评分标准	扣分	得分	考核结果
1	组织维修队进行维检修作业	按照站场工程师对维检修工作要求，组织维修队对进行维检修作业	20	未描述此项步骤扣20分			
2	反馈维检修工作进展	在维检修过程中①需听取站场通信工程师有关通信系统设备维检修要求，②维检修工作遇到困难或完成时，向站场通信工程师反馈	60	维检修过程中的要求缺一项扣20分			
3	汇报维检修工作结果	将维检修工作后的结果报告给站场通信工程师	20	未描述此项步骤扣20分			
合计			100				

考评员 年 月 日

七、S-TX-01-C04 光缆线路维护管理—光缆线路隐患整改作业的事前准备及事后归档工作

1. 考核时间：30 min。
2. 考核方式：步骤描述。

3. 考核评分表。

考生姓名：________　　　　单位：________

序号	工作步骤	工作标准	配分	评分标准	扣分	得分	考核结果
1	掌握通信光缆线路隐患情况和光缆走向、技术指标	描述光缆线路主要技术指标包括：光缆(硅芯管)埋深指标、光缆平行净距离指标、光缆套管指标、光缆(硅芯管)与已有地下管线和建筑物的间距指标、光缆穿放指标、光缆敷设安装的最小曲率半径技术指标、光缆敷设安装的重叠和预留长度技术指标、光缆线路的测试指标	50	未描述此项步骤扣 50 分，光缆线路主要技术指标至少说出 5 项，少描述一项扣 10 分			
2	提出通信作业计划需求	根据光缆线路隐患情况，向分公司通信主管提出必要的通信作业计划需求，由分公司通信主管决策是否向生产处进行通信作业计划申请工作	10	未描述此项步骤扣 10 分			
3	光缆线路隐患整改作业事后的资料收集及归档	站场所辖光缆线路技术资料档案应按照如下要求进行管理：①光缆线路的技术档案和资料要完整、准确；②按规定的图例和符号绘制光缆路由图及路由变更图；③及时修改、补充线路改迁、扩建等有关的技术资料	30	未描述此项步骤扣 30 分，资料档案管理要求少描述一项扣 10 分			
4	上报光缆线路隐患整改作业的结果	将光缆线路隐患整改作业的结果上报给分公司通信主管	10	未描述此项扣 10 分			
合计			100				

考评员　　　　　　　　　　年　　月　　日

八、W-TX-01-C04 光缆线路维护管理——组织进行光缆线路隐患整改工作

1. 考核时间：30min。
2. 考核方式：步骤描述。
3. 考核评分表。

考生姓名：＿＿＿＿＿＿＿＿ 单位：＿＿＿＿＿＿＿＿

序号	工作步骤	工作标准	配分	评分标准	扣分	得分	考核结果
1	汇报所辖光缆线路情况	将所辖通信光缆线路隐患情况和光缆技术指标汇报站场通信工程师。 光缆线路主要技术指标包括：光缆（硅芯管）埋深指标、光缆平行净距离指标、光缆套管指标、光缆（硅芯管）与已有地下管线和建筑物的间距指标、光缆穿放指标、光缆敷设安装的最小曲率半径技术指标、光缆敷设安装的重叠和预留长度技术指标、光缆线路的测试指标	50	未描述此项扣50分，光缆线路主要技术指标至少说出5项，少描述一项扣10分			
2	进行光缆线路隐患整改	通信线路隐患整改过程中，①需听取站场通信工程师有关光缆线路作业计划工作要求，②光缆线路作业计划工作遇到困难或完成时，向站场通信工程师反馈	50	通信线路隐患整改过程中的要求缺一项扣20分			
合计			100				

考评员 年 月 日

九、S-TX-01-C05 通信系统故障处理——通信系统故障处理的事前准备及事后归档工作

1. 考核时间：30 min。
2. 考核方式：步骤描述。
3. 考核评分表。

考生姓名：＿＿＿＿＿＿＿＿ 单位：＿＿＿＿＿＿＿＿

序号	工作步骤	工作标准	配分	评分标准	扣分	得分	考核结果
1	通信系统故障性质、段落判断	通过通信系统巡护或者网管通知，发现并记录所管辖站场、阀室通信系统的故障，初步判断故障性质、段落，并上报分公司通信主管	20	未写此项扣20分			
2	通知维修队或通信代维单位进行处理	当确认故障为光缆线路故障时，应迅速判明故障段落，及时通知维修队或通信代维单位进行处理	50	未写此项扣50分，未描述确认故障为光缆故障扣20分			
3	向分公司通信主管反馈结果	通信故障处理完毕，应向分公司通信主管反馈结果，并应认真分析故障原因总结经验教训	30	未描述此项扣30分			
合计			100				

考评员 年 月 日

十、W-TX-01-C05 通信系统故障处理——汇报通信系统巡护过程中所发现的问题

1. 考核时间：30 min。
2. 考核方式：步骤描述。
3. 考核评分表。

考生姓名：______________　　　　单位：______________

序号	工作步骤	工作标准	配分	评分标准	扣分	得分	考核结果
1	汇报通信系统巡护过程中所发现的问题	通过通信系统巡护，发现并记录所管辖站场、阀室通信系统的故障，同时汇报给站场通信工程师，由站场通信工程师上报分公司通信主管	50	未描述记录并将故障汇报给站场通信工程师，扣50分			
2	汇报现场不能处理的通信系统故障	对现场不能处理的通信系统故障，应汇报站场通信工程师，由站场通信工程师负责向上级主管单位进行汇报	50	未描述对现场不能处理的通信系统故障处理方法，扣50分			
合计			100				

考评员　　　　年　月　日

十一、S-TX-02-C01 光缆抢修管理——光缆抢修前准备工作

1. 考核时间：30 min。
2. 考核方式：步骤描述。
3. 考核评分表。

考生姓名：______________　　　　单位：______________

序号	工作步骤	工作标准	配分	评分标准	扣分	得分	考核结果
1	进行光缆抢修前准备工作	通知维修队或通信代维单位进行光缆抢修前准备工作	10	未描述此项扣10分			
2	通知巡线工在故障中继段进行巡查	通知巡线工在故障中继段进行巡查	10	未描述此项扣10分			
3	进行故障点的确认	配合网管及巡线工完成故障点的确认工作。 影响光缆线路故障点准确判断的主要因素： ①OTDR 测试仪表存在的固有偏差；②测试仪表操作不当产生的误差；③设定仪表的折射率偏差产生的误差；④量程范围选择不当的误差；⑤游标位置放置不当造成的误差；⑥光缆线路竣工资料的不准确造成的误差	80	未描述此项扣80分，未描述影响光缆线路故障点准确判断的主要因素，缺一项扣10分			
合计			100				

考评员　　　　年　月　日

十二、W-TX-02-C01 光缆抢修管理——光缆抢修事前准备及事后汇报

1. 考核时间：30min。
2. 考核方式：步骤描述。
3. 考核评分表。

考生姓名：＿＿＿＿＿＿＿＿ 单位：＿＿＿＿＿＿＿＿

序号	工作步骤	工作标准	配分	评分标准	扣分	得分	考核结果
1	进行光缆抢修前准备工作	根据站场通信工程师的要求，准备光缆故障抢修物资，包括：与所割接光缆同厂家同型号光缆、接头盒、光纤熔接工具、人手孔、OTDR 等	50	需描述光缆抢修前需准备的物资，至少说 5 项，缺一项扣 10 分			
2	汇报光缆抢修结果	故障处理完毕后汇报站场通信工程师，再由站场通信工程师向上级管理部门汇报结果	50	未描述此步骤扣 50 分			
合计			100				

考评员　　　　　　　　　　　　年　　月　　日

十三、S/W-TX-02-C03 通信系统维护安全管理——站场和阀室通信设备日常安全管理

1. 考核时间：30 min。
2. 考核方式：步骤描述。
3. 考核评分表。

考生姓名：＿＿＿＿＿＿＿＿ 单位：＿＿＿＿＿＿＿＿

序号	工作步骤	工作标准	配分	评分标准	扣分	得分	考核结果
1	对安全管理维护人员进行管理	主要管理内容包括： ①维护人员应具有一定的专业技术知识，经过系统培训后方可操作通信设备。无关人员禁止操作通信设备。 ②维护人员应熟悉安全操作规程，凡对人身及系统危险性较大、操作复杂工作时，应制订安全保护措施	20	主要管理内容缺一项扣 10 分			
2	对所辖站场和阀室通信设备进行日常安全管理	主要管理内容包括： ①在维护、装载、测试、故障处理等工作中，应采取预防或隔离措施，防止通信中断和人为事故的发生； ②新增或关闭卫星远端站以及各站增减电路，需经上级部门批准后方可实施；	40	主要管理内容至少描述 4 项，缺一项扣 10 分			

续表

序号	工作步骤	工作标准	配分	评分标准	扣分	得分	考核结果
2	对所辖站场和阀室通信设备进行日常安全管理	③在机架上插拔电路板或连接电缆时，应佩带防静电手镯，如果没有防静电手镯，在接触设备和卡板前，应先触摸下金属导体； ④操作中使用的工具应防静电； ⑤通信设备的静电缆、终端操作台地线应分别接到总地线母体的汇流排上； ⑥外来中继线必须经过安装高压防护设备后，方可接入通信设备； ⑦通信设备供电路由应严禁其他高功率设备接入	40	主要管理内容至少描述 4 项，缺一项扣 10 分			
3	对所辖光缆线路进行日常安全管理	主要管理要求包括： ①业务管理单位应加强安全生产教育和检查，建立和健全光缆线路运行维护及操作的规章制度； ②光缆的储运、挖沟、布放及杆上作业等应遵守安全操作规定； ③光缆维护作业应防范各种伤亡事故(如电击、中毒、倒杆或坠落致伤等)的发生； ④在市区、水面、涵洞等特殊区域作业时，应遵守相关安全操作规定，确保作业和人身的安全； ⑤严禁在架空光缆线路附近和桥洞、涵洞内长途线路附近堆放易燃、易爆物品，发现后应及时处理； ⑥在人孔中进行作业之前，应先查实有无有害气体。当发现时，应采取合适的措施方可下人孔。事后应向有关部门报告并督促其杜绝危害气源； ⑦维护人员在使用明火和自然、可燃或易燃物品时，应予以高度重视，谨防火灾的发生。一旦发生火情，应立即向消防部门报警，迅速组织人员，采取行之有效的灭火措施，减少火灾引起的损失	40	主要管理内容至少描述 4 项，缺一项扣 10 分			
合计			100				

考评员　　　　　　　　　　　　　　　　　　　　年　　月　　日

十四、S-TX-03-C01 通信系统台账管理——各种通信设备及光缆线路的台账编制

1. 考核时间：60min。

2. 考核方式：方案编制。

3. 考核评分表。

考生姓名：＿＿＿＿＿＿　　　　单位：＿＿＿＿＿＿

序号	工作步骤	工作标准	配分	评分标准	扣分	得分	考核结果
1	编制光通信设备台账	统计内容包括：制造商国家；资产制造商；公司名称；站场名称；专业；分类；分类描述；条形码(标牌)；子架型号+子架指标	20	未描述此项扣20分，统计内容缺一项扣1分			
2	编制光缆线路台账	统计内容包括：制造商国家；资产制造商；公司名称；站场名称；专业；分类；分类描述；规格型号	20	未描述此项扣20分，统计内容缺一项扣1分			
3	编制光通信设备的端口业务台账	描述各类通信业务	20	未描述此项扣20分			
4	编制卫星通信设备台账	统计内容包括：制造商国家；资产制造商；公司名称；站场名称；专业；分类；分类描述；条形码(标牌)；规格型号	20	未描述此项扣20分，统计内容缺一项扣1分			
5	编制语音交换设备台账	统计内容包括：制造商国家；资产制造商；公司名称；站场名称；专业；分类；分类描述；条形码(标牌)；规格型号	10	未描述此项扣10分，统计内容缺一项扣1分			
6	编制工业电视设备台账	统计内容包括：制造商国家；资产制造商；公司名称；站场名称；专业；分类；分类描述；条形码(标牌)；规格型号	10	未描述此项扣10分，统计内容缺一项扣1分			
合计			100				

考评员　　　　年　月　日

十五、S/W-TX-03-C02 通信技术资料管理——通信技术资料的收集与建立

1. 考核时间：30 min。

2. 考核方式：方案编制。

3. 考核评分表。

考生姓名：________________　　　　单位：________________

序号	工作步骤	工作标准	配分	评分标准	扣分	得分	考核结果
1	收集通信竣工资料、设计图纸	根据通信技术资料管理要求，收集通信竣工资料、设计图纸。 具体要求如下： ①各输油气站场应建立必要的通信专业技术档案、资料和原始记录，指定专人妥善保管，专柜集中存放，并定期整理，保持技术资料完整、准确； ②技术档案资料不得任意抽取涂改； ③设备更改后相关资料要进行相应的更改，实现资料与实物相符； ④设备调拨时，图纸、说明书及相关资料应随机移交，不得截留和抽取	30	具体要求缺一项扣5分			
2	收集通信系统技术说明书、操作手册	根据通信技术资料管理要求，收集通信系统技术说明书、操作手册。 具体要求如下： ①各输油气站场应建立必要的通信专业技术档案、资料和原始记录，指定专人妥善保管，专柜集中存放，并定期整理，保持技术资料完整、准确； ②技术档案资料不得任意抽取涂改； ③设备更改后，相关资料要进行相应的更改，实现资料与实物相符； ④设备调拨时，图纸、说明书及相关资料应随机移交，不得截留和抽取。	30	具体要求缺一项扣5分			
3	建立通信系统技术档案、资料和原始记录	根据通信技术资料管理要求，建立通信系统技术档案、资料和原始记录。 具体要求如下： ①各种报表和原始记录应认真填写，做到齐全、准确、清楚； ②按规定的图例和符号绘制光缆路由图及路由变更图； ③及时修改、补充线路改迁、扩建等有关的技术资料。	40	未描述此项扣40分，具体要求缺一项扣5分			
合计			100				

考评员　　　　　　　　　　　　　　　　年　　月　　日

十六、S-TX-03-C03 外租线路、设备管理——外租线路检查及设备资料的整理和更新

1. 考核时间：30min。
2. 考核方式：步骤描述。
3. 考核评分表。

考生姓名：______________ 单位：______________

序号	工作步骤	工作标准	配分	评分标准	扣分	得分	考核结果
1	外租线路、设备资料的整理和更新	根据外租线路、设备管理要求，做好外租线路、设备资料的整理和更新。各单位所租用公网电路必须是具有国家资质的运营商的电路	20	未描述此项扣 20 分			
2	外租线路运行状态检查	根据外租线路、设备管理要求，检查外租线路运行状态，如果出现通信中断的情况，应尽快与外租线路运营商沟通，予以排除	40	未描述此项扣 40 分			
3	外租线路、设备故障处理记录	根据外租线路、设备管理要求，做好外租线路、设备故障处理记录，以纸质文档形式存档	40	未描述此项扣 40 分			
合计			100				

考评员 年 月 日

十七、S-TX-03-C04 备品备件日常管理

1. 考核时间：30 min。
2. 考核方式：步骤描述。
3. 考核评分表。

考生姓名：______________ 单位：______________

序号	工作步骤	工作标准	配分	评分标准	扣分	得分	考核结果
1	备品备件库房盘查	根据备品备件管理要求，进行备品备件库房盘查。 具体要求如下：用于维护、应急、抢修用的备品备件应设专人负责管理，定期检查清理，做到账物相符，确保完好；业务管理单位应储备满足日常维护抢修的备品、备件；备板存放时保存在防静电保护袋内，防静电保护袋中应放置干燥剂，存放的环境温度和湿度应满足备品备件存放规定；当防静电封装的备板从一个温度较低、较干燥的地方拿到温度较高、较潮湿的地方时，至少需要等 30min 以后才能拆封，否则会导致潮气凝聚在备板表面，容易损坏器件	30	备品备件库房盘查要求缺一项扣 10 分			

续表

序号	工作步骤	工作标准	配分	评分标准	扣分	得分	考核结果
2	按需上报采购计划	根据备品备件管理要求，根据所需备件型号，按需上报采购计划。 具体要求如下：使用华为、中兴光通信设备的所属各单位无需新增备品备件，根据公司分别与华为技术有限公司和中兴通讯股份有限公司的代理单位签署的《管道分公司光通信系统设备维保技术服务合同》内容，需申请备品备件时，应联系管道公司网管中心，并去距离最近的华为备品备件库和中兴备品备件库领取备件； 卫星通信系统中的 BUC，LNB 和 IDU 设备应按照 10(在用设备)：1(备用设备)的比例进行备品备件储备，在用设备不足 10 个的，每种类型的备品备件至少储备 1 个	30	具体要求缺一项扣 10 分			
3	按期检查备品备件存放情况	根据备品备件管理要求，按期检查备品备件存放情况。 具体要求如下：备品备件实行分散存放，紧急情况下服从生产处应急调拨；备品备应分别建立台账、机历薄及相应的图纸资料，并做好出入库登记	30	未描述此项扣 30 分			
4	指导备品备件到库检测	根据相关检测规范，指导备品备件到库检测	10	未描述此项扣 10 分			
合计			100				

考评员　　　　　　　　　　　　　　　　年　　月　　日

十八、S/W-TX-03-C05 仪器仪表日常管理

1. 考核时间：30 min。
2. 考核方式：步骤描述。
3. 考核评分表。

考生姓名：________________ 单位：________________

序号	工作步骤	工作标准	配分	评分标准	扣分	得分	考核结果
1	对常用仪器仪表进行日常维护	仪器仪表日常维护要求： ①仪器仪表应分别建立台账、机历簿及相应的图纸资料； ②仪器仪表应保持完好，包括以下方面： a. 主要技术指标、机械、电气和传输性能符合规定要求；b. 结构完整、部件齐全，设备清洁、运行正常；c. 技术资料齐全、完整、图纸与实物相符。 ③仪器仪表的调拨、报废、停用、拆除、转让等应经有关部门批准后方可办理，并及时办理资产移交手续； ④定期对仪器仪表电池进行充放电检验以及对仪器仪表及其附件进行通电检查，并认真做好记录； ⑤按照技术监督规定，定期对仪器仪表进行校表，检定周期应为一年； ⑥仪器仪表的借出应经主管部门批准，并履行相关手续，仪表归还时应对主要性能作必要的交接检查；凡借出给维护部门以外的单位使用，由于外单位原因造成仪表损坏，要照价赔偿； ⑦各种仪器仪表发生障碍后，应及时维修、返修，并有详细的维修、返修记录	80	仪器仪表日常维护要求缺一项扣5分			
2	了解常用仪器仪表主要参数的作用	根据仪器仪表管理要求，了解常用仪器仪表主要参数的作用。 常用仪器仪表包括：OTDR光时域反射仪、光功率计、光衰减器、光源、万用表、频谱仪等	10	未描述此项扣10分			
3	对常用仪器仪表的参数进行设置	对常用仪器仪表的参数进行设置，需进行参数设置的仪器仪表主要包括：OTDR、频谱仪等	10	未描述此项扣10分			
合计			100				

考评员 年 月 日

十九、S-TX-03-C06 通信机房管理——通信机房日常巡检

1. 考核时间：30 min。
2. 考核方式：步骤描述。

3. 考核评分表。

考生姓名：________　　　　　　　　　　单位：________

序号	工作步骤	工作标准	配分	评分标准	扣分	得分	考核结果
1	对通信机房通信设备进行巡检	机房应地面清洁、设备无尘、排列正规、布线整齐、仪表正常、工具就位、资料齐全	20	未描述此项扣 20 分			
2	对通信机房照明设备检测	机房保持照明良好，备有应急照明设备，应急照明设备应由专人负责定期维护检修	20	未描述此项扣 20 分			
3	对通信机房温湿度检查	通信机房室内温度应保持在 5~40℃（阀室和无人清管站 0~45℃），温度≤35℃时相对湿度保持在 10%~90%（阀室和无人清管站 10%~90%）	20	未描述此项扣 20 分			
4	对通信机房配套地线检查	机房地线接地电阻的要求 ①机房地线接地电阻≤1Ω；②外线引入设备接地电阻：电缆引入设备接地电阻≤1Ω，光缆引入设备接地电阻≤1Ω	20	未描述此项扣 20 分			
5	对通信机房配套光配线架巡检要求	光配线架（ODF）管理要求：①进入机房的光缆和尾纤应采取保护措施，与电缆适当分开敷设以防挤压；②确保 ODF 设备资料的完整性、准确性、统一性。ODF 标签共分三种：光缆路由标签、光纤连接位置标签、光跳线标签（两端）	20	未描述此项扣 20 分			
合计			100				

考评员　　　　　　　　　　　　　　　　年　　月　　日

中级资质理论认证

中级资质理论认证要素细目表

行为领域	代码	认证范围	编号	认证要点
基础知识A	A	通信系统基础知识	01	光通信系统
			02	卫星通信系统
			03	语音通信系统
	B	通信系统设备知识	01	光通信设备知识
	C	通信仪器仪表工作原理	01	光纤熔接机工作原理
			02	光时域反射仪(OTDR)工作原理
			03	光源工作原理
			04	光功率计工作原理
			05	光衰减器工作原理
	D	通信仪器仪表使用方法	01	光纤熔接机的使用方法
			02	光时域反射仪(OTDR)的使用方法
			03	光源的使用方法
			04	光功率计的使用方法
			05	光衰减器的使用方法
			06	频谱仪的使用方法
专业知识B	A	通信系统的日常管理	01	通信系统设备日常巡护管理
			02	通信系统年检管理
			04	光缆线路维护管理
			05	通信系统故障处理
	B	通信专业应急与安全管理	01	光缆抢修管理
	C	通信专业基础管理	03	外租线路、设备管理
			04	备品备件管理
			05	仪器仪表管理

中级资质理论认证试题

一、单项选择题(每题4个选项，将正确的选项号填入括号内)

第一部分　基础知识

通信系统基础知识部分

1. AA01 MSTP表示(　　)。

A. 同步数字体系　　B. 多业务传送平台

C. 准同步数字体系　　D. 光传送网

2. AA01 OTN是以(　　)技术为基础、在光层组织网络的传送网，是下一代的骨干传送网。

A. 频分复用　　B. 码分复用　　C. 时分复用　　D. 波分复用

3. AA01 当一秒包含不少于(　　)的误码或者至少出现一个严重扰动期(SDP)时认为该秒为严重误码秒。

A. 10%　　B. 20%　　C. 30%　　D. 40%

4. AA01 在一秒中含有不小于(　　)的误块，或至少有一个缺陷(严重扰动期SDP)时认为该秒为严重误块秒。

A. 10%　　B. 20%　　C. 30%　　D. 40%

5. AA01 光通信系统中可以承载PDH、以太网、ATM等业务，用于提供各种速率信号的接口，实现多种业务的接入和处理功能的板卡称为(　　)。

A. 线路板　　B. 支路板　　C. 交叉板　　D. 辅助板

6. AA01 光通信系统中接入并处理高速信号(STM-1/STM-4/STM-16/STM-64的SDH信号)，为设备提供了各种速率的光/电接口以及相应的信号处理功能的板卡称为(　　)。

A. 线路板　　B. 支路板　　C. 交叉板　　D. 辅助板

7. AA01 光通信系统中可以用来实现业务基于VC4，VC3和VC12级别的路由选择的板卡称为(　　)。

A. 线路板　　B. 支路板　　C. 交叉板　　D. 辅助板

8. AA01 光通信系统中用来为系统中各个功能单元提供定时信号的单元称之为(　　)。

A. 时钟单元　　B. 支路板　　C. 交叉板　　D. 辅助板

9. AA01 光通信系统中为系统提供公务电话、串行数据的相关接口，并为系统提供电源接入和处理、光路放大等功能的板卡称为(　　)。

A. 线路板　　B. 支路板　　C. 交叉板　　D. 辅助板

10. AA01 光通信系统中实现对系统的控制和通信，主控单元收集系统各个功能单元产生的各种告警和性能数据，并通过网管接口上报给操作终端，同时接收网管下发的各种配置命令等功能的板卡称为(　　)。

A. 线路板　　B. 支路板　　C. 交叉板　　D. 主控板

11. AA01 光通信系统中利用时隙交换实现宽带管理，即允许两个 STM-*N* 信号之间的不同 VC 实现互联的设备称之为(　　)。

A. TM　　B. ADM　　C. DXC　　D. REG

12. AA01 光通信系统中，当帧失步状态持续(　　)后，SDH 设备应进入帧丢失状态。

A. 1ms　　B. 2ms　　C. 3ms　　D. 4ms

13. AA01 光通信系统中，当 STM-*N* 信号连续处于定帧状态至少(　　)后，SDH 设备应退出帧丢失状态。

A. 1ms　　B. 2ms　　C. 3ms　　D. 4ms

14. AA01 光通信系统中，当连续(　　)帧没有找到有效指针，或者监测到(　　)个连续新数据标志(NDF)使能时，设备应进入 LOP 状态。

A. 84　　B. 88　　C. 48　　D. 44

15. AA01 光通信系统中当监测到连续(　　)个具有正常 NDF 的有效指针或级联指示时，设备应退出 LOP 状态。

A. 2　　B. 3　　C. 4　　D. 5

16. AA01 光通信系统中(　　)的业务量是以复用段为基础的，倒换与否按每一节点间复用段信号的优劣而定。当复用段出现故障时，整个节点间的复用段业务信号都转向保护段。

A. 通道保护　　B. 复用段保护　　C. SNCP 保护　　D. 双向通道保护

17. AA02 BUC 和 LNB 功能描述正确的是(　　)。

A. BUC 实现低频信号的升频和放大作用

B. LNB 实现低频信号的降频和缩小作用

C. BUC 实现高频信号的升频和滤波作用

D. LNB 实现低频信号的升频和放大作用

18. AA02 双工器的主要作用是(　　)。

A. 提高天线发射和接收信号时的增益

B. 实现收发共用一副天线时的信号隔离

C. 实现极化复用，提高频谱利用率

D. 提高卫星天线对星的准确性

19. AA02 卫星天线分为哪几种(　　)。

A. 前馈天线　　B. 后馈天线　　C. 偏馈天线　　D. 以上三种

20. AA02 在制作中频电缆时，必须在电缆接头上使用热缩套管的主要原因是(　　)。

A. 隔热，避免接头在太阳直晒时过热

B. 防止静电击穿接收机的射频前端设备

C. 防止雨水渗入接头，以免影响接头连接的可靠性和使用寿命

D. 防止接头的金属部件与电缆外皮之间发生断裂

21. AA02 在卫星通信中，Ku 波段的频率范围是(　　)。

A. 4~6GHz　　B. 11~14GHz　　C. 9~10GHz　　D. 15GHz 以上

22. AA02 同步卫星的轨道数量(　　)。

A. 无　　B. 一条　　C. 两条　　D. 三条

23. AA02 以下不属于对星中三大参数的是(　　)。

A. 方位角　　B. 俯仰角　　C. 高度　　D. 极化角

24. AA03 语音通信系统中，用于为用户提供多种类型的业务接入，如：数字通信协议(DCP)接入、LAN 接入、模拟话机用户接入等的板卡称之为(　　)。

A. 中继板　　B. 用户接口板　　C. 模拟分机板　　D. 数字分机板

25. AA03 语音通信系统中，用于为用户提供多种类型的业务接入，如：数字通信协议(DCP)接入、LAN 接入、模拟话机用户接入等的板卡称之为(　　)。

A. 中继板　　B. 用户接口板　　C. 模拟分机板　　D. 数字分机板

26. AA03 语音通信系统中，将某个被叫的来电转移到另一个别名或外线号码，称之为(　　)。

A. 呼叫限制　　B. 呼叫转移　　C. 软电话　　D. 中继

27. AA03 语音通信系统中，限制拨打某些号码或目的地，称之为(　　)。

A. 呼叫限制　　B. 呼叫转移　　C. 软电话　　D. 中继

28. AA03 由 2 个 B 通道(每个 B 通道的带宽为 64kbit/s)和一个 D 通道(带宽 16kbit/s)组成的信令为(　　)。

A. PRI 信令　　B. BRI 信令　　C. SIP 信令　　D. SS7 信令

29. AA03 我国采用的 PRI 信令为(　　)方式。

A. 23B+D　　B. 30B+D　　C. 23B　　D. 30B

30. AA03(　　)是一个应用层的信令控制协议。用于创建、修改和释放一个或多个参与者的会话。这些会话可以是 Internet 多媒体会议、IP 电话或多媒体分发。会话的参与者可以通过组播(multicast)、网状单播(unicast)或两者的混合体进行通信。

A. PRI 信令　　B. BRI 信令　　C. SIP 信令　　D. SS7 信令

31. AA03(　　)是由 ITU-T 定义的一组电信协议，主要用于为电话公司提供局间信令。采用公共信道信令技术(Common-Channel Signaling，CCS)，即为信令服务提供独立的分组交换网络。

A. PRI 信令　　B. BRI 信令　　C. SIP 信令　　D. SS7 信令

32. AA03(　　)是使各类通信设备时间同步化的一种协议，可以使通信设备对其服务器或时钟源(如石英钟，GPS)做同步化，并可以提供高精准度的时间校正。

A. PRI 信令　　B. BRI 信令　　C. SIP 信令　　D. NTP

通信系统设备知识部分

33. AB01 以下关于 OSN 3500 主备主控备份的说法中正确的是(　　)。

A. 主备主控之间完全热备份

B. 主备主控之间的备份方式包括批量备份和实时备份

C. 主备主控之间会自动复制单板软件

D. 主备主控之间不会自动复制网元 ID

34. AB01 以下关于 OSN 1500 处理板和接口板的对应关系错误的是(　　)。

A. 子架拆分前，处理板位 slot 12 对应接口区 slot 14 和 slot 15，处理板位 slot 13 对应接口区 slot 16 和 slot 17

B. 子架拆分后，slot 2 对应接口区 slot 14，slot 12 对应 slot 15，slot 3 对应接口区 slot 16， slot 13 对应 slot 17

C. 处理板位 slot 7 对应接口区 slot 15，处理板位 slot 8 对应接口区 slot 17

D. 如果 slot 12 插了 SEP1 单板，则 slot 7 板位不可以插 PD1 单板

35. AB01OSN 1500 的 AUX 板完成的功能不包括(　　)。

A. 提供单板间 LANSWITCH 通信通路

B. 为系统提供 3. 3V 备份电源

C. 完成系统两路独立-48V 电源的监控

D. 处理公务开销字节

36. AB01 以下关于 OSN 1500 子架电缆布放的说法中错误的是(　　)。

A. 在安装单板和其他电缆之前，应首先安装子架 PGND 接地电缆

B. 子架下层(slot 1—slot 13)单板带出的电缆和光纤必须沿机柜的右侧布放到子架

C. 子架上层(slot 14—slot 17)转接板带出的电缆必须沿机柜的左侧布放到子架

D. PIU 板上的电源线和 75Ω 时钟线必须沿机柜左侧布放

37. AB01 以下关于 OSN1500 TPS 保护的说法中错误的是(　　)。

A. 可以支持多个 TPS 保护组共存、E1/E3/E4/STM-1E 业务混合保护

B. 可以配置两组 E1 保护，11 板位配置 PQ1 保护 12 板位 PQ1，6 板位配置 PD1 保护 8 板位 PD1

C. 可以配置一组 E1 和一组 STM-1E 的混合保护，12 板位配置 SEP1 保护 13 板位 SEP1，6 板位配置 PD1 保护 7 板位 PD1

D. 可以配置两组 E1 保护，1 板位配置 PD1 保护 2 板位 PD1，6 板位配置 PD1 保护 7 板位 PD1

38. AB01 EMPU 板实现的功能不包括(　　)。

A. 完成所有单板指示灯和机柜顶指示灯的测试功能

B. 告警开关量输入输出

C. 单板电压、温度监控

D. 风扇温度、转速检测

39. AB01 以下关于 OSN 3500/2500 单板电源保护的说法中正确(　　)。

A. SCC 板的工作电源来自母板-48V 经线性变换后的电压，AUX 板输出的备份电源为其提供冷备份

B. OSN 2500 合一板的工作电源来自母板-24V 经线性变换后的电压，SAP 板输出的备份电源为其提供冷备份

C. 接口板由对应的处理板提供工作电压，AUX 或 SAP 板输出的备份电源为其提供热备份

D. AUX 和 SAP 板的工作电源来自母板-48V 经线性变换后的电压，自身备份电源为其提供冷备份

40. AB01 下列说法正确的是(　　)。

A. OSN 3500 的交叉、时钟、主控主备是绑定倒换的

B. OSN 2500 的交叉、时钟、主控主备可以不绑定倒换

C. OSN 9500 的交叉、时钟主备可以不绑定倒换

D. 绑定与否可以通过设置控制

41. AB01 以下关于以太网的描述(　　)是错误的。

A. 以太网是面向非连接的网络技术

B. 以太网的寻址采用广播技术

C. 以太网可以提供较高的 Qos

D. 不同速率直接的以太网可以实现“无缝”桥接

42. AB01 以下关于 TCP/IP 的描述(　　)是错误的。

A. IP 是面向连接的、可靠的网络层技术

B. TCP 是面向连接的、可靠的传输层技术

C. UDP 是面向非连接的、不可靠的传输层技术

D. TCP/IP 通常分为链路层、网络层、传输层、应用层

通信仪器仪表工作原理部分

43. AC01 光纤是二氧化硅材质，(　　)达到熔融状态。

A. 容易　　B. 不易

44. AC02 当用 OTDR 对光缆进行测试时，用 1550nm 波长比用 1310nm 波长单位长度衰减(　　)。

A. 更大　　B. 更小　　C. 相同

45. AC02 OTDR 的实际操作中，随着测量时间的增长，测量次数的增多，取平均以后显示的曲线越(　　)。

A. 平缓　　B. 陡峭　　C. 平滑

46. AC02 用后向法测试光纤线路损耗所用仪表为(　　)。

A. 光功率计　　B. OTDR　　C. 电平表　　D. 衰耗器

47. AC02 光时域反射仪(OTDR)基于光的背向散射与菲涅耳反射原理制作，不可用于(　　)。

A. 测量光纤衰减　　B. 测量接头损耗

C. 光纤故障点定位　　D. 光系统误码率

48. AC05 光通信测量中的光功率单位常用(　　)表示。

A. 千瓦(kW)　　B. 毫瓦(mW)

C. 分贝毫(dBm)　　D. B 和 C

通信仪器仪表使用方法部分

49. AD02 下列 OTDR 的使用中，说法正确的是(　　)。

A. 平均时间越长，信噪比越高，曲线越清晰

B. 脉宽越大，功率越大，可测的距离越长，分辨率也越高

C. 脉冲宽度越大，盲区越小

D. 分别从两端测，测出的衰减值是一样的

50. AD02 近端终端在 OTDR 上无任何曲线信息，观察不到光纤，可加入一段(　　)的辅助光纤，进行近端测试。

A. 500~1000m　B. 1000~1500m　C. 1500~2000m　D. 2000~2500m

51. AD02 接头损耗对于某一个接头来说，用 OTDR 仪测定应是(　　)。

A. 双向测量的累加值　B. 双向测量的平均值

C. 单向测量的累加值　D. 单向测量的平均值

52. AD02 判断光缆的断点的位置时使用的仪表是(　　)。

A. 万用表　B. 光功率计　C. OTDR　D. 温度计

53. AD02 在设置 OTDR 测试条件时，光纤折射率用英文表示为(　　)。

A. PW　B. OPR　C. IP　D. IOR

54. AD02 在设置 OTDR 测试条件时，脉冲宽度用英文表示为(　　)。

A. PW　B. IP　C. OPR　D. IOR

55. AD02 在设置 OTDR 测试条件时，衰减量用英文表示为(　　)。

A. IOR　B. ATT　C. IP　D. PW

第二部分　专业知识

通信系统的日常管理部分

56. BA01 通信设备联合接地地阻值应(　　)。

A. <1Ω　B. >1Ω　C. ≥1Ω　D. 无要求

57. BA01 通信设备表面温度正常值最高不应超过(　　)。

A. 20℃　B. 30℃　C. 40℃　D. 无要求

58. BA01 通信机柜顶端红色、黄色、绿色指示灯分别为(　　)。

A. 紧急告警指示灯、主要告警指示灯、电源指示灯

B. 主要告警指示灯、次要告警指示灯、电源指示灯

C. 主要告警指示灯、次要告警指示灯、电源指示灯

D. 主要告警指示灯、紧急告警指示灯、电源指示灯

59. BA01 光端机单板有告警时(　　)。

A. 红色告警灯闪烁　B. 黄色告警灯闪烁

C. 绿色运行灯闪烁　D. 红色告警灯常灭

60. BA04 光缆线路维护管理内容包括(　　)。

A. 光缆技术维护和光缆施工维护　B. 光缆施工维护和光缆一般性维护

C. 光缆技术维护和光缆一般性维护　D. 仅含光缆一般性维护

61. BA04 同沟敷设的不同光缆，缆间的平行净距离不小于(　　)。

A. 50m　B. 70m　C. 90m　D. 100m

62. BA05 下列关于通信系统故障处理原则哪一项是错误的(　　)。

A. 维修队或通信代维单位应优先处理故障，后抢通业务

B. 应根据网管告警信息、设备告警指示或用户申告，初步判断故障性质、段落，并同时组织人员前往处理

C. 当确认故障为光缆线路故障时，应迅速判明故障段落，及时通知维修队或通信代维单位进行处理

D. 通信故障处理结束后，应详细记录故障现象、性质、段落、时间、影响范围、处理过程、结果、处理人等信息，处理完毕，应向分公司通信主管反馈结果，并应认真分析故障原因总结经验教训

63. BA05 下列关于光缆线路故障处理原则哪一项是正确的(　　)。

A. 故障排除后，无需对故障光缆进行严格的测试

B. 处理故障中所接入或更换的光缆，其长度不得小于 50m

C. 处理故障过程中，要做到单点接续损耗不得大于 0.25dB

D. 采取“先一级、后二级”和“先抢通、后修复”的原则，不分时段、不分天气好坏、不分维护界线，用最快的方法临时抢通传输系统，并尽快恢复

64. BA05 下列关于语音交换设备故障处理要求哪一项是错误的(　　)。

A. 维护人员发现故障或接到故障报告后，应立即详细记录故障现场和发生时间，然后前往故障现场或者登录系统网管和监控系统，检查核实故障，并分析判断故障原因

B. 确认故障解除后，应认真填写语音交换通信设备故障处理报告后上交，并妥善存档

C. 如果判断故障是由于光传输或网络故障产生，应立即联系维护人员，并配合他们尽快解决故障

D. 无论发生任何语音设备故障，都不能关闭语音交换设备和切断语音设备电源

65. BA05 下列关于卫星通信设备故障处理要求哪一项是错误的(　　)。

A. 对于一般性的卫星通信故障，应在故障发现 24h 内处理完毕

B. 设备故障处理过程中，出现设备更换和送修后，应由通信工程师或部门主管填写在设备台账中

C. 特殊情况，故障处理无需经过网管中心同意

D. 应根据网络的业务情况安排时间，对故障进行处理

通信专业应急与安全管理部分

66. BB01 影响光缆线路故障点准确判断的主要因素不包括以下哪项(　　)。

A. OTDR 测试仪表存在的固有偏差　　B. 测试仪表操作不当产生的误差

C. 光缆的类型　　D. 量程范围选择不当的误差

67. BB01 考虑到不影响单模光纤在单一模式稳态条件下工作，以保证通信质量，介入或更换光缆的最小长度应大于(　　)。

A. 300m　　B. 200m　　C. 100m　　D. 50m

68. BB01 考虑到光缆修复施工中须用 OTDR 监测，或者日常维护中便于分辨邻近两个接头的障碍，介入或更换光缆的最小长度应大于 OTDR 的两点分辨率，一般宜大于(　　)。

A. 300m　　B. 200m　　C. 100m　　D. 50m

69. BB01 更换光缆的长度除考虑足以排除故障段外，还应考虑的因素不包括以下哪项(　　)。

A. 更换的光缆长度应不影响单模光纤在单一模式稳态条件下的工作情况

B. 介入或更换光缆的最小长度应大于 OTDR 的两点分辨率

C. 介入或更换光缆的长度接近接头盒时，如现场情况允许可以将接头盒盘留光缆延伸至断点处

D. 光缆的厂家及型号

70. BB01 光缆线路抢修的基本原则不包括以下哪项(　　)。

A. 处理故障过程中，单点接续损耗不得大于 0.08dB

B. 光缆故障抢修时，替换光缆长度不能少于 100m

C. 执行先干线后支线、先主用后备用和先抢通后修复的原则

D. 抢修光缆线路故障无需在网管部门的密切配合下进行

71. BB01 接头盒进水故障处理要求不包括以下哪项(　　)。

A. 打开接头盒后，观察分析进水原因，有针对性地进行处理

B. 吹干或晾干盒内部件，然后做相应的密封处理

C. 对损坏部位进行合理修复后，再装配接头盒

D. 密封处理时，自粘胶带和密封胶条的用量越多越好

72. BB01 接头盒内个别光纤断纤的修复要求不包括以下哪项(　　)。

A. 故障点最近站场、阀室应建立 OTDR 远端监测

B. 在 OTDR 的检测下，利用接头盒内的余纤重新制作端面和融接，并用热缩保护管予以增强保护后重新盘纤

C. 接头盒内个别光纤断纤的修复不能用接头盒内余纤修复

D. 测试完成后需用 OTDR 做中继段全程衰耗测试

73. BB01 光缆故障在接头坑内但不在盒内的修复要求不包括以下哪项(　　)。

A. 要充分利用接头点余留的光缆

B. 可以取掉原接头，重新做接续

C. 当余留的光缆长度不够用时，按非接头部位的情况修复处理

D. 不能应用管道余缆修复

74. BB01 光缆非接头部位的修复要求不包括以下哪项(　　)。

A. 如果故障点只是个别点，可用线路的余缆修复

B. 当光缆受损为一段范围，或者 OTDR 检出故障为一个高衰耗区时，需要更换光缆处理

C. 考虑到不影响单模光纤在单一模式稳态条件下工作，以保证通信质量，介入或更换光缆的最小长度应大于 50m

D. 介入或更换光缆的长度接近接头盒时，如现场情况允许可以将接头盒盘留光缆延伸至断点处，以便减少一处接头盒

通信专业基础管理部分

75. BC04 业务管理单位应储备满足日常维护抢修的(　　)。

A. 备品备件　　B. 光缆　　C. 仪表　　D. 单板

76. BC04 备品备件实行(　　)，紧急情况下服从生产处应急调拨。

A. 集中存放　　B. 分散存放

C. 集中存放于分散存放并存　　D. 各站场单独存放

77. BC04 备品备件的(　　)应经有关部门批准后方可办理。

A. 存放、停用　　B. 登记、转让

C. 调拨、报废　　　　D. 停用、登记

78. BC04 备品备件应建立(　　)，并做好出入库登记。

A. 只需建立台账

B. 只需建立机历簿

C. 台账、机历簿及相应的电子资料

D. 台账、机历簿及相应的图纸资料

79. BC04 通信专业备品备件中的备板应放置在(　　)中。

A. 防静电保护袋　　　　B. 普通塑料袋

C. 干燥空气　　　　D. 干燥塑料袋

80. BC04 备板从一个温度较低、较干燥的地方拿到温度较高、较潮湿的地方时，至少需要等(　　)以后才能拆封。

A. 10min　　B. 20min　　C. 30min　　D. 60min

81. BC04 使用中兴光通信设备的所属各单位(　　)新增购置储备各类通信设备的备品备件。

A. 不需要　　　　B. 需要

C. 可以去中兴备品备件库领取　　　　D. 以上都不对

82. BC04 使用华为光通信设备的所属各单位(　　)新增购置储备各类通信设备的备品备件。

A. 不需要　　　　B. 需要

C. 不可以去华为备品备件库领取　　　　D. 以上都不对

83. BC04 使用华为光通信设备的所属各单位需申请备品备件时，应联系管道公司网管中心，并去(　　)的华为备品备件库领取备件。

A. 任意　　B. 距离最近　　C. 指定　　D. 以上都不对

84. BC05 通信仪器仪表应保持完好，不包括以下哪一项(　　)。

A. 主要技术指标、机械、电气和传输性能符合规定要求

B. 结构完整、部件齐全、设备清洁、运行正常

C. 使用仪器仪表和工具的人员应经过严格培训

D. 技术资料齐全、完整，图纸与实物相符

二、判断题(对的画“√”，错的画“×”)

第一部分　基础知识

通信系统基础知识部分

(　　)1. AA01 REG 可利用时隙交换实现宽带管理，即允许两个 STM-N 信号之间的不同 VC 实现互联，并且具有无需分接和终结整体信号，即可将各种 G. 703 规定的接口信号(PDH)或 STM-N 信号(SDH)接入 STM-M($M>N$)内作任何支路。

(　　)2. AA01 当帧失步状态持续 1ms 后，SDH 设备应进入帧丢失状态；而当 STM-N 信号连续处于定帧状态至少 3ms 后，SDH 设备应退出帧丢失状态。

(　　)3. AA01 当连续 4 帧没有找到有效指针，或者监测到 4 个连续新数据标志(NDF)时，设备应进入 LOP 状态；而当监测到连续 3 个具有正常 NDF 的有效指针或级联指示时，设备应退出 LOP 状态。

(　　)4. AA01 光衰减器是用于对光功率进行衰减的器件，它主要用于光纤系统的指标测量、短距离通信系统的信号衰减以及系统试验等场合。

(　　)5. AA01 误码率是指错误接收的码元数在传送总码元数中所占的比例。

(　　)6. AA01 接收灵敏度是指 R 点处为达到 2×10^{-10}的 BER 值所需要的平均接收光功率的最小值。

(　　)7. AA01 接收过载功率是指 R 点处为达到 1×10^{-10}的 BER 值所需要的平均接收光功率的最大值。

(　　)8. AA02 ODU 室外单元由 LNB(低噪声放大下变频器)和 BUC(上变频功率放大器)组成。

(　　)9. AA02 双工器是异频双工电台，中继台的主要配件，其作用是将发射和接收讯号相隔离，保证接收和发射都能同时正常工作。它是由两组不同频率的带阻滤波器组成，避免本机发射信号传输到接收机。

(　　)10. AA02 IFL 用于 VSAT 端站 ODU 和 IDU 之间的连接电缆，或者大型地球站射频机房与天线之间的波导和电缆连接。

通信系统设备知识部分

(　　)11. AB01 OSN 9500 的 PIU 板插拔时若不关断 JPIU 上的电源开关，会使母板同 PIU 单板间产生打火现象，且瞬间接触电流很大，将导致十分严重的后果。因此，正常操作是要求先关 JPIU 上的电源开关，再插拔 JPIU 单板。

(　　)12. AB01 OSN 3500 的光接口都是 LC/PC 的。

(　　)13. AB01 OSN 3500 的光模块均支持热插拔。

(　　)14. AB01 OSN 1500 子架上层 2U 高，下层 3U 高。

(　　)15. AB01 OSN 1500 AUX 板支持 3 路告警开关量输入，支持 1 路告警开关量输出。

(　　)16. AB01 OSN 3500/2500/1500 支持 12 个环形复用段保护组和 40 个线性复用段保护组

(　　)17. AB01 OSN 9500/OSN 3500 的 10G 和 2. 5G 光口以及 OSN 3500/2500/1500 的 2. 5G 光口均支持复用段光路共享。

(　　)18. AB01 OSN 1500 最多支持 2 个 TPS 保护组共存。

(　　)19. AB01 OSN 1500 有 3 个槽位支持拆分，拆分前槽位号为 1，2 和 3；拆分后左边 3 个槽位为 1，2 和 3；右边 3 个槽位为 14，15 和 16。

(　　)20. AB01 OSN 1500 的 CXL1/4/16 板固定插在 slot 4 和 slot 5，默认 slot 4 主用，AUX 板固定插在 slot 10。

通信仪器仪表工作原理部分

(　　)21. AC01 熔接连接光纤不产生缝隙，因此不会引入反射损耗，入射损耗也很小，为 0. 01~0. 15dB。

(　　)22. AC02 光时域反射计利用的是光信号在光纤中传输时的两个物理现象，即瑞利(Rayleigh)后向散射和菲涅尔(Fresnel)反射。

(　　)23. AC02 光时域反射仪显示器上所显示的波形即为通常所称的“OTDR 前(后)向散射曲线”。

(　　)24. AC02 瑞利散射将光信号向四面八方散射，我们把其中沿光纤原链路返回 OTDR 的散射光称为背向散射光。

(　　)25. AC02 在脉冲幅度相同的条件下，脉冲宽度越大，脉冲能量就越大，此时 OTDR 的动态范围也越大。

(　　)26. AC02 OTDR 是利用光纤对光信号的后向散射来观察沿光纤分布的光纤质量，对于一般的后向散射信号，不会出现盲区。

(　　)27. AC02 非反射事件在 OTDR 测试结果曲线上，以背向散射电平上附加一突然下降台阶的形式表现出来。

(　　)28. AC03 与 LED 光源的自发辐射不同，激光光源的发光原理是受激辐射。

(　　)29. AC03 发光二极管由两部分组成，一部分是 P 型半导体，另一部分是 N 型半导体。

(　　)30. AC04 目前光功率计主要分为手持式光功率计、台式光功率计和模块化的光功率计。

通信仪器仪表使用方法部分

(　　)31. AD01 光缆熔接机是光纤固定接续的专用工具，可自动完成光纤对芯、熔接和推定熔接损耗等功能。

(　　)32. AD01 光纤熔接盒进水后，可能会先出现部分光纤衰减增加。

(　　)33. AD01 光缆的型号和批次不同不会对光纤熔接的损耗有影响。

(　　)34. AD02 OTDR 的入射电平越高，后向散射电平也越高，曲线越清晰。

(　　)35. AD02 光纤本征因素主要有 4 点：光纤模场直径不一致、两根光纤芯径失配、纤芯截面不圆、纤芯与包层同心度不佳。

(　　)36. AD02 对于给定的动态范围，在同一条光纤上，采用 1550nm 波长比采用 1310nm 波长能够检测更长的距离。

(　　)37. AD02 熔接质量好坏是通过熔接处外形良否计算得来的，推定的熔接损耗只能作为熔接质量好坏的参考值，而不能作为熔接点的正式损耗值。正式损耗值必须通过 OTDR 测试得出。

(　　)38. AD04 用光功率计测试收光功率为 0dBm 时，即表示收无光。

(　　)39. AD05 光衰减器一般分为固定衰减和可调衰减器，可以使用 OTDR 计来准确地测量其衰减值。

(　　)40. AD06 使用频谱仪不需要使接地线接地。

第二部分　专业知识

通信系统的日常管理部分

(　　)41. BA01 通信机柜顶端红色、黄色和绿色指示灯分别为紧急告警指示灯、主要

告警指示灯和电源指示灯。

(　　)42. BA02 设备维护前应佩戴防静电手腕，并将防静电手腕的另一端良好接地。

(　　)43. BA02 光端机单板保存时应独立置于干燥空气中。

(　　)44. BA04 光缆技术维护包含光缆传输性能指标测试，光缆故障抢修，光缆接头盒、人手孔、光缆井组装、清洁等技术性维护工作。

(　　)45. BA04 标石的埋设深度不应小于 0.6m，标石的周围土壤应夯实。

(　　)46. BA04 光缆线路维护管理只包括光缆技术维护。

(　　)47. BA05 光缆线路故障排除后，无需对故障光缆进行测试。

(　　)48. BA05 收到光缆线路故障通知后应在 30min 内出发，迅速做好抢修的各项准备，并在 3min 内赶到故障现场，故障处理完毕后上报网管确认电路运行情况，并将故障处理情况报网管及上级业务主管部门。

(　　)49. BA05 当光缆接续现场情况复杂时，故障处理应首先采取措施，优先抢通备用光纤。

(　　)50. BA05 当光通信系统发生故障时，应首先设法将业务倒换到备用系统。

通信专业应急与安全管理部分

(　　)51. BB01 OTDR 测试仪表存在的固有偏差会影响判断光缆线路故障点的准确性。

(　　)52. BB01 OTDR 测试仪表操作不当产生的误差会影响判断光缆线路故障点的准确性。

(　　)53. BB01 OTDR 设定仪表的折射率偏差产生的误差会影响判断光缆线路故障点的准确性。

(　　)54. BB01 OTDR 量程范围选择不当的误差会影响判断光缆线路故障点的准确性。

(　　)55. BB01 OTDR 游标位置放置不当造成的误差会影响判断光缆线路故障点的准确性。

(　　)56. BB01 OTDR 光缆线路竣工资料的不准确造成的误差会影响判断光缆线路故障点的准确性。

(　　)57. BB01 接头盒内个别光纤断纤修复后，无需用 OTDR 做中继段全程衰耗测试。

(　　)58. BB01 光缆故障在接头处，但不在接头盒内时，要充分利用接头点余留的光缆，取掉原接头，重新做接续即可。

(　　)59. BB01 光缆抢修时，考虑到不影响单模光纤在单一模式稳态条件下工作，以保证通信质量，介入或更换光缆的最小长度应大于 100m。

(　　)60. BB01 光缆抢修时，考虑到光缆修复施工中须用 OTDR 监测，或者日常维护中便于分辨邻近两个接头的障碍，介入或更换光缆的最小长度应大于 OTDR 的两点分辨率，一般宜大于 100m。

通信专业基础管理部分

(　　)61. BC04 用于维护、应急和抢修用的各类通信设备的备品备件可以由任何有资格的人兼职管理维护。

(　　)62. BC04 备品备应分别建立台账、机历簿及相应的图纸资料，并做好出入库登记。

(　　)63. BC04 备品备件实行集中存放，紧急情况下服从生产处应急调拨。

(　　)64. BC04 备品备件的调拨、报废、停用、拆除、转让等无需批准即可办理。

(　　)65. BC04 通信设备备板存放时可保存在干燥的普通塑料袋里。

(　　)66. BC04 通信设备备板从一个温度较低、较干燥的地方拿到温度较高、较潮湿的地方时，可以立刻拆封。

(　　)67. BC04 使用中兴光通信设备的所属各单位应根据《各分公司光通信系统光传输设备备品备件储备定额》购置储备各类通信设备的备品备件。

(　　)68. BC04 使用华为光通信设备的所属各单位无需新增备品备件。

(　　)69. BC04 使用华为光通信设备的所属各单位需申请备品备件时，应联系管道公司网管中心，并去任意一个华为备品备件库领取备件。

(　　)70. BC05 仪器仪表的借出应经主管部门批准，并履行相关手续，仪表归还时无需检查。

三、简答题

第一部分　基础知识

通信系统基础知识部分

1. AA01 请简述光通信系统中 WDM 的定义？
2. AA01 请简述光通信系统中 LOS，LOP 和 LOF 的定义？
3. AA01 请简述光通信系统中支路板、线路板、交叉板、辅助板和主控板的定义？
4. AA02 请写出卫星通信的常见频段(3 种以上)？
5. AA02 简述卫星通信的优缺点(优缺点至少各 3 个)？

通信系统设备知识部分

6. AB01 卫星天线的组成及主要类型(至少列举 4 种)？

通信仪器仪表工作原理部分

7. AC01 光纤连接的方法有哪些？
8. AC01 什么叫非反射事件？什么叫反射事件？
9. AC05 简述光衰减器在光通信中的应用？

通信仪器仪表使用方法部分

10. AD02 简述光时域反射计的用途？
11. AD03 光源的类型有哪几种？
12. AD04 简述光功率计在光发射端机测试中的应用？

第二部分　专业知识

通信系统的日常管理部分

13. BA02 简述光接口板的光接头和尾纤接头处理要求?
14. BA02 光端机单板维护时有哪些要求?
15. BA04 请简述光缆线路维护管理原则?

通信专业应急与安全管理部分

16. BB01 请简述接头盒内个别光纤断纤的修复要求?
17. BB01 请简述光缆非接头部位的修复要求?

通信专业基础管理部分

18. BC03 请简述外租线路、设备管理要求?
19. BC04 请简述通信设备的各类备品备件管理要求?

中级资质理论认证试题答案

一、单项选择题答案

1. B	2. D	3. C	4. C	5. B	6. A	7. C	8. A	9. D	10. D
11. D	12. C	13. A	14. B	15. B	16. B	17. A	18. B	19. D	20. C
21. B	22. B	23. C	24. C	25. C	26. B	27. A	28. B	29. B	30. C
31. D	32. D	33. B	34. D	35. D	36. D	37. B	38. D	39. A	40. C
41. C	42. A	43. A	44. B	45. C	46. B	47. D	48. D	49. A	50. A
51. B	52. C	53. D	54. A	55. B	56. A	57. C	58. A	59. A	60. C
61. D	62. A	63. D	64. D	65. C	66. C	67. C	68. C	69. D	70. D
71. D	72. D	73. D	74. C	75. A	76. B	77. C	78. D	79. A	80. C
81. A	82. A	83. B	84. C						

二、判断题答案

1. ×ADM 可利用时隙交换实现宽带管理，即允许两个 STM-N 信号之间的不同 VC 实现互联，并且具有无需分接和终结整体信号，即可将各种 G. 703 规定的接口信号(PDH)或 STM-N 信号(SDH)接入 STM-M($M>N$)内作任何支路。　2. ×当帧失步状态持续 3ms 后，SDH 设备应进入帧丢失状态；而当 STM-N 信号连续处于定帧状态至少 1ms 后，SDH 设备应退出帧丢失状态。　3. ×当连续 8 帧没有找到有效指针，或者监测到 8 个连续新数据标志(NDF)时，设备应进入 LOP 状态；而当监测到连续 3 个具有正常 NDF 的有效指针或级联指示时，设备应退出 LOP 状态。　4. √　5. √　6. ×接收灵敏度是指 R 点处为达到 1×10^{-10} 的 BER 值所需要的平均接收光功率的最小值。　7. ×接收过载功率是指 R 点处为达到 1×10^{-10} 的 BER 值所需要的平均接收光功率的最大值。　8. √　9. √　10. √

11. √　12. √　13. ×OSN 3500 的光模块不一定支持热插拔。　14. √　15. √　16. √　17. ×OSN 9500/OSN 3500 的 10G 和 2. 5G 光口以及 OSN 3500/2500/1500 的 2. 5G 光口不是均支持复用段光路共享。　18. √　19. ×AB01 OSN 1500 有 3 个槽位支持拆分，拆分前槽位号为 1，2 和 3；拆分后左边 3 个槽位为 1，2 和 3；右边 3 个槽位为 11，12 和 13。　20. √

21. √　22. √　23. √　24. √　25. √　26. √　27. √　28. √　29. √　30. √

31. √　32. √　33. ×光缆的型号和批次不同会对光纤熔接的损耗有影响。　34. √　35. √　36. √　37. √　38. ×用光功率计测试收光功率为 0dBm 时不能表示收无光。　39. ×光衰减器一般分为固定衰减和可调衰减器，不能用 OTDR 准确地测量其衰减值。　40. ×使用频谱仪需要使接地线接地。

41. √　42. √　43. ×单板在不使用时要保存在防静电袋内，防静电保护袋中一般应放置干燥剂，用于吸收袋内空气的水分，保持袋内的干燥。　44. √　45. √　46. ×光缆线路维护管理包括光缆技术维护和光缆一般性维护两部分。　47. ×光缆线路故障排除后，需对故障光缆进行严格的测试，测试合格后通知网管中心对线路的传输质量进行确认。　48. √　49. ×当光缆接续现场情况复杂时，故障处理应首先采取措施，优先抢通在用光纤，恢复通信业务；然后再根据故障实际情况，提出修复方案，经主管部门批准后，进行光缆线路修复工作。　50. √

51. √　52. √　53. √　54. √　55. √　56. √　57. ×接头盒内个别光纤断纤修复后需用 OTDR 做中继段全程衰耗测试，测试合格后装好接头盒并固定。　58. √　59. √　60. √

61. ×用于维护、应急、抢修用的各类通信设备的备品备件应设专人负责管理，定期检查清理，做到账物相符，确保完好。　62. √　63. ×备品备件实行分散存放，紧急情况下服从生产处应急调拨。　64. ×备品备件的调拨、报废、停用、拆除、转让等应经有关部门批准后方可办理，并及时办理资产移交手续。　65. ×备板存放时应保存在防静电保护袋内，防静电保护袋中应放置干燥剂，存放的环境温度和湿度应满足备品备件存放规定。　66. ×通信设备备板从一个温度较低、较干燥的地方拿到温度较高、较潮湿的地方时，至少需要等 30min 以后才能拆封，否则会导致潮气凝聚在备板表面，容易损坏器件。　67. √　68. √　69. ×使用华为光通信设备的所属各单位需申请备品备件时，应联系管道公司网管中心，并去距离最近的华为备品备件库领取备件。　70. ×仪器仪表的借出应经主管部门批准，并履行相关手续，仪表归还时应对主要性能进行必要的交接检查；凡借出给维护部门以外的单位使用，由于外单位原因造成仪表损坏，要照价赔偿。

三、简答题答案

1. AA01 请简述光通信系统中 WDM 的定义？

答：①WDM 称为波分复用技术；②是将两种或多种不同波长的光载波信号（携带各种信息）在发送端经复用器（亦称合波器，Multiplexer）汇合在一起，并耦合到光线路的同一根光纤中进行传输的技术；③在接收端，经解复用器（亦称分波器或称去复用器，Demultiplexer）将各种波长的光载波分离，然后由光接收机做进一步处理以恢复原信号。

评分标准：答对①占 20%，答对②③各占 40%。

2. AA01 请简述光通信系统中 LOS，LOP 和 LOF 的定义？

答：①(Loss of Frame，帧丢失)当帧失步状态持续 3ms 后，SDH 设备应进入帧丢失状态；而当 STM－N 信号连续处于定帧状态至少 1ms 后，SDH 设备应退出帧丢失状态；②(Loss of Signal,光信号丢失) 当接收光信号功率在给定的时间内(10μs 或更长)一直低于某一设定的门限值 P_d(P_d 对应的 BER≥10^{-3})，则设备进入 LOS 状态；③(Loss of Pointer，指针丢失)当连续 8 帧没有找到有效指针，或者监测到 8 个连续新数据标志(NDF)时，设备应进入 LOP 状态；而当监测到连续 3 个具有正常 NDF 的有效指针或级联指示时，设备应退出 LOP 状态。

评分标准：答对①占 20%，答对②③各占 40%。

3. AA01 请简述光通信系统中支路板、线路板、交叉板、辅助板和主控板的定义？

答：①支路板可以承载 PDH、以太网、ATM 等业务，用于提供各种速率信号的接口，实现多种业务的接入和处理功能；②线路板即 SDH 单元，接入并处理高速信号(STM－1/STM-4/STM- 16/STM-64 的 SDH 信号)，为设备提供了各种速率的光/电接口以及相应的信号处理功能；③交叉板提供业务的灵活调度能力，整个设备的核心是交叉连接单元，它对信号不进行处理，仅仅用来实现业务基于 VC4，VC3 和 VC12 级别的路由选择；④辅助板为系统提供公务电话、串行数据的相关接口，并为系统提供电源接入和处理、光路放大等功能；⑤主控板的主要功能是实现对系统的控制和通信，主控单元收集系统各个功能单元产生的各种告警和性能数据，并通过网管接口上报给操作终端，同时接收网管下发的各种配置命令。

评分标准：答对①~⑤各占 20%。

4. AA02 请写出卫星通信的常见频段(3 种以上)？

答：①UHF(<1000MHz)；②L 波段(1.5~1.6GHz)；③S 波段(2.5~2.6GHz)④C 波段(4/6GHz，带宽 800MHz)；⑤K_u 波段(11/14GHz，12/14GHz，带宽 800MHz)；⑥Ka 波段(20/30GHz)；⑦Ka/毫米波(20/40GHz，50/60GHz)。

评分标准：答对①~⑦各占 15%。

5. AA02 简述卫星通信的优缺点。(优缺点至少各 3 个)？

答：①卫星通信的优点：通信距离远；建设成本与通信距离无关；不受地理环境影响；广播方式，卫星覆盖区域内的任何点都可实现通信；可自发自收。②卫星通信的缺点：信号极弱(毫微微瓦级)，对技术和设备的要求较高；时延；多址问题；存在单一故障点；日凌。

评分标准：答对①②各占 50%。

6. AB01 卫星天线的组成及主要类型(至少列举 4 种)？

答：卫星天线结构主要由①天线主反射体、②天线座架、③天线付面组合，④以及馈电系统 4 大部分组成；⑤卫星天线主要类型有正馈(前馈)抛物面卫星天线(单反射面天线)、卡塞格伦(后馈式抛物面)天线(双反射面天线)、格里高利天线(双反射面天线)、偏馈天线(单反射面天线)。

评分标准：答对①~④各占 10%，答对⑤占 60%。

7. AC01 光纤连接的方法有哪些？

答：①永久性光纤连接(又叫热熔)，利用熔接仪表进行对接；②应急连接(又叫冷熔)，利用接线子连接；③活动连接，利用适配器(珐琅头)连接。

评分标准：答对①②各占30%，答对③占40%。

8. AC01 什么叫非反射事件？什么叫反射事件？

答：①光纤中的熔接头和微弯都会带来损耗，但不会引起反射。由于它们的反射较小，我们称之为非反射事件；②活动连接器、机械接头和光纤中的断裂点都会引起损耗和反射，我们把这种反射幅度较大的事件称为反射事件。

评分标准：答对①②各占50%。

9. AC05 简述光衰减器在光通信中的应用？

答：当输入光功率超过某一范围时，①应用光衰减器对输入信号进行一定程度的衰减，可以使光接收机不产生失真；②或满足在光线路中进行某种测试的需要。

评分标准：答对①占80%，答对②占20%。

10. AD02 简述光时域反射计的用途？

答：光时域反射计(OTDR)不仅可以①测量光纤损耗系数和光纤长度，而且还可以②测量连接器和熔接头的损耗；③观测光纤沿线的均匀性和确定光纤故障点的位置，在工程上获得了广泛地使用。

评分标准：答对①~③各占30%。

11. AD03 光源的类型有哪几种？

答：按照①工作波长和适用的光纤系统，可以将光源简单地分为单模光源和多模光源。②按照光源的光谱类型可以分为宽谱光源、多纵模光源和单纵模光源。

评分标准：答对①②各占50%。

12. AD04 简述光功率计在光发射端机测试中的应用？

答：光发射端机测试时，使用光功率计主要是为了测量光模块的输出功率。

评分标准：答对占100%。

13. BA02 简述光接口板的光接头和尾纤接头处理要求？

答：①对于光接口板上未使用的光接口和尾纤上未使用的光接头应用光帽盖住，防止激光器发送的不可见激光照射到人眼；②对于光接口板上正在使用的光接口，当需要拔下其上的尾纤时，应用光帽盖住光接口和与其连接的尾纤接头，避免沾染灰尘使光纤接口或者尾纤接头的损耗增加；③不应直视光板的发光口；④拔 MT-RJ 和 SC/PC 接头的光接口时，应使用专用工具(如拔纤器等)，避免损坏尾纤；⑤光连接器不应经常打开，以免损坏和受到污染。

评分标准：答对①~⑤各占20%。

14. BA02 光端机单板维护时有哪些要求？

答：①单板在不使用时要保存在防静电袋内。②备用单板的存放必须注意环境温度和湿度的影响。防静电保护袋中一般应放置干燥剂，用于吸收袋内空气的水分，保持袋内的干燥。③当防静电封装的单板从一个温度较低、较干燥的地方拿到温度较高、较潮湿的地方时，至少需要等30min以后才能拆封。④单板在运输中要避免强烈震动。⑤设备操作中注意不应将设备母板上每个单板板位上的插针弄倒、弄歪，造成设备损坏。

评分标准：答对①~⑤各占20%。

15. BA04 请简述光缆线路维护管理原则？

答：①贯彻“预防为主、防抢结合”的方针，坚持“预检预修”的原则，精心维护、科学管理，积极主动采取有效措施，消除隐患，保持线路设施完整；②光缆线路的维护工作分为维护方案编制、日常巡查、定期测试、防护措施、故障处理。

评分标准：答对①②各占50%。

16. BB01 请简述接头盒内个别光纤断纤的修复要求？

答：①将接头盒外部及余留光缆做清洁处理；②端站建立OTDR远端监测；③在OTDR的检测下，利用接头盒内的余纤重新制作端面和融接，并用热缩保护管予以增强保护后重新盘纤；④用OTDR做中继段全程衰耗测试，测试合格后装好接头盒并固定。

评分标准：答对①~④各占25%。

17. BB01 请简述光缆非接头部位的修复要求？

答：①如果故障点只是个别点，可用线路的余缆修复；②当光缆受损为一段范围，或者OTDR检出故障为一个高衰耗区时，需要更换光缆处理；③介入或更换光缆的最小长度应大于100m；④介入或更换光缆的长度接近接头盒时，如现场情况允许，可以将接头盒盘留光缆延伸至断点处，以便减少一处接头盒。

评分标准：答对①~④各占25%。

18. BC03 请简述外租线路、设备管理要求？

答：①所属各单位所租用公网电路必须是具有国家资质的运营商的电路；②所属各单位应做好与地方相关通信部门的业务协调和联系工作，保证所租用公网电路的畅通；③所属各单位加强对租用公网电路的管理，对发现故障和问题应尽快与公网电路运营商沟通，予以排除，并做好相关记录；④所属各单位对频繁发生故障的电路要求运营商予以更换。

评分标准：答对①~④各占25%。

19. BC04 请简述通信设备的各类备品备件管理要求？

答：①用于维护、应急、抢修用的备品备件应设专人负责管理，定期检查清理，做到账物相符，确保完好；②业务管理单位应储备满足日常维护抢修的备品、备件；③备品备件实行分散存放，紧急情况下服从生产处应急调拨；④备品备应分别建立台账、机历簿及相应的图纸资料，并做好出入库登记；⑤备品备件使用后应及时补充；⑥备品备件的调拨、报废、停用、拆除、转让等应经有关部门批准后方可办理，并及时办理资产移交手续；⑦备板存放时保存在防静电保护袋内，防静电保护袋中应放置干燥剂，存放的环境温度和湿度应满足备品备件存放规定；当防静电封装的备板从一个温度较低、较干燥的地方拿到温度较高、较潮湿的地方时，至少需要等30min以后才能拆封，否则会导致潮气凝聚在备板表面，容易损坏器件；⑧使用华为、中兴光通信设备的所属各单位无需新增备品备件，根据公司分别与华为技术有限公司和中兴通讯股份有限公司的代理单位签署的《管道分公司光通信系统设备维保技术服务合同》内容，需申请备品备件时，应联系管道公司网管中心，并去距离最近的华为备品备件库和中兴备品备件库领取备件；⑨卫星通信系统中的BUC，LNB和IDU设备应按照10(在用设备)：1(备用设备)的比例进行备品备件储备，在用设备不足10个的，每种类型的备品备件至少储备1个。

评分标准：答对5个占100%。

中级资质工作任务认证

中级资质工作任务认证要素细目表

模块	代码	工作任务	认证要点	认证形式
一、通信系统的日常管理	S-TX-01-Z01	通信系统设备日常巡护管理	月巡检工作的监督及通信设备故障的处理	步骤描述
	W-TX-01-Z01	通信系统设备日常巡护管理	月巡中通信设备测试及故障处理	步骤描述
	S-TX-01-Z02	通信系统年检管理	通信年检工作内容和各项测试工作的实施	步骤描述
	W-TX-01-Z02	通信系统年检管理	年检中的问题处理	步骤描述
	S-TX-01-Z03	通信系统设备维检修管理	进行通信维检修作业	步骤描述
	W-TX-01-Z03	通信系统设备维检修管理	维检修作业的指导、人员及设备的管理	步骤描述
	S-TX-01-Z04	光缆线路维护管理	光缆维护和故障抢修的监督与指导	步骤描述
	W-TX-01-Z04	光缆线路维护管理	光缆维护、故障处理、线路隐患整改	步骤描述
	S-TX-01-Z05	通信系统故障处理	通信故障处理指导及作业计划编制	步骤描述 方案编制
	W-TX-01-Z05	通信系统故障处理	光缆线路故障及通信系统故障处理	步骤处理
二、通信专业应急与安全管理	S-TX-02-Z01	光缆抢修管理	配合维修队通信工程师进行光缆抢修	步骤描述
	W-TX-02-Z01	光缆抢修管理	配合站队工程师进行光缆抢修	步骤描述
三、通信基础管理	S-TX-03-Z03	外租线路、设备管理	外租线路、设备故障处理	步骤描述
	S-TX-03-Z06	通信机房管理	通信机房整改	步骤描述

中级资质工作任务认证试题

一、S-TX-01-Z01 通信系统设备日常巡护管理——月巡检工作的监督及通信设备故障的处理

1. 考核时间：30 min。
2. 考核方式：步骤描述。

3. 考核评分表。

考生姓名：＿＿＿＿＿＿＿＿ 单位：＿＿＿＿＿＿＿＿

序号	工作步骤	工作标准	配分	评分标准	扣分	得分	考核结果
1	监督维修队通信月巡检工作	根据通信设备工作特性及技术指标，对维修队的通信系统月巡检工作进行监督，并在《站场、阀室巡检记录》上进行签字确认	40	未描述此项扣40分，未说明在《站场、阀室巡检记录》上进行签字确认扣20分			
2	核实日常巡护过程中各种通信设备有无故障发生	根据通信设备工作特性及技术指标，核实日常巡护过程中各种通信设备有无故障发生。 通信设备工作特性及技术指标主要包括： ①通信机房温度、湿度指标；②通信设备指示灯状态分析；③通信设备表面温度指标；④通信设备联合接地地阻指标；⑤地线连接安全指标；⑥电源线连接安全指标；⑦电缆最小允许弯曲半径技术标准	30	未描述此项扣30分，通信设备工作特性及技术指标少描述一些扣1分。			
3	及时处理巡护过程中出现的问题	如在巡护过程中发现通信设备故障，应根据通信系统故障处理流程及时进行处理，并填写相关记录	30	未描述此项扣30分			
	合计		100				

考评员 年 月 日

二、W-TX-01-Z01 通信系统设备日常巡护管理——月巡中通信设备测试及故障处理

1. 考核时间：30min。
2. 考核方式：步骤描述。
3. 考核评分表。

考生姓名：＿＿＿＿＿＿＿＿ 单位：＿＿＿＿＿＿＿＿

序号	工作步骤	工作标准	配分	评分标准	扣分	得分	考核结果
1	指导完成月巡中通信设备测试工作	通信系统月巡过程中，指导操作工完成通信设备的各种测试工作，主要测试工作包括：①环境温湿度测试；②光传输设备运行状态测试；③设备线路状态测试；④交换机设备测试；⑤电源设备测试；⑥卫星设备测试；⑦语音设备测试	30	未描述此项扣30分，主要测试内容缺一项扣2分			

续表

序号	工作步骤	工作标准	配分	评分标准	扣分	得分	考核结果
2	核实月巡过程中各种通信设备有无故障发生	根据通信设备工作特性及技术指标，核实通信设备月巡过程中各种通信设备有无故障发生。 通信设备工作特性及技术指标主要包括： ①通信机房温度、湿度指标；②通信设备指示灯状态分析；③通信设备表面温度指标；④通信设备联合接地地阻指标；⑤地线连接安全指标；⑥电源线连接安全指标；⑦电缆最小允许弯曲半径技术标准	40	未描述此项扣 40 分，通信设备工作特性及技术指标少描述一些扣 2 分			
3	对发现的通信设备故障进行处理	如在月巡过程中发现通信设备故障，应根据通信系统故障处理流程及时进行处理，并填写相关记录	30	未描述此项扣 30 分			
合计			100				

考评员　　　　　　　　　　　　　　　　　　年　　月　　日

三、S-TX-01-Z02 通信系统年检管理——通信年检工作内容和各项测试工作的实施

1. 考核时间：60 min。
2. 考核方式：步骤描述。
3. 考核评分表。

考生姓名：________________　　　　　　　　单位：________________

序号	工作步骤	工作标准	配分	评分标准	扣分	得分	考核结果
1	指导并监督通信年检光缆线路检测	检查内容包括：①光缆光纤线序检查。检查应根据现场实际情况核对光纤线序，并做标识和记录，测试时严格按照线缆顺序进行；②光纤通道衰减检测。包括光缆所有在用及备用光纤的衰减测试；③光纤线路反射衰减检测。包括光缆所有在用及备用光纤的反射衰减检测；④直埋光缆线路对地绝缘检测	20	检查内容缺一项扣 5 分			
2	指导并监督通信年检光通信设备指标检测	检测内容包括：①光通信设备告警功能检测；②光通信设备公务电话功能检查。包括检查公务电话设置是否正确，是否能正常拨打、接听公务电话	20	检查内容缺一项扣 5 分			

续表

序号	工作步骤	工作标准	配分	评分标准	扣分	得分	考核结果
3	指导并监督通信年检卫星通信系统检测	卫星通信系统检测。包括 IDU 室内单元设备测试、ODU 室外单元设备测试；卫星天馈线系统测试	15	检查内容缺一项扣5分			
4	指导并监督通信年检语音交换系统检测	检测内容包括：①硬件设备检测；②软件系统状态查看；③电话呼叫检测	15	检查内容缺一项扣5分			
5	指导并监督通信年检工业电视检测	检查内容包括：①工业电视摄像机与图像检测；②工业电视云台及防护罩检测；③工业电视镜头及解码器检测；④工业电视控制器及显示设备检测	20	检查内容缺一项扣5分			
6	检查年检测试工作	对年检过程中的各项测试工作进行检查，并在年检测试表格上进行签字确认	10	检查内容缺一项扣10分			
	合计		100				

考评员　　　　　　　　　　　　　　　　　　年　　月　　日

四、W-TX-01-Z02 通信系统年检管理——年检中的问题处理

1. 考核时间：30 min。
2. 考核方式：步骤描述。
3. 考核评分表。

考生姓名：＿＿＿＿＿＿＿＿　　　　　　　　　　单位：＿＿＿＿＿＿＿＿

序号	工作步骤	工作标准	配分	评分标准	扣分	得分	考核结果
1	汇总年检中发现的问题	通信系统年检中主要存在的问题包括：①通信设备问题(光通信、卫星通信及语音通信)；②光缆线路问题(标识桩、光缆裸露、光功率指标、断芯)；③通信系统接地问题；④通信设备辅助系统问题(包括通信电源问题)	80	通信系统年检中主要存在的问题缺一项扣20分			
2	汇报年检中发现的问题	对年检中发现的问题汇报给站场通信工程师，由站场工程师汇报给上级管理单位	20	未描述此项扣20分			
	合计		100				

考评员　　　　　　　　　　　　　　　　　　年　　月　　日

五、S-TX-01-Z03 进行通信系统设备维检修作业

1. 考核时间：30 min。
2. 考核方式：步骤描述。
3. 考核评分表。

考生姓名：________　　单位：________

序号	工作步骤	工作标准	配分	评分标准	扣分	得分	考核结果
1	确定通信系统设备维检修作业内容及时间	根据分公司通信主管提供的已批复通信作业计划申请单确认工作内容和时间	30	未描述此项扣 30 分			
2	进行通信维检修作业	对维修队或通信代维单位进行明确要求，并监督工作质量，必要时辅助完成部分工作	40	未描述此项扣 40 分			
3	反馈通信系统设备维修作业进展	维检修工作遇到困难或完成时，向分公司通信主管反馈	30	未描述此项扣 30 分			
合计			100				

考评员　　年　　月　　日

六、W-TX-01-Z03 通信系统设备维检修管理——维检修作业的指导、人员及设备的管理

1. 考核时间：30 min。
2. 考核方式：步骤描述。
3. 考核评分表。

考生姓名：________　　单位：________

序号	工作步骤	工作标准	配分	评分标准	扣分	得分	考核结果
1	指导维修队进行维检修作业	通信设备维护检修过程中，需对操作工进行必要的技术指导	50	未描述此项扣 50 分			
2	对现场人员及设备进行调拨管理	通信设备维护检修过程中，需负责对现场人员及设备进行现场调拨管理	50	未描述此项扣 50 分			
合计			100				

考评员　　年　　月　　日

七、S-TX-01-Z04 光缆线路维护和故障抢修的监督与指导

1. 考核时间：30 min。
2. 考核方式：步骤描述。
3. 考核评分表。

考生姓名：______________　　　　单位：______________

序号	工作步骤	工作标准	配分	评分标准	扣分	得分	考核结果
1	监督并指导维修队进行光缆技术性维护	根据光缆维护管理要求，监督并指导维修队进行光缆技术性维护。光缆技术性维护包含光缆传输性能指标测试，光缆故障抢修，光缆接头盒、人手孔、光缆井组装、清洁等技术性维护工作	60	未描述此项扣60分，光缆技术性维护内容少描述一项扣20分			
2	光缆线路故障抢修	在光缆维护过程中发现所辖光缆线路故障，应根据光缆抢修流程进行处理	40	未描述此项扣40分			
合计			100				

考评员　　　　　　　　　　年　　月　　日

八、W-TX-01-Z04 光缆线路维护、故障处理、线路隐患整改

1. 考核时间：30 min。
2. 考核方式：步骤描述。
3. 考核评分表。

考生姓名：______________　　　　单位：______________

序号	工作步骤	工作标准	配分	评分标准	扣分	得分	考核结果
1	组织进行通信光缆技术性维护	根据光缆维护管理要求，组织进行通信光缆技术性维护。光缆技术性维护包含光缆传输性能指标测试，光缆故障抢修，光缆接头盒、人手孔、光缆井组装、清洁等技术性维护工作	60	未描述此项扣60分，光缆技术性维护内容少描述一项扣20分			
2	处理所辖光缆线路故障	在光缆维护过程中发现所辖光缆线路故障，应根据光缆抢修流程进行处理。光缆故障主要包括：第三方施工、农耕损坏、自然灾害等	20	未描述此项扣20分			
3	组织进行通信线路隐患整改作业计划	根据站场通信工程师的要求，组织进行通信线路隐患整改作业计划。通信线路隐患主要包括：标识桩缺失、光缆裸露、光功率指标低、断芯等	20	未描述此项扣20分			
合计			100				

考评员　　　　　　　　　　年　　月　　日

九、S-TX-01-Z05 通信故障处理指导及作业计划编制

1. 考核时间：30 min。
2. 考核方式：步骤描述、方案编制；

3. 考核评分表。

考生姓名：＿＿＿＿＿＿＿＿　　　　　　　　　　　　　　单位：＿＿＿＿＿＿＿＿

序号	工作步骤	工作标准	配分	评分标准	扣分	得分	考核结果
1	指导维修队对通信故障进行处理	对现场能够处理的通信系统故障，根据通信系统故障处理要求，指导维修队操作工进行处理	10	未描述此步骤扣10分			
2	编制通信作业计划	对现场不能处理的通信系统故障，应编制通信作业计划并上报分公司通信主管，由分公司通信主管决策是否向生产处进行通信作业计划申请工作 作业计划内容按如下流程编写：①编写主题，主题应为：××分公司××站××作业申请；②编写作业计划内容，作业内容主要包括：作业申请公司、作业起止时间、具体作业内容，作业原因；③编写作业联系人及联系方式，编写作业联系人及联系方式	80	未描述此步骤扣80分，作业计划内容编写流程缺一项扣20分			
3	监督并指导维修队或通信代维单位进行通信维检修作业	根据分公司通信主管提供的已批复通信作业计划申请单确认工作内容和时间，对维修队或通信代维单位进行明确要求，并监督工作质量，必要时辅助完成部分工作。维检修工作遇到困难或完成时，向分公司通信主管反馈	10	未描述此步骤扣10分			
合计			100				

考评员　　　　　　　　　　　　　　　　　　　　　　　　　年　　月　　日

十、W-TX-01-Z05 光缆线路故障及通信系统故障处理

1. 考核时间：30 min。
2. 考核方式：步骤描述。
3. 考核评分表。

考生姓名：＿＿＿＿＿＿＿＿　　　　　　　　　　　　　　单位：＿＿＿＿＿＿＿＿

序号	工作步骤	工作标准	配分	评分标准	扣分	得分	考核结果
1	组织维修队处理光缆线路故障	当确认故障为光缆线路故障时，应迅速判明故障段落，及时组织维修队进行处理。 光缆故障处理要求： ①发现故障后，应及时上报网管和上级业务主管部门。收到故障通知	80	未描述此项扣80分，光缆故障处理要求缺一项扣5分			

续表

序号	工作步骤	工作标准	配分	评分标准	扣分	得分	考核结果
1	组织维修队处理光缆线路故障	后30min内出发，迅速做好抢修的各项准备，并在3h内赶到故障现场，故障处理完毕后上报网管确认电路运行情况，并将故障处理情况报网管及上级业务主管部门。 ②当光缆接续现场情况复杂时，故障处理应首先采取措施，优先抢通在用光纤，恢复通信业务；然后再根据故障实际情况，提出修复方案，经主管部门批准后，进行光缆线路修复工作。 ③光缆故障处理必须在相关业务部门的密切配合下进行。 ④故障处理中介入或更换的光缆，其长度不得小于100m，尽可能采用同一厂家、同一型号的光缆。故障处理后和迁改后光缆的弯曲半径应不小于15倍缆径。 ⑤处理故障过程中，要做到单点接续损耗不得大于0.08dB。 ⑥处理故障完成后，在光缆回填的位置埋设光缆标志桩。 ⑦故障排除后，需对修复后的光缆进行严格的测试，测试合格后通知网管中心对线路的传输质量进行确认。 ⑧故障排除后，站场通信工程师应及时组织相关人员对故障的原因进行分析，完善《故障记录》，整理技术资料，总结经验教训，提出改进措施。 ⑨光缆线路发生故障后，应按照《通信专业管理程序》中规定在8h内抢通。 ⑩为尽快排除故障，业务联络工具应随时保持畅通、良好。维护工具应处于可使用状态。 ⑪光缆线路故障的实际次数及历时均应记录，作为分析和改进维护工作的依据	80	未描述此项扣80分，光缆故障处理要求缺一项扣5分			
2	对非光缆故障进行分析	非光缆故障时，对发现的通信系统故障进行分析，判断是否能够现场进行处理	10	未描述此步骤扣10分			

续表

序号	工作步骤	工作标准	配分	评分标准	扣分	得分	考核结果
3	组织维修队处理通信系统故障	对现场能够处理的通信系统故障，根据通信系统故障处理要求，组织维修队进行处理	10	未描述此步骤扣10分			
合计			100				

考评员　　　　　　　　　　　　　　　　　　年　　月　　日

十一、S-TX-02-Z01 配合维修队通信工程师进行光缆抢修

1. 考核时间：30 min。
2. 考核方式：步骤描述。
3. 考核评分表。

考生姓名：＿＿＿＿＿＿＿＿　　　　　　　　单位：＿＿＿＿＿＿＿＿

序号	工作步骤	工作标准	配分	评分标准	扣分	得分	考核结果
1	判断故障抢修难易程度，上报分公司通信主管	配合维修队通信工程师判断故障抢修难易程度，上报分公司通信主管。故障抢修难易程度判断标准为：光缆故障地点、发生故障时自然环境、光缆损坏程度等	30	未描述此步骤扣30分			
2	确认故障原因	确认故障原因并上报分公司通信主管。光缆故障原因主要包括：自然灾害、第三方施工、农耗损坏等	30	未描述此步骤扣30分			
3	上报网管确认电路运行情况	故障处理完毕后上报网管确认电路运行情况，并将故障处理情况报上级业务主管部门	40	未描述此步骤扣40分			
合计			100				

考评员　　　　　　　　　　　　　　　　　　年　　月　　日

十二、W-TX-02-Z01 配合通信工程师进行光缆抢修

1. 考核时间：30 min。
2. 考核方式：步骤描述。
3. 考核评分表。

考生姓名：＿＿＿＿＿＿＿＿　　　　　　　　单位：＿＿＿＿＿＿＿＿

序号	工作步骤	工作标准	配分	评分标准	扣分	得分	考核结果
1	进行光缆中继段测试	在故障点最近站场或 RTU 阀室进行光缆中继段测试	10	未描述此步骤扣10分			

续表

序号	工作步骤	工作标准	配分	评分标准	扣分	得分	考核结果
2	完成故障点的确认工作	配合站场工程师完成故障点的确认工作。 影响光缆线路故障点准确判断的主要因素： ①OTDR测试仪表存在的固有偏差；②测试仪表操作不当产生的误差；③设定仪表的折射率偏差产生的误差；④量程范围选择不当的误差；⑤游标位置放置不当造成的误差；⑥光缆线路竣工资料的不准确造成的误差	40	未描述此步骤扣40分，影响光缆线路故障点准确判断的主要因素少描述一项扣3分			
3	判断故障抢修难易程度	判断故障抢修难易程度，故障抢修难易程度判断标准为：光缆故障地点、发生故障时自然环境、光缆损坏程度等	10	未描述此步骤扣10分			
4	进行光缆线路修复工作	当光缆抢修现场情况复杂时，应首先采取措施，优先抢通在用光纤，恢复通信业务；然后再根据故障实际情况，提出修复方案，经主管部门批准后，进行光缆线路修复工作	10	未描述此步骤扣10分			
5	组织操作工完成光缆抢修作业	根据光缆线路抢修管理要求，组织操作工完成光缆抢修作业。 光缆线路抢修的一般性原则：①执行先干线后支线，先主用后备用和先抢通后修复的原则；②抢修光缆线路故障必须在网管部门的密切配合下进行；③抢修光缆线路故障应先抢修恢复通信，然后尽快修复；④光缆故障修复或更换宜采用同厂家同型号的光缆，减少光缆接头数量；⑤处理故障过程中，单点接续损耗不得大于0.08dB；⑥处理故障完成后，在光缆回填的位置埋设光缆标石标识桩；⑦光缆故障抢修时，替换光缆长度不能少于100m	30	未描述此步骤扣30分，光缆线路抢修的一般性原则少描述一项扣2分			
	合计		100				

考评员　　　　　　　　　　　　　　　　　　　　　　年　　月　　日

十三、S-TX-03-Z03 外租线路、设备管理——外租线路、设备故障处理

1. 考核时间：30 min。
2. 考核方式：步骤描述。
3. 考核评分表。

考生姓名：________________　　　　　　　　　　　　　　　　　单位：________________

序号	工作步骤	工作标准	配分	评分标准	扣分	得分	考核结果
1	协调处理外租线路、设备故障	主要要求包括：①各单位所租用公网电路必须是具有国家资质的运营商的电路；②各单位应做好与地方相关通信部门的业务协调和联系工作，保证所租用公网电路的畅通	50	主要要求缺一项扣20分			
2	配合检修人员和网管进行故障恢复	主要要求包括：①各单位加强对租用公网电路的管理，对发现故障和问题应尽快与公网电路运营商沟通，予以排除，并做好相关记录；②各单位对频繁发生故障的电路要求运营商予以更换	50	主要要求缺一项扣20分			
合计			100				

考评员　　　　　　　　　　　　　　　　　　　　　　　　　　年　　月　　日

十四、S-TX-03-Z06 通信机房管理——通信机房整改

1. 考核时间：10 min；
2. 考核方式：步骤描述。
3. 考核评分表。

考生姓名：________________　　　　　　　　　　　　　　　　　单位：________________

序号	工作步骤	工作标准	配分	评分标准	扣分	得分	考核结果
1	对通信机房通信设备进行整改	整改要求：机房应地面清洁、设备无尘、排列正规、布线整齐、仪表正常、工具就位、资料齐全	20	未描述此项扣20分			
2	对通信机房照明设备进行整改	整改要求：机房保持照明良好，备有应急照明设备，应急照明设备应由专人负责定期维护检修	20	未描述此项扣20分			
3	对通信机房温湿度进行整改	整改要求：通信机房室内温度应保持在5~40℃（阀室和无人清管站0~45℃），温度≤35℃时相对湿度保持在10%~90%（阀室和无人清管站10%~90%）	20	未描述此项扣20分			
4	对通信机房配套地线进行整改	整改要求：①机房地线接地电阻≤1Ω；②外线引入设备接地电阻：电缆引入设备接地电阻≤1Ω，光缆引入设备接地电阻≤1Ω	20	未描述此项扣20分			

续表

序号	工作步骤	工作标准	配分	评分标准	扣分	得分	考核结果
5	对通信机房配套光配线架进行整改	整改要求：①进入机房的光缆和尾纤应采取保护措施，与电缆适当分开敷设以防挤压；②确保ODF设备资料的完整性、准确性、统一性。ODF标签共分3种：光缆路由标签、光纤连接位置标签、光跳线标签(两端)	20	未描述此项扣20分			
合计			100				

考评员　　　　　　　　　　　　　　　　　　　　　　　年　　月　　日

高级资质理论认证

高级资质理论认证要素细目表

行为领域	代码	认证范围	编号	认证要点
基础知识A	A	通信系统基础知识	01	光通信系统
			02	卫星通信系统
			03	语音通信系统
	B	通信系统设备知识	01	光通信设备知识
	C	通信仪器仪表工作原理	01	光纤熔接机工作原理
			02	光时域反射仪(OTDR)工作原理
			03	光源工作原理
			04	光功率计工作原理
			05	光衰减器工作原理
			06	频谱仪工作原理
	D	通信仪器仪表使用方法	01	光纤熔接机的使用方法
			02	光时域反射仪(OTDR)的使用方法
			03	光源的使用方法
			04	光功率计的使用方法
			06	频谱仪的使用方法
专业知识B	A	通信系统的日常管理	02	通信系统年检管理
			04	光缆线路维护管理
			05	通信系统故障处理
	B	通信专业应急与安全管理	01	光缆抢修管理
			02	通信系统维护安全管理
	C	通信专业基础管理	04	备品备件管理
			05	仪器仪表管理
			06	通信机房管理

高级资质理论认证试题

一、单项选择题(每题4个选项，将正确的选项号填入括号内)

第一部分　基础知识

通信系统基础知识部分

1. AA01 光通信系统中(　　)指对某一子网连接预先安排专用的保护路由，一旦子网发生故障，专用保护路由便取代子网承担在整个网络中的传送任务。

A. 通道保护　B. 复用段保护　C. SNCP 保护　D. 双向通道保护

2. AA01 运用于光纤通信线路中，实现信号放大的一种新型全光放大器称为(　　)。

A. ODF　B. OFA　C. REG　D. DXC

3. AA01 用于克服光通路中对信号损伤的累积如色散引起的波形畸变设备称为(　　)。

A. ODF　B. OFA　C. REG　D. DXC

4. AA01 接收灵敏度是指 R 点处为达到(　　)的 BER 值所需要的平均接收光功率的最小值。

A. 1×10^{-5}　B. 1×10^{-10}　C. 2×10^{-10}　D. 2×10^{-5}

5. AA01 接收过载率是指 R 点处为达到(　　)的 BER 值所需要的平均接收光功率的最大值。

A. 1×10^{-5}　B. 1×10^{-10}　C. 2×10^{-10}　D. 2×10^{-5}

6. AA02ODU 是由(　　)和(　　)组成。

A. LNB RCST　B. LNB IFL　C. LNB BUC　D. IDU BUC

7. AA02 每年农历春分和秋分期间，卫星在一天中可能有数小时因太阳、地球和静止卫星连成直线而得不到阳光的照射，这种现象称为(　　)。

A. 星蚀　B. 日凌　C. 雨衰　D. 计划

8. AA02 每年农历春分、秋分前后，地球、卫星、太阳在同一直线上。当卫星在地球与太阳之间时，地球上的端站在接收卫星信号的同时，受到太阳辐射的影响，使通信中断，这种现象称为(　　)。

A. 星蚀　B. 日凌　C. 雨衰　D. 计划

9. AA02 Ku 和 Ka 等高波段卫星通信因强降雨而产生的载波功率下降的现象称为(　　)。

A. 星蚀　B. 日凌　C. 雨衰　D. 计划

10. AA02 下列关于计划描述错误的是(　　)。

A. 极化按电磁波电场矢量端点轨迹分为线极化和圆极

B. 线极化又分为水平极化和垂直极化

C. 电磁波电场垂直于地面称为垂直极化，平行于地面称为水平极化

D. 卫星通信系统的极化一般为圆极化

11. AA02 卫星天线的电压驻波比一般要求低于(　　)。

A. 1. 5 : 1　　B. 1. 35 : 1　　C. 1. 25 : 1　　D. 1. 7 : 1

12. AA02 卫星通信 C 频段的频率划分为(　　)。

A. 上行：5925~6425MHz 带宽 800 MHz；下行：3700~4200MHz 带宽 800 MHz

B. 上行：3700~4200MHz 带宽 500 MHz；下行：5925~6425MHz 带宽 500 MHz

C. 上行：5925~6425MHz 带宽 500 MHz；下行：3700~4200MHz 带宽 500 MHz

D. 上行：3700~4200MHz 带宽 800 MHz；下行：5925~6425MHz 带宽 800 MHz

13. AA02 卫星通信 Ku 频段的频率划分为(　　)。

A. 上行：14~14. 5GHzMHz 带宽 800 MHz；下行：12. 5~12. 75MHz 带宽 800 MHz

B. 上行：12. 5~12. 75MHz 带宽 500 MHz；下行：14~14. 5GHzMHz 带宽 500 MHz

C. 上行：14~14. 5GHzMHz 带宽 500 MHz；下行：12. 5~12. 75MHz 带宽 500 MHz

D. 上行：12. 5~12. 75MHz 带宽 800 MHz；下行：14~14. 5GHzMHz 带宽 800 MHz

14. AA02 卫星通信系统组成部分有(　　)。

A. 卫星主站　　B. 通信卫星　　C. 卫星远端站　　D. 以上都是

15. AA02 中石油卫星通信网的主要工作的波段是(　　)。

A. C 波段　　B. Ka 波段　　C. Ku 波段　　D. L 波段

16. AA02 ODU 不包含的哪种设备(　　)。

A. BUC　　B. LNB　　C. 馈源　　D. 卫星天线

通信系统设备知识部分

17. AB01 Optix 2500+时钟系统所用下列时钟源中，时钟级别最低的为(　　)

A. 外接时钟 1　　B. 外时钟 2　　C. 线路时钟　　D. 内置时钟

18. AB01 单板在正常状态下，单板的运行灯和告警灯的状态是(　　)

A. 运行灯 100ms 亮，100ms 灭；告警灯 100ms 亮，100ms 灭

B. 运行灯 1s 亮，1s 灭，告警灯熄灭

C. 运行灯熄灭，告警灯 1s 亮，1s 灭

D. 两个灯均常亮

19. AB01 主控板上 ALC 的作用是(　　)。

A. 软复位　　B. 硬复位

C. 关掉主控板电源　　D. 切断架顶蜂鸣告警

20. AB01 OSN 3500/2500/1500 采用 1 : N 关键电源备份，理解正确的是(　　)。

A. 一个备份电源可以作为多块单板的备份电源

B. 一个备份电源可以在为多块单板同时提供备份电源

C. 一个备份电源可以对多种关键电源进行备份

D. 一个备份电源原则上每次能为多块单板提供备份电源

21. AB01 通道保护环是由支路板的哪种功能实现的：(　　)

A. 双发双收　　B. 双发选收　　C. 单发单收　　D. 单发双收

22. AB01 关于 Optix 2500+ 设备，下列说法正确的有：(　　)

A. 风扇子架可有可无

B. S16 板的光接口是 FC/LC

C. SCC 板是主控、公务合一的单板

D. 电源盒中的保险丝有 5A 的容量就可以了。

23. AB01 利用支路板的各种自环功能来隔离设备故障和连接故障时，要判断是设备故障，应用(　　)功能。

A. 外环回　　B. 内环回　　C. 不环回　　D. 未装载

24. AB01 OSN 3500 的 AUX 板完成的功能不包括：(　　)。

A. 提供单板间 LANSWITCH 通信通路

B. 为系统提供 3.3V 备份电源

C. 完成机柜顶灯的驱动和级联

D. 完成系统两路独立-48V 电源的监控

25. AB01 利用支路板的各种自环功能来隔离设备故障和连接故障时，要判断是连接电缆故障，应用(　　)功能。

A. 外环回　　B. 内环回　　C. 不环回　　D. 未装载

26. AB01 主控板上 ALC 的作用是：(　　)。

A. 软复位　　B. 硬复位

C. 关掉主控板电源　　D. 切断架顶蜂鸣告警

通信仪器仪表工作原理

27. AC01 目前流行的光纤熔接方式是(　　)。

A. 空气放电　　B. 火焰加热　　C. 空气预放电　　D. CO_2 激光器

28. AC02 下列不属于 OTDR 仪表存在的固有误差的是(　　)。

A. 测试盲区　　B. 动态范围

C. 测试中的“增益”现象　　D. 末端鬼影

29. AC02 在光纤信号曲线上有一种反射曲线，是表明当远端光纤端面呈良好状态时在 4%的该反射状态下，末端可见长度的损耗范围，该反射为(　　)。

A. 后向散射　　B. 前向反射　　C. 菲涅尔反射　　D. 盲区反射

30. AC03 目前光纤通信常用的光源有(　　)。

A. LED 和 LD　　B. SDH　　C. PCM　　D. PDH

31. AC04 下面不是光功率单位的是(　　)。

A. dB　　B. dBm　　C. W　　D. H

32. AC06 下列哪个参数决定了频谱仪所能分辨的两个信号间的最小频率间隔(　　)。

A. RES BW　　B. VBW　　C. Sweep Time　　D. Ref Lvl

通信仪器仪表使用方法部分

33. AD01 光缆接头，必须有一定长度的光纤，一般完成光纤连接后的余留长度(光缆开剥处到接头间的长度)一般为(　　)。

A. 50~100cm　　B. 60~100cm　　C. 80~120cm

34. AD02 由(　　)引起的损耗，在 OTDR 显示仅为反向散射电平跌落。

A. 弯曲　　B. 活动连接　　C. 机械连接　　D. 裂纹

35. AD02 盲区是指光纤后向散射信号曲线的始端，一般仪表的盲区为(　　)左右。

A. 10m　　B. 500m　　C. 30m　　D. 100m

36. AD03 光纤通信系统中常用的光源主要有(　　)。

A. 光检测器、光放大器、激光器

B. 半导体激光器、光检测器、发光二极管

C. PIN 光电二极管、激光、荧光

D. 半导体激光器 LD、半导体发光二极管

37. AD03 不属于无源光器件的是(　　)。

A. 光定向耦合器　　B. 半导体激光器　　C. 光纤连接器　　D. 光衰减器

第二部分 专业知识

通信系统的日常管理部分

38. BA02 语音交换系统硬件检测时，接通率定义为中继线数量的(　　)。

A. 30%×3 次　　B. 30%×4 次　　C. 30%×5 次　　D. 30%×5 次

39. BA02 语音质量定义为(　　)。

A. 话音可懂度　　B. 清晰度

C. 自然度　　D. 话音可懂度、清晰度、自然度

40. BA02 光纤线路反射衰减检测时，建议测试尾纤长度至少(　　)。

A. 100m　　B. 1000m　　C. 10m　　D. 200m

41. BA02 光通信系统测试时，测试光源的输出光功率一般要求为(　　)，100km 以上测试光源的输出光功率要求为(　　)，40km 以内测试光源的输出光功率要求为(　　)。

A. 0dBm，14dBm，-10dBm　　B. 14dBm，0dBm，-10dBm

C. -10dBm，0dBm，14dBm　　D. 0dBm，-10dBm，14dBm

42. BA02 光通信系统测试时，光纤衰减综合指标一般要求为(　　)。

A. >0. 25dBm/km　　B. ≥0. 25dBm/km

C. ≤0. 08dBm/km　　D. ≤0. 25dBm/km(含光接头、光终端盒损耗)

43. BA05 光缆线路维护管理的方针是(　　)。

A. 预防为主、防抢结合　　B. 积极抢修，紧急维护

C. 预检预修　　D. 精心维护、科学管理

44. BA05 单模光纤(1550nm)中继段每公里最大平均衰减应不大于(　　)。

A. 0. 5dBm　　B. 0. 4dBm　　C. 0. 23dBm　　D. 0. 1dBm

45. BA05 单模光纤(1310nm)中继段每公里最大平均衰减应不大于(　　)。

A. 0. 5dBm　　B. 0. 4dBm　　C. 0. 38dBm　　D. 0. 1dBm

46. BA05 光缆及接续器件应具有(　　)窗口。

A. 1310nm，1550nm　　B. 1310nm

C. 1550nm　　D. 850nm

47. BA05 光纤接头损耗测试平均值不大于(　　)。

A. 0. 1dB/头　　B. 0. 08dB/头　　C. 0. 02dB/头　　D. 0. 5dB/头

通信专业应急与安全管理部分

48. BB01 对光缆故障的抢修要求以下哪一项是错误的(　　)。
A. 光缆线路故障抢修时，应先准备好备用光缆、通信硅芯管等抢修物资，然后进行正式光缆接续
B. 光缆故障抢修时，应同时更换已损坏的通信硅芯管，硅芯管应引入人孔内
C. 人孔内硅芯管如果密封良好可不用防水胶泥封堵
D. 人孔内盘留光缆长度一般不得少于 8m

49. BB01 故障光缆在人孔内完成接续后，应封闭好光缆接头盒、硅芯管，盖好预制的钢筋混凝土盖板，在盖板上放置(　　)。
A. 标石　　B. 电子标识　　C. 标识桩　　D. 无需放置任何标识

50. BB01 对直埋光缆故障的抢修要求以下哪一项是错误的(　　)。
A. 光缆线路故障抢修时，应先准备好备用光缆等抢修物资，然后进行正式光缆接续
B. 光缆在接头坑内盘留长度一般不小于 1m
C. 光缆接头盒正上方应埋设电子标识
D. 光缆故障点处应埋设地面标石

51. BB01 关于光缆接续要求以下哪一项是错误的(　　)。
A. 光缆接续前，应检查在用光缆光纤和所更换的光缆光纤传输特性是否良好，绝缘地阻是否满足要求，若不合格应找出原因并做必要的处理
B. 光缆接续的方法和工序标准，应符合施工规程和接续护套的工艺要求
C. 光缆接续时，任何环境下都没有必要采取升温措施
D. 光缆接续时，应创造良好的工作环境，以防止灰尘影响

52. BB01 光缆抢修时，接头处光缆余留一般不少于(　　)。
A. 8m　　B. 10m　　C. 12m　　D. 20m

53. BB01 光缆抢修时，接头盒内光纤余留一般不少于(　　)。
A. 60m　　B. 80m　　C. 100m　　D. 120m

54. BB01 光缆接续程序不包括以下哪一项(　　)。
A. 光缆接续准备(包括技术、器具和光缆的准备)
B. 光纤接续损耗的监测、评价
C. 主备用光纤切换
D. 光缆接头处电子标识和标识桩的埋设和安装

55. BB02 关于通信设备维护安全管理要求以下哪一项是错误的(　　)。
A. 在维护、装载、测试、故障处理等工作中，应采取预防或隔离措施，防止通信中断和人为事故的发生
B. 新软件、新功能、新设备的上线测试应在网上有业务时进行
C. 在对软件进行修改操作前应对软件进行备份，软件修改后系统运行正常，应对软件重新备份，做好详细记录
D. 未经许可，严禁将外来 U 盘、软盘、光盘放入系统设备中使用

56. BB02 关于光缆维护安全管理要求以下哪一项是错误的(　　)。

A. 光缆维护作业应防范各种伤亡事故(如电击、中毒、倒杆或坠落致伤等)的发生

B. 在市区、水面、涵洞等特殊区域作业时，应遵守相关安全操作规定，确保作业和人身的安全

C. 严禁在架空光缆线路附近和桥洞、涵洞内长途线路附近堆放易燃、易爆物品，发现后应及时处理

D. 在人孔中进行作业之前可以不用查实有无有害气体

57. BB02 关于防静电和高压防护要求以下哪一项是错误的(　　)。

A. 机房内静电防护设施应符合国家有关规定

B. 操作中使用的工具应防静电

C. 通信设备的静电缆、终端操作台地线应分别接到总地线母体的汇流排上

D. 在机架上插拔电路板或连接电缆时，应佩带防静电手镯，如果没有防静电手镯，可以不用佩戴

通信专业基础管理部分

58. BC05 需定期对仪器仪表电池进行充放电检验以及对通信仪器仪表及附件进行(　　)检查。

A. 通电　　B. 清洁　　C. 设备型号　　D. 有效期

59. BC05 按照技术监督规定，定期对仪器仪表进行校表，检定周期应为(　　)。

A. 半年　　B. 一年　　C. 一年半　　D. 两年

60. BC05 仪器仪表凡借出给维护部门以外的单位使用，由于外单位原因造成的仪表损坏需(　　)。

A. 照价赔偿　　B. 无需赔偿　　C. 协商后赔偿　　D. 加倍赔偿

61. BC06 非机房内系统用电设备(如各种试验和测试设备、电烙铁、吸尘器等)严禁使用(　　)电源。

A. UPS　　B. 高频开关　　C. UPS 和高频开关　　D. 以上均不对

62. BC06 以下关于通信机房管理要求哪一项是错误的(　　)。

A. 外来人员未经批准不得进入机房，确属需要，应经批准，并进行登记

B. 机房保持照明良好，备有应急照明设备，应急照明设备应由专人负责定期维护检修

C. 非机房内系统用电设备(如各种试验和测试设备、电烙铁、吸尘器等)可以使用 UPS 电源

D. 通信机房室内温度应保持在 5~40℃(阀室和无人清管站 0~45℃)，温度≤35℃时相对湿度保持在 10%~90%(阀室和无人清管站 10%~90%)

63. BC06 机房地线接地电阻(　　)。

A. ≤1Ω　　B. ≥1Ω　　C. ≤10Ω　　D. ≥10Ω

64. BC06ODF 标签不包括以下哪项(　　)。

A. 光缆路由标签　　B. 光纤连接位置标签

C. 光跳线标签(两端)　　D. 纤序标签

65. BC06 通常光衰减器应安装在(　　)位置。

A. 发送端设备测　　B. 接收端设备侧

C. 站场成端处　　　　　　　　　　D. 中继设备

66. BC06 以下关于光配线架(ODF)管理要求哪一项是错误的(　　)。

A. 进入机房的光缆和尾纤应采取保护措施，与电缆适当分开敷设以防挤压

B. 确保 ODF 设备资料的完整性、准确性、统一性

C. ODF 标签共分 3 种：光缆路由标签、光纤连接位置标签、光跳线标签(两端)

D. ODF 的维护管理优先级低于其他通信设备

67. BC06 以下关于通信机房配套设备管理要求哪一项是错误的(　　)。

A. 通信机房内配套设施和设备包括直流电源供给、市电照明、空调设备、地线保护装置、各类配线架等，对机房配套设备的维护管理工作应与其他通信设备同等重视

B. 机房地线接地电阻≤1Ω

C. 光纤连接器应接触良好，不得随意插拔，严禁采用人为松开光纤连接器或轴向偏离等手段介入衰减

D. 通常光衰减器应安装在发送端设备侧

二、判断题(对的画“√”，错的画“×”)

第一部分　基础知识

通信系统基础知识部分

(　　)1. AA02 星蚀是指每年农历春分、秋分前后，地球、卫星、太阳在同一直线上，当卫星在地球与太阳之间时，地球上的端站在接收卫星信号的同时，受到太阳辐射的影响，使通信中断的现象。

(　　)2. AA02 极化按电磁波电场矢量端点轨迹分为线极化和圆极化，卫星通信系统的极化一般为圆极化。线极化又分为水平极化和垂直极化，电磁波电场垂直于地面称为垂直极化，平行于地面称为水平极化。

(　　)3. AA02 融冰装置为安装于卫星天线主反射面背面，用于融化附着在卫星天线主反射面表面的冰雪。

(　　)4. AA02 极化隔离度是指收(发)信号传输到发(收)接口的信号衰减强度。

(　　)5. AA02 等效全向辐射功率用于表征地球站或通信卫星发射系统的信号发生能力，即定向天线在最大辐射方向实际所辐射的功率。

(　　)6. AA02 天线增益指在输入功率相等的条件下，实际天线与各向均匀辐射的理想点源天线，在空间同一点处所产生的信号功率密度之比。

(　　)7. AA02 电平是信号强度，电平值越高，信号越强，信号电压越高；电平值越低，信号越弱，信号电压越低。

(　　)8. AA02 绝对电平是指通信系统中，考察点上的信号功率(或电压)与确定的参考功率(或电压)比值的常用对数值。

(　　)9. AA02 绝对电平是指通信系统中，被测点的信号功率 P_A 与参考点的信号功率 P_0 比值的常用对数值。

(　　)10. AA02 本振频率即 LC 振荡器，一般是 BUC 和 LNB 设备的固定参数，由 BUC

和 LNB 的谐振电路产生。

(　　)11. AA03 中继网关是在电路交换网和 IP 分组网络之间的网关，用来终结大量的模拟电路，可实现不同网络协议之间的转换。

(　　)12. AA03 用户接口板负责与专用企业网络中继线的 T1 或 E1 连接，或与公网中继线的 E1 或 T1 连接。

(　　)13. AA03 软电话是一种应用软件，可以在普通的目标工作站上运行软件电话，而无需使用专门的话机设备。通常情况下，只需将耳机连接到计算机的声卡就可以用软电话通话。

(　　)14. AA03 BRI 信令又称 ISDN(30B+D)信令、DSS1 信令、PRA 信令。在北美和日本，提供 23B+D 信道，总速率达 1. 544Mbit/s，其中 D 信道速率为 64kbit/s。在欧洲、澳大利亚等国家为 30B+D，总速率达 2. 048Mbit/s。我国采用 30B+D 方式。

(　　)15. AA03 SS7 信令是一个应用层的信令控制协议。用于创建、修改和释放一个或多个参与者的会话。这些会话可以是 Internet 多媒体会议、IP 电话或多媒体分发。会话的参与者可以通过组播(multicast)、网状单播(unicast)或两者的混合体进行通信。

(　　)16. AA03 NTP 协议使各类通信设备时间同步化的一种协议，可以使通信设备对其服务器或时钟源(如石英钟，GPS)做同步化，并可以提供高精准度的时间校正。

(　　)17. AA03 并发率是指同时使用语音业务的比例。

通信系统设备知识部分

(　　)18. AB01 Optix 所有单板的告警最后都是通过主控板上报给网管的。

(　　)19. AB01 Optix 的交叉板工作方式为负荷分担方式。

(　　)20. AB01 对于光板而言，其接收光功率必须在一定的范围之内。

通信仪器仪表工作原理

(　　)21. AC01 光纤保护套管是由热缩材料制成的，对它们进行加热可以对光纤进行保护。

(　　)22. AC02 光纤接续的增益现象主要是由于光纤的材料、种类不同造成后一种光纤的背向散射光

(　　)23. AC02 用单模 OTDR 模块对多模光纤进行测量时，光纤长度的测量结果不会受到影响，但光纤损耗、光接头损耗、回波损耗的结果不正确。

(　　)24. AC02 OTDR 是利用背向散射与菲涅尔反射光返回到仪器的时间与信息，测定线路长度、衰耗及障碍点的位置。

(　　)25. AC02 在 OTDR 测试曲线中肯定会有鬼影(幻峰)。

(　　)26. AC02 对于平均时间对动态范围的影响：平均时间越长，测试精度越高。

(　　)27. AC03 采用 LD 作光源的光发送机一般是应用在高速、大容量的光纤通信系统中。

(　　)28. AC03 对于光源的选择，主要考虑的是光波长、谱宽或线宽以及发光功率。

(　　)29. AC04 光功率计一般都是通过能进行光电变换的探测器把光信号变为电信号再处理较大造成的。

(　　)30. AC05 光衰减器属于光路无源器件。

通信仪器仪表使用方法

(　　)31. AD01 封接头盒前，应对所有光纤进行统测，以查明有无漏测和光纤预留盘间对光纤及接头有无挤压。

(　　)32. AD01 光缆接头封盒后，应对所有光纤进行最后检测，以检查封盒是否对光纤有损害。

(　　)33. AD01 盒体安装时，无用的橡胶挡圈无须全部放入槽道内。

(　　)34. AD01 光纤接头损耗的测量，可以熔接机指示器上读出，不必另行测量。

(　　)35. AD02 在光纤测试中，对于 OTDR 来说，盲区越小越好。

(　　)36. AD02 光纤衰减测量仪器应使用光时域反射计(OTDR)或光源、光功率计，测试时 每根纤芯应进行双向测量，测试值应取双向测量的平均值。

(　　)37. AD02 在不同的波长上，光纤会显示不同的损耗特性。

(　　)38. AD03 影响光源波长稳定性的因素有很多，包括温度的变化、光源驱动电流的变化等

(　　)39. AD03 光通信中使用的光一般是半导体激光器发出的光

(　　)40. AD06 影响频谱分析仪幅度谱迹线显示的因素有频率(横轴)、幅度(纵轴)两方面。

第二部分　专业知识

通信系统的日常管理部分

(　　)41. BA02 光通信设备告警声音切除测试后，将 MUTE 开关置于 OFF 状态。

(　　)42. BA02 当防静电封装的电路板从一个温度较低、较潮湿的地方拿到温度较高、较干燥的地方时，至少需要等到 30min 以后才能拆封。

(　　)43. BA02 光纤通道衰减检测时，如果对端光源发射光功率过强，可用光衰减器分别连接光功率计与被测光纤。

(　　)44. BA02 语音交换系统硬件检测时，接通率定义为中继线数量的 30%×3 次。

(　　)45. BA02 光通信系统测试时，光纤衰减综合指标要求为≤0. 08dBm/km(含光接头、光终端盒损耗)。

(　　)46. BA04 使用的光缆及接续器件应具有邮电部门的入网许可证。

(　　)47. BA05 光缆线路故障处理后和迁改后光缆的弯曲半径应不小于 15 倍缆径。

(　　)48. BA05 光通信系统故障定位的一般原则是“先光缆、后设备；先单站、后单板；先高级、后低级”，即临时抢通传输系统，然后再尽快恢复。

(　　)49. BA05 发现通信设备出现故障，应及时联系设备厂家，并从最近的备品备件库提取备件，用以更换故障设备。

(　　)50. BA05 光缆及接续器件只具有 1310 窗口。

通信专业应急与安全管理部分

(　　)51. BB01 硅芯管道光缆抢修接头时应设置两个人孔，人孔尺寸按管道公司通信

硅芯管工程的人孔尺寸设计，两个人孔间距离可根据现场实际情况适当调整。

(　　)52. BB01 光缆接头盒正上方应埋设电子标识，电子标识埋设深度一般为60~80cm。

(　　)53. BB01 光缆在接头坑内盘留长度一般不小于8m。

(　　)54. BB01 接头处光缆的余留和接头盒内光纤的余留应留足，光缆余留一般不少于8m，接头盒内最终余长一般不少于60cm。

(　　)55. BB01 光缆接续注意连续作业，对于当日无条件结束连接的光缆接头，无需采取措施。

(　　)56. BB02 在维护、装载、测试、故障处理等工作中，无需采取预防或隔离措施。

(　　)57. BB02 新增或关闭卫星远端站以及各站增减电路，无需上级部门批准。

(　　)58. BB02 新软件、新功能、新设备的上线测试应在网上无业务时进行。确属需要，应经通信主管批准。

(　　)59. BB02 通信设备的静电缆、终端操作台地线应分别接到总地线母体的汇流排上。

(　　)60. BB02 在人孔中进行作业之前，应先查实有无有害气体。当发现时，应采取合适的措施方可下人孔。事后应向有关部门报告并督促其杜绝危害气源。

(　　)61. BB02 维护人员在使用明火和自然、可燃或易燃物品时，应予以高度重视，谨防火灾的发生。一旦发生火情，应立即向消防部门报警，迅速组织人员，采取行之有效的灭火措施，减少火灾引起的损失。

通信专业基础管理部分

(　　)62. BC04 通信设备各类备品备件的调拨、报废、停用、拆除、转让等应经有关部门批准后方可办理，并及时办理资产移交手续。

(　　)63. BC04 卫星通信系统中的BUC，LNB和IDU设备应按照10(在用设备)：1(备用设备)的比例进行备品备件储备，在用设备不足10个的，每种类型的备品备件至少储备1个。

(　　)64. BC05 通信仪器仪表的调拨、报废、停用、拆除、转让等应经有关部门批准后方可办理，并及时办理资产移交手续。

(　　)65. BC05 定期对仪器仪表电池进行充放电检验，对仪器仪表附件无需进行通电检查。

(　　)66. BC05 按照技术监督规定，定期对仪器仪表进行校表，检定周期应为两年。

(　　)67. BC05 通信仪器仪表的借出应经主管部门批准，并履行相关手续，仪表归还时应对主要性能做必要的交接检查；凡借出给维护部门以外的单位使用，由于外单位原因造成仪表损坏，要照价赔偿。

(　　)68. BC06 外来人员如有特殊情况可以未经批准进入机房。

(　　)69. BC06 安装工业电视系统硬盘刻录机、视频服务器的站队机房，应按照涉密场所由专人负责。

(　　)70. BC06 机房地线接地电阻应大于1Ω。

(　　)71. BC06 光配线架(ODF)标签共分3种：光缆路由标签、光纤连接位置标签、光跳线标签(两端)。

三、简答题

第一部分　基础知识

通信系统基础知识部分

1. AA01 请简述光通信系统中支路板、线路板、交叉板、辅助板、主控板的定义?
2. AA02 请写出卫星通信的常见频段(3 种以上)?
3. AA02 简述卫星通信的优缺点(优缺点至少各 3 个)?

通信系统设备知识部分

4. AB01 简述主控单元特点?

通信仪器仪表工作原理部分

5. AC02 光时域反射计(OTDR)的测试原理是什么?有何功能?
6. AC03 比较 LED 和 LD,并说明各自适应的工作范围?
7. AC04 光功率计一般由哪几部分组成?

通信仪器仪表使用方法部分

8. AD03 请简述光源在光通信中的作用?
9. AD04 请简述光功率计在光接收端机测试中的应用?
10. AD06 用频谱分析仪进行带宽测量时,其测量的精度与哪些因素有关?

第二部分　专业知识

通信系统的日常管理部分

11. BA02 光通信系统测试时对于技术指标有哪些要求?
12. BA02 光通信系统年检主要注意事项有哪些?
13. BA02 工业电视摄像机与图像测试时,图像质量损伤分为哪 5 级?
14. BA05 请简述光缆故障处理要求?

通信专业应急与安全管理部分

15. BB01 请简述光缆非接头部位的修复要求?
16. BB01 请简述光缆接续要求?

通信专业基础管理部分

17. BC05 请简述通信仪器仪表管理的管理要求?
18. BC06 请简述通信仪器仪表管理的管理要求?

高级资质理论认证试题答案

一、单项选择题答案

1. C　2. B　3. C　4. B　5. B　6. C　7. A　8. B　9. C　10. D
11. C　12. C　13. C　14. D　15. C　16. D　17. D　18. B　19. D　20. A
21. B　22. C　23. B　24. D　25. A　26. D　27. C　28. B　29. C　30. A
31. D　32. A　33. B　34. A　35. D　36. D　37. B　38. C　39. C　40. B
41. A　42. D　43. A　44. C　45. C　46. A　47. B　48. C　49. B　50. B
51. C　52. A　53. A　54. C　55. B　56. D　57. D　58. A　59. B　60. A
61. A　62. C　63. C　64. D　65. B　66. D　67. D

二、判断题答案

1. ×星蚀是指每年农历春分和秋分期间，卫星在一天中可能有数小时因太阳、地球和静止卫星连成直线而得不到阳光的照射。　2. ×极化按电磁波电场矢量端点轨迹分为线极化和圆极化，卫星通信系统的极化一般为线极化。线极化又分为水平极化和垂直极化，电磁波电场垂直于地面称为垂直极化，平行于地面称为水平极化。　3. √　4. √　5. √　6. √　7. √　8. √　9. ×相对电平是指通信系统中，被测点的信号功率 P_A 与参考点的信号功率 P_0 比值的常用对数值。　10. ×本振频率即 LC 振荡器，一般是 BUC 和 LNB 设备的固定参数，由 BUC 和 LNB 的本振电路产生。

11. ×中继网关是在电路交换网和 IP 分组网络之间的网关，用来终结大量的数字电路，可实现不同网络协议之间的转换。　12. ×中继板用户接口板负责与专用企业网络中继线的 T1 或 E1 连接，或与公网中继线的 E1 或 T1 连接。　13. √　14. ×PRI 信令又称 ISDN(30B+D)信令、DSS1 信令、PRA 信令。在北美和日本，提供 23B+D 信道，总速率达1.544Mbit/s，其中 D 信道速率为 64kbit/s。在欧洲、澳大利亚等国家为 30B+D，总速率达 2.048Mbit/s。我国采用 30B+D 方式。　15. ×SIP 信令是一个应用层的信令控制协议。用于创建、修改和释放一个或多个参与者的会话。这些会话可以是 Internet 多媒体会议、IP 电话或多媒体分发。会话的参与者可以通过组播(multicast)、网状单播(unicast)或两者的混合体进行通信。16. √　17. √　18. √　19. ×Optix 的交叉板工作方式为负荷分担方式。　20. √

21. √　22. √　23. √　24. √　25. ×在 OTDR 测试曲线中不一定定会有鬼影(幻峰)。26. ×对于平均时间对动态范围的影响：平均时间越短，测试精度越高。　27. √　28. √　29. √　30. √

31. √　32. √　33. ×盒体安装时，无用的橡胶挡圈需要全部放入槽道内。　34. ×光纤接头损耗的测量，需另行测量。　35. √　36. √　37. √　38. √　39. √　40. √

41. ×光通信设备告警声音切除测试后，严禁 MUTE 开关置于 OFF 状态。　42. √　43. √　44. ×语音交换系统硬件检测时，接通率定义为中继线数量的 30%×5 次。　45. ×光通信系统测试时，光纤衰减综合指标要求为≤0.25dBm/km(含光接头、光终端盒损耗)。
46.√ 47.√ 48.√ 49.√ 50.×光缆及接续器件应具有1310和1550两个窗口。

51.√ 52.√ 53.√ 54.√ 55.×光缆接续注意连续作业，对于当日无条件结束连接的光缆接头，应采取措施，防止受潮和确保安全。 56.×在维护、装载、测试、故障处理等工作中，应采取预防或隔离措施，防止通信中断和人为事故的发生。 57.×新增或关闭卫星远端站以及各站增减电路，需经上级部门批准后方可实施。 58.√ 59.√ 60.√

61.√ 62.√ 63.√ 64.√ 65.×定期对仪器仪表电池进行充放电检验以及对仪器仪表及其附件进行通电检查，并认真做好记录。 66.×按照技术监督规定，定期对仪器仪表进行校表，检定周期应为一年。 67.√ 68.×外来人员未经批准不得进入机房，确属需要，应经批准，并进行登记。 69.√ 70.×机房地线接地电阻≤1Ω。

71.√

三、简答题答案

1. AA01 请简述光通信系统中支路板、线路板、交叉板、辅助板、主控板的定义？

答：①支路板可以承载PDH、以太网、ATM等业务，用于提供各种速率信号的接口，实现多种业务的接入和处理功能；②线路板即SDH单元，接入并处理高速信号(STM-1/STM-4/STM-16/STM-64的SDH信号)，为设备提供了各种速率的光/电接口以及相应的信号处理功能；③交叉板提供业务的灵活调度能力，整个设备的核心是交叉连接单元，它对信号不进行处理，仅仅用来实现业务基于VC4，VC3和VC12级别的路由选择；④辅助板为系统提供公务电话、串行数据的相关接口，并为系统提供电源接入和处理、光路放大等功能；⑤主控板的主要功能是实现对系统的控制和通信，主控单元收集系统各个功能单元产生的各种告警和性能数据，并通过网管接口上报给操作终端，同时接收网管下发的各种配置命令。

评分标准：答对①~⑤各占20%。

2. AA02 请写出卫星通信的常见频段(3种以上)？

答：①UHF(<1000MHz)；②L波段(1.5 ~ 1.6GHz)；③S波段(2.5 ~ 2.6GHz)；④C波段(4/6GHz，带宽800MHz)；⑤Ku波段(11/14GHz，12/14GHz，带宽800M Hz)；⑥Ka波段(20/30GHz)；⑦Ka/毫米波(20/40GHz，50/60GHz)。

评分标准：答对①~⑦各占15%。

3. AA02 简述卫星通信的优缺点(优缺点至少各3个)？

答：①卫星通信的优点：通信距离远；建设成本与通信距离无关；不受地理环境影响；广播方式，卫星覆盖区域内的任何点都可实现通信；可自发自收；②卫星通信的缺点：信号极弱(豪微微瓦级)，对技术和设备的要求较高；时延；多址问题；存在单一故障点；日凌。

评分标准：答对①②中任意一个且满足各3点占50%。

4. AB01 简述主控单元特点？

答：①设备其他单板向主控单元上报单板参数、状态、性能告警等数据；②主控单元向设备其他单板下发数据配置、参数定义等控制信息；③主控单元对时钟单元、公务单元和交叉单元进行控制，同时进行性能、告警的监控；④主控单元通过Ethernet接口与PC或网管相连，通过X.25接口与Modem相连，完成同步设备与网络管理系统之间的通信功能。

评分标准：答对①~④各占25%。

5. AC02 光时域反射计（OTDR）的测试原理是什么？有何功能？

答：①OTDR 基于光的背向散射与菲涅耳反射原理制作，利用光在光纤中传播时产生的后向散射光来获取衰减的信息；②可用于测量光纤衰减、接头损耗、光纤故障点定位以及了解光纤沿长度的损耗分布情况等，是光缆施工、维护及监测中必不可少的工具。其主要指标参数包括：动态范围、灵敏度、分辨率、测量时间和盲区等。

评分标准：答对①②各占 50%。

6. AC03 比较 LED 和 LD，并说明各自适应的工作范围？

答：①LED 的发射光功率比 LD 要小，不适合长距离系统；②LED 的光谱宽度比 LD 大得多，不适合长距离系统；③LED 的调制带宽比 LD 小得多，不适合长距离系统；④LED 的温度特性比 LD 好得多。所以，LED 适应于短距离小容量光纤通信系统，而 LD 适应于长距离大容量光纤通信系统。

评分标准：答对①~④各占 25%。

7. AC04 光功率计一般由哪几部分组成？

答：光功率计一般都是由①显示部分；②探测器部分和；③数据处理部分组成。

评分标准：答对①~③各占 30%。

8. AD03 请简述光源在光通信中的作用？

答：它的作用是把要传输的电信号转换为光信号发射出去。

评分标准：答对占 100%。

9. AD04 请简述光功率计在光接收端机测试中的应用？

答：在光接收端机测试中的应用主要是与光衰减器、误码仪配合测试接收机的灵敏度。

评分标准：答对占 100%。

10. AD06 用频谱分析仪进行带宽测量时，其测量的精度与哪些因素有关？

答：①与频谱分析仪的扫描速率有关；②与频谱分析仪的扫描宽度有关；③与频谱分析仪的滤波器带宽有关；④与频谱分析仪显示的电平有关。

评分标准：答对①~④各占 25%。

11. BA02 光通信系统测试时对于技术指标有哪些要求？

答：①G. 652 光纤测试波长均为 1550nm，其中 Metro1000 所用的光纤测试波长为 1310nm。测试光源的输出光功率一般要求为 0dBm，100km 以上测试光源的输出光功率要求为 14dBm，40km 以内测试光源的输出光功率要求为-10dBm。测试中可采用可变光衰减器进行调节；②光纤衰减综合指标要求为≤0. 25dBm/km（含光接头、光终端盒损耗）。凡达不到上述指标要求的，应检查光纤接头衰减指标是否合格（该指标应≤0. 08dBm），检查光终端盒法兰连接（法兰衰减指标应≤0. 5dBm）及尾纤接头连接是否可靠。

评分标准：答对①②各占 50%。

12. BA02 光通信系统年检主要注意事项有哪些？

答：①光纤通道衰减检测时，如果对端光源发射光功率过强，可用光衰减器分别连接光功率计与被测光纤；②光纤线路反射衰减检测时，建议测试尾纤长度至少 1km；③光通信设备告警功能检测时，更换单板宜选择在传输业务较少的时间进行。当防静电封装的电路板从一个温度较低、较潮湿的地方拿到温度较高、较干燥的地方时，至少需要等到 30min 以后才能拆封；④光通信设备告警声音切除测试后，严禁 MUTE 开关置于 OFF 状态。

评分标准：答对①~④各占25%。

13. BA02 工业电视摄像机与图像测试时，图像质量损伤分为哪5级？

答：①五级——图像上不察觉有损伤或干扰存在；②四级——图像上稍有可察觉的损伤或干扰，但不令人讨厌；③三级——图像上有明显的损伤或干扰，令人感到讨厌；④二级——图像上损伤或干扰严重、令人相当讨厌；⑤一级——图像上损伤或干扰极严重，不能观看。

评分标准：答对①~⑤各占20%。

14. BA05 请简述光缆故障处理要求？

答：①发现故障后，应及时上报网管和上级业务主管部门。收到故障通知后30min内出发，迅速做好抢修的各项准备，并在3h内赶到故障现场，故障处理完毕后上报网管确认电路运行情况，并将故障处理情况报网管及上级业务主管部门。②当光缆接续现场情况复杂时，故障处理应首先采取措施，优先抢通在用光纤，恢复通信业务；然后再根据故障实际情况，提出修复方案，经主管部门批准后，进行光缆线路修复工作。③光缆故障处理必须在相关业务部门的密切配合下进行。④故障处理中介入或更换的光缆，其长度不得小于100m，尽可能采用同一厂家、同一型号的光缆。故障处理后和迁改后光缆的弯曲半径应不小于15倍缆径。⑤处理故障过程中，要做到单点接续损耗不得大于0.08dB。⑥处理故障完成后，在光缆回填的位置埋设光缆标志桩。⑦故障排除后，需对修复后的光缆进行严格的测试，测试合格后通知网管中心对线路的传输质量进行确认。⑧故障排除后，站场通信工程师应及时组织相关人员对故障的原因进行分析，完善《故障记录》，整理技术资料，总结经验教训，提出改进措施。⑨光缆线路发生故障后，应按照《通信专业管理程序》中规定在8h内抢通。⑩ 为尽快排除故障，业务联络工具应随时保持畅通、良好。维护工具应处于可使用状态。⑪ 光缆线路故障的实际次数及历时均应记录，作为分析和改进维护工作的依据。

评分标准：答对①~⑪各占20%。

15. BB01 请简述光缆非接头部位的修复要求？

答：①如果故障点只是个别点，可用线路的余缆修复。②当光缆受损为一段范围，或者OTDR检出故障为一个高衰耗区时，需要更换光缆处理。更换光缆的长度除考虑足以排除故障段外，还应考虑如下因素：a. 考虑到不影响单模光纤在单一模式稳态条件下工作，以保证通信质量，介入或更换光缆的最小长度应大于100m；b. 考虑到光缆修复施工中须用OTDR监测，或者日常维护中便于分辨邻近两个接头的障碍，介入或更换光缆的最小长度应大于OTDR的两点分辨率，一般宜大于100m；c. 介入或更换光缆的长度接近接头盒时，如现场情况允许可以将接头盒盘留光缆延伸至断点处，以便减少一处接头盒。

评分标准：答对①占20%，答对②占80%。

16. BB01 请简述光缆接续要求？

答：①光缆接续前，应检查在用光缆光纤和所更换的光缆光纤传输特性是否良好，绝缘地阻是否满足要求，若不合格应找出原因并做必要的处理。②光缆接续的方法和工序标准，应符合施工规程和接续护套的工艺要求。③光缆接续时，应创造良好的工作环境，以防止灰尘影响；当环境温度低于零度时，应采取升温措施，以确保光纤的柔软性和熔接设备的正常工作。④接头处光缆的余留和接头盒内光纤的余留应留足，光缆余留一般不少于8m，接头盒内最终余长一般不少于60cm。⑤光缆接续注意连续作业，对于当日无条件结束连接的光缆接头，应采取措施，防止受潮和确保安全。⑥抢修故障过程中，要做到单点接续损耗不得大于0.08dBm。

评分标准：答对①~⑥各占20%，答对5个占100%。

17. BC05 请简述通信仪器仪表管理的管理要求？

答：①业务管理单位应配备必要的维护用仪器仪表、工具、车辆和通信联络工具。②使用仪器仪表和工具的人员应经过严格培训，严禁违章使用。③仪器仪表应分别建立台账、机历簿及相应的图纸资料。④仪器仪表应保持完好，包括以下方面：a. 主要技术指标、机械、电气和传输性能符合规定要求；b. 结构完整、部件齐全，设备清洁、运行正常；c. 技术资料齐全、完整、图纸与实物相符。⑤仪器仪表的调拨、报废、停用、拆除、转让等应经有关部门批准后方可办理，并及时办理资产移交手续。⑥定期对仪器仪表电池进行充放电检验以及对仪器仪表及其附件进行通电检查，并认真做好记录。⑦按照技术监督规定，定期对仪器仪表进行校表，检定周期应为一年。⑧仪器仪表的借出应经主管部门批准，并履行相关手续，仪表归还时应对主要性能做必要的交接检查；凡借出给维护部门以外的单位使用，由于外单位原因造成仪表损坏，要照价赔偿。⑨各种仪器仪表发生障碍后，应及时维修、返修，并有详细的维修、返修记录。

评分标准：答对①~⑨各占20%，答对5个占100%。

18. BC06 请简述通信仪器仪表管理的管理要求？

答：①机房应做到密封、防尘、防火、防水、人机分开，应采取防静电措施。机房内不准吸烟，不准大声喧哗，不准把水杯、饮料、食品等带进机房。机房内禁止存放易燃易爆及腐蚀性物品。②机房内严禁烟火。非特殊需要，不得使用明火。若确属需要动用明火时，应经部门主管同意，并采取严格防火措施。③机房应地面清洁、设备无尘、排列正规、布线整齐、仪表正常、工具就位、资料齐全。④外来人员未经批准不得进入机房，确属需要，应经批准，并进行登记。⑤机房保持照明良好，备有应急照明设备，应急照明设备应由专人负责定期维护检修。⑥通信机房室内温度应保持在5~40℃(阀室和无人清管站0~45℃)，温度≤35℃时相对湿度保持在10%~90%(阀室和无人清管站10%~90%)。⑦机房内工程施工及增减设备应经部门主管批准，并确保不影响系统正常运行。⑧非机房内系统用电设备(如各种试验和测试设备、电烙铁、吸尘器等)严禁使用UPS电源。⑨未经容许，不得在机房内拍照或摄像。⑩安装工业电视系统硬盘刻录机、视频服务器的站队机房，应按照涉密场所由专人负责。

评分标准：答对①~⑩各占20%，答对5个占100%。

高级资质工作任务认证

高级资质工作任务认证要素细目表

模块	代码	工作任务	认证要点	认证形式
一、通信系统的日常管理	S-TX-01-G02	通信系统年检管理	通信年检问题的处理	步骤描述
	W-TX-01-G02	通信系统年检管理	组织整改通信年检遗留问题	步骤描述
	S-TX-01-G03	通信系统设备维检修管理	通信系统设备更新改造及大修理的管理	步骤描述
	S-TX-01-G04	光缆线路维护管理	光缆线路作业实施	步骤描述
	W-TX-01-G04	光缆线路维护管理	光缆线路各项指标的测试和隐患整改	步骤描述
	S-TX-01-G05	通信系统故障处理	通信系统故障分析	步骤描述 案例分析
	W-TX-01-G05	通信系统故障处理	指导通信系统故障处理	步骤描述
二、通信专业应急与安全管理	S/W-TX-02-G01	光缆抢修管理	指导光缆抢修作业	步骤描述

高级资质工作任务认证试题

一、S-TX-01-G02 通信系统年检管理——通信年检问题的处理

1. 考核时间：60 min。
2. 考核方式：步骤描述。
3. 考核评分表。

考生姓名：________________　　　　单位：________________

序号	工作步骤	工作标准	配分	评分标准	扣分	得分	考核结果
1	提出通信作业计划需求	根据年检实际情况向分公司通信主管提出必要的通信作业计划需求，再由分公司通信主管决策是否向生产处进行通信作业计划申请工作。 通信作业计划需求填报程序：①填写通信作业计划需求主题，主题应体现出本次作业的大概内容；②填写通信作业计划需求内容，其中应包括作业开始及结束的具体时间、地点，申请作业的原因及作业的主要内容；③填写站场联系人和联系方式	70	未描述此步骤扣70分，通信作业计划需求填报程序缺一项扣20分			

续表

序号	工作步骤	工作标准	配分	评分标准	扣分	得分	考核结果
2	监督并辅助完成通信作业计划	监督维修队或通信代维单位工作质量，必要时辅助完成部分工作。维检修工作遇到困难或完成时，应向分公司通信主管反馈	30	未描述此步骤扣30分			
合计			100				

考评员　　　　　　　　　　　　　　　　　　　　年　　月　　日

二、W-TX-01-G02 通信系统年检管理——组织整改通信年检遗留问题

1. 考核时间：20 min。
2. 考核方式：步骤描述。
3. 考核评分表。

考生姓名：________　　　　　　　　　　单位：________

序号	工作步骤	工作标准	配分	评分标准	扣分	得分	考核结果
1	进行通信年检遗留问题整改准备工作	确认遗留问题，准备整改物资，包括：与所割接光缆同厂家同型号光缆、接头盒、光纤熔接工具、人手孔、OTDR等	50	未描述此项扣50分			
2	组织通信年检遗留问题整改	根据作业计划要求，组织操作工进行年检遗留问题整改，遗留问题主要包括：光纤断纤情况、光缆裸露情况、通信设备故障等	50	未描述此项扣50分			
合计			100				

考评员　　　　　　　　　　　　　　　　　　　　年　　月　　日

三、S-TX-01-G03 通信系统设备维检修管理——通信系统设备更新改造及大修理的管理

1. 考核时间：30 min。
2. 考核方式：步骤描述。
3. 考核评分表。

考生姓名：________　　　　　　　　　　单位：________

序号	工作步骤	工作标准	配分	评分标准	扣分	得分	考核结果
1	进行通信设备更新改造及大修理前期准备工作	通信设备更新改造及大修理的管理执行《站场设施更新改造大修理工程管理程序》	30	未描述此步骤扣30分，具体要求缺一项扣10分			

续表

序号	工作步骤	工作标准	配分	评分标准	扣分	得分	考核结果
1	进行通信设备更新改造及大修理前期准备工作	具体要求如下： ①站场通信工程师应协助分公司通信主管管理所属站场通信设施更新改造大修理工程项目的工作； ②站场通信工程师应协助分公司通信主管完成工程项目技术方案、招标计划、招标文件等的编制和初步设计(方案设计)、施工图设计、技术规格书的委托设计、初审及上报工作； ③站场通信工程师应协助分公司通信主管组织进行工程项目施工招投标、职责范围内的物资采购招投标、合同草签及报批工作	30	未描述此步骤扣30分，具体要求缺一项扣10分			
2	进行通信设备更新改造及大修理工作	具体要求如下：①站场通信工程师应协助分公司通信主管完成工程项目施工过程中安全、质量、环保、进度、风险等的全面管理和控制工作。站场通信工程师应熟悉工程项目的HSE要求，加强现场的HSE管理，每24h至少到现场进行一次HSE检查，发现问题后及时反馈给分公司通信主管和项目实施单位，并督促现场整改。②站场通信工程师应协助分公司通信主管完成工程项目实施过程中设计变更的报批工作	40	未描述此步骤扣40分，具体要求缺一项扣10分			
3	进行通信设备更新改造及大修理收尾工作	①站场通信工程师应协助分公司通信主管完成限额(100万元)以下工程项目的竣工验收及限额以上工程项目的预验收工作；②站场通信工程师应协助分公司通信主管完成工程项目竣工资料整理和管理工作	30	未描述此步骤扣30分，具体要求缺一项扣10分			
合计			100				

考评员　　　　　　　　　　　　　　　　　　　　　　　　年　　月　　日

四、S-TX-01-G04 光缆线路维护管理——光缆线路作业施工

1. 考核时间：30 min。
2. 考核方式：步骤描述。
3. 考核评分表。

考生姓名：______________ 单位：______________

序号	工作步骤	工作标准	配分	评分标准	扣分	得分	考核结果
1	确认光缆线路作业内容及时间	根据分公司通信主管提供的已批复通信作业计划申请单确认工作内容和时间	30	未描述此步骤扣30分			
2	进行光缆线路作业	监督维修队或通信代维单位工作质量，必要时辅助完成部分工作	40	未描述此步骤扣40分			
3	反馈光缆线路作业进展	光缆线路作业工作遇到困难或完成时，应向分公司通信主管反馈，再由分公司向上级主管单位汇报	30	未描述此步骤扣30分			
合计			100				

考评员　　　　　　　　　　　　　　　　　　　　年　　月　　日

五、W-TX-01-G04 光缆线路维护管理——光缆线路各项指标的测试和隐患整改

1. 考核时间：30 min。
2. 考核方式：步骤描述。
3. 考核评分表。

考生姓名：______________ 单位：______________

序号	工作步骤	工作标准	配分	评分标准	扣分	得分	考核结果
1	进行光缆线路技术性维护	光缆维护过程中，应指导操作工进行光缆线路技术性维护，具体包括光缆传输性能指标测试，光缆故障抢修，光缆接头盒、人手孔、光缆井组装、清洁等技术性维护工作	40	未描述此项扣40分，具体内容缺一项扣5分			
2	进行光缆线路指标的测试	光缆维护过程中，应指导操作工进行光缆线路各项指标的测试，具体包括光缆接地装置、接地电阻测试、直埋接头盒电极间绝缘电阻测试、光纤线路衰耗测试、光缆金属护套对地绝缘测试等	40	未描述此项扣40分，具体内容缺一项扣5分			
3	指导通信线路隐患整改工作	通信线路隐患整改过程中，应指导操作工进行相关操作	20	未描述此步骤扣20分			
合计			100				

考评员　　　　　　　　　　　　　　　　　　　　年　　月　　日

六、S-TX-01-G05 通信系统故障处理——通信系统故障分析

1. 考核时间：30 min。
2. 考核方式：步骤描述。
3. 考核评分表。

考生姓名：________　　　　单位：________

序号	工作步骤	工作标准	配分	评分标准	扣分	得分	考核结果
1	光通信系统故障分析	非光缆故障时，应对发现的通信系统故障进行分析，判断是否能够现场进行处理。光通信系统故障主要包括：以太网数据中断、以太网数据出现误码、光板出现告警灯闪烁、以太网板告警灯闪烁、公务电话故障	35	未描述此项扣 35 分，至少描述 4 项故障主要内容，缺一项扣 5 分			
2	卫星通信系统故障分析	非光缆故障时，应对发现的通信系统故障进行分析，判断是否能够现场进行处理。卫星通信系统故障主要包括：设备在线，端站不能上网、设备不在线、设备无法加电、无卫星信标信号、通信中断(设备无法正常接收或发送同步)、设备同步以后指标较差	35	未描述此项扣 35 分，至少描述 4 项故障主要内容，缺一项扣 5 分			
3	语音交换系统故障分析	非光缆故障时，应对发现的通信系统故障进行分析，判断是否能够现场进行处理。语音通信系统故障主要包括：局域网内无法进行 Web 页面登录设备、话机不显示主叫号码(没有来电显示)、话机打不出电话、话机不振铃、主叫挂机，被叫不能正常挂机、话机摘机有电流音，串线、License 授权过期、话机没有注册自己归属的 Aeonix 服务器、集群中服务器异常	30	未描述此项扣 30 分，至少描述 4 项故障主要内容，缺一项扣 5 分			
合计			100				

考评员　　　　　　　　　　年　　月　　日

七、W-TX-01-G05 指导通信系统故障处理

1. 考核时间：30 min。
2. 考核方式：步骤描述。
3. 考核评分表。

考生姓名：________　　　　单位：________

序号	工作步骤	工作标准	配分	评分标准	扣分	得分	考核结果
1	指导进行光缆故障处理	故障处理过程中，需对维修队操作工进行必要的指导以完成故障处理工作。 光缆故障处理要求包括：	40	故障处理要求至少描述 6 项缺一项扣 5 分			

续表

序号	工作步骤	工作标准	配分	评分标准	扣分	得分	考核结果
1	指导进行光缆故障处理	①发现故障后，应及时上报网管和上级业务主管部门。收到故障通知后30min内出发，迅速做好抢修的各项准备，并在3h内赶到故障现场，故障处理完毕后上报网管确认电路运行情况，并将故障处理情况报网管及上级业务主管部门。 ②当光缆接续现场情况复杂时，故障处理应首先采取措施，优先抢通在用光纤，恢复通信业务；然后再根据故障实际情况，提出修复方案，经主管部门批准后，进行光缆线路修复工作。 ③光缆故障处理必须在相关业务部门的密切配合下进行。 ④故障处理中介入或更换的光缆，其长度不得小于100m，尽可能采用同一厂家、同一型号的光缆。故障处理后和迁改后光缆的弯曲半径应不小于15倍缆径。 ⑤处理故障过程中，要做到单点接续损耗不得大于0.08dB。 ⑥处理故障完成后，在光缆回填的位置埋设光缆标志桩。 ⑦故障排除后，需对修复后的光缆进行严格的测试，测试合格后通知网管中心对线路的传输质量进行确认。 ⑧故障排除后，站场通信工程师应及时组织相关人员对故障的原因进行分析，完善《故障记录》，整理技术资料，总结经验教训，提出改进措施。 ⑨光缆线路发生故障后，应按照《通信专业管理程序》中规定在8h内抢通。 ⑩为尽快排除故障，业务联络工具应随时保持畅通、良好。维护工具应处于可使用状态。 ⑪光缆线路故障的实际次数及历时均应记录，作为分析和改进维护工作的依据	40	故障处理要求至少描述6项缺一项扣5分			

续表

序号	工作步骤	工作标准	配分	评分标准	扣分	得分	考核结果
2	指导进行光通信设备故障处理	光通信设备故障处理要求 ①故障定位的一般原则是“先光缆，后设备；先单站，后单板；先高级、后低级”，即临时抢通传输系统，然后再尽快恢复； ②当光通信传输设备发生故障时，设法将业务倒换到备用系统； ③站队工程师发现通信设备出现故障，应及时联系设备厂家，并从最近的备品备件库提取备件，用以更换故障设备	30	故障处理要求至少描述3项缺一项扣10分			
3	指导进行卫星通信故障处理	卫星通信设备故障处理要求： ①故障处理应经网管中心同意，根据故障情况提出处理方案； ②对于一般性的卫星通信故障，应在故障发现24h内处理完毕； ③设备故障处理过程中，出现设备更换和送修后，应由通信工程师或部门主管填写在设备台账中	15	故障处理要求至少描述3项缺一项扣5分			
4	指导进行语音交换故障处理	语音交换设备故障处理要求： ①维护人员发现故障或接到故障报告后，应立即详细记录故障现场和发生时间，然后前往故障现场或者登录系统网管和监控系统，检查核实故障，并分析判断故障原因； ②及时将核实和分析判断的结果上报，并制定故障解决方案； ③解决方案经批准后，应严格按照各项规范要求进行实施操作，并将结果上报； ④如果无法准确判断故障原因，应立即联系厂方技术人员请求支持，经过讨论协商后确定故障解决方案； ⑤如果判断故障是由于光传输或网络故障产生，应立即联系网管中心，并配合他们尽快解决故障； ⑥如果发现语音交换设备与公网电信的中继线路出现故障，应立即联系公网电信维护人员，双方协同检查故障原因； ⑦对于可能危害语音交换设备硬件安全的严重故障，应按流程迅速关闭语音交换设备并切断电源。当确认故障排除后，再恢复电源重启语音交换设备	15	故障处理要求至少描述4项缺一项扣3分			
合计			100				

考评员　　　　　　　　　　　　　　　　　　年　　月　　日

八、S/W-TX-02-G01 指导光缆抢修作业

1. 考核时间：30 min。
2. 考核方式：步骤描述。
3. 考核评分表。

考生姓名：______________　　　　　　　　单位：______________

序号	工作步骤	工作标准	配分	评分标准	扣分	得分	考核结果
1	了解光缆抢修原则	指导操作工了解光缆抢修原则，具体原则如下： ①执行先干线后支线，先主用后备用和先抢通后修复的原则； ②抢修光缆线路故障必须在网管部门的密切配合下进行； ③抢修光缆线路故障应先抢修恢复通信，然后尽快修复； ④光缆故障修复或更换宜采用同厂家同型号的光缆，减少光缆接头数量； ⑤处理故障过程中，单点接续损耗不得大于 0.08dB； ⑥处理故障完成后，在光缆回填的位置埋设光缆标石标识桩； ⑦光缆故障抢修时，替换光缆长度不能少于 100m	20	未描述此项扣 20 分，具体原则至少描述 4 项，缺一项扣 5 分			
2	指导接头盒进水抢修作业	具体要求如下：打开接头盒后，观察分析进水原因，有针对性地进行处理；移开接头盒外壳，倒出积水，做清洁处理，吹干或晾干盒内部件，然后做相应的密封处理，对损坏部位进行合理修复后，再装配接头盒；密封处理时，自粘胶带和密封胶条的用量要适当	20	未描述此项扣 20 分，具体原则至少描述 2 项，缺一项扣 5 分			
3	指导接头盒内个别光纤断纤的修复作业	具体要求如下：松开接头点附近的余留光缆，将接头盒外部及余留光缆做清洁处理。端站建立 OTDR 远端监测。将接头盒两侧光缆在操作台做临时绑扎固定，打开接头盒，寻找光纤故障点。在 OTDR 的检测下，利用接头盒内的余纤重新制作端面和融接，并用热缩保护管予以增强保护后重新盘纤；用 OTDR 做中继段全程衰耗测试，测试合格后装好接头盒并固定。整理现场。修复完毕	20	未描述此项扣 20 分，具体原则至少描述 2 项，缺一项扣 5 分			

续表

序号	工作步骤	工作标准	配分	评分标准	扣分	得分	考核结果
4	指导光缆故障在接头坑内，但不在盒内的修复作业	具体要求如下：故障在接头处，但不在盒内时，要充分利用接头点余留的光缆，取掉原接头，重新做接续即可；当余留的光缆长度不够用时，按非接头部位的情况修复处理	20	未描述此项扣 20 分，具体原则至少描述 2 项，缺一项扣 5 分			
5	指导光缆非接头部位的修复作业	具体要求如下： ①如果故障点只是个别点，可用线路的余缆修复。 ②当光缆受损为一段范围，或者 OTDR 检出故障为一个高衰耗区时，需要更换光缆处理。更换光缆的长度除考虑足以排除故障段外，还应考虑如下因素： a. 考虑到不影响单模光纤在单一模式稳态条件下工作，以保证通信质量，介入或更换光缆的最小长度应大于 100m； b. 考虑到光缆修复施工中须用 OTDR 监测，或者日常维护中便于分辨邻近两个接头的障碍，介入或更换光缆的最小长度应大于 OTDR 的两点分辨率，一般宜大于 100m； c. 介入或更换光缆的长度接近接头盒时，如现场情况允许可以将接头盒盘留光缆延伸至断点处，以便减少一处接头盒	20	未描述此项扣 20 分，具体原则至少描述 2 项，缺一项扣 5 分			
		合计	100				

考评员　　　　　　　　　　　　　　　　　　　　　　　　　　年　　月　　日

参 考 文 献

[1] 和强，赵嵘，张洪英．基于SDH的电力线路保护复用通道的应用：全国火电大机组(600MW级)竞赛第11届年会论文集[C]．北京：全国发电机组技术协作会，2007.

[2] 武宝占．沈阳新建同步数字传输网10G/2.5G技术性能分析[D]．北京：北京邮电大学，2003.

[3] 李振新．我国农村通信接入网成本测算及应用[D]．北京：北京邮电大学，2006.

[4] 郝树田．卫星电视接收高频头的本振频率[J]．有线电视技术，2003，10(14)：53-54.

[5] 袁彬．村通工程通信网及计费网设计与实现[D]．四川：四川大学，2006.

[6] 徐康．证券宽带卫星通信系统的应用研究[D]．上海：上海交通大学，2008.

[7] 宋光旭．常见卫星电视接收天线[J]．有线电视技术，2005，12(15)：49-51.

[8]李洪民．简述卫星电视接收的使用方法[J]．科技信息(学术版)，2007(27)：303-306.

[9] 何秉舜．浅析卫星中频传输电缆[J]．中国有线电视，2005(15)：1477-1480.

[10] 陈聪．同轴电缆的特性与故障检测[J]．中国有线电视，2006(22)：2233-2235.

[11] 张亚彬．同轴电缆特性及在CATV信号传输中应用[J]．中国新技术产品，2009(3)：28.

[12] 秦新生．以可靠性为中心的维修(RCM)在同轴电缆生产线的应用[D]．苏州：苏州大学，2013.

[13] 樊朋．光时域反射仪在广电网络中的应用[J]．西部广播电视，2015(12)：239.

[14] 向新宇．智能光通道切换装置在电网继电保护中的应用[J]．浙江电力，2015(10)：48-50.

[15] 陈宇浩．基于FPGA和NIOS Ⅱ的频谱分析仪的设计[J]．微型电脑应用，2009，25(7)：24-27.

[16] 陈磊．光纤接续详析[J]．河北电力技术，2005，24(1)：49-51.

[17] 王庆峰．浅谈光纤熔接[J]．有线电视技术，2006，13(5)：123-124.

[18] 张晓英．光缆线路工程施工初探[J]．中国石油和化工标准与质量，2011，31(8)：252.

[19] SY/T 4108—2012　输油(气)管道同沟敷设光缆(硅芯管)设计及施工规范[S].

[20] YD 5012—2003　光缆线路对地绝缘指标及测试方法[S].